ENERGIE-WENDE SELBER MACHEN!

Herausgeber:
neue energie
das magazin für erneuerbare energien

Impressum

Herausgeber: neue energie – das magazin für erneuerbare energien
Mitherausgeber: Bundesverband WindEnergie e.V.,
Hildegard Thüring, Thorsten Paulsen
Konzept: Ahnen & Enkel, Marcus Franken
Chef vom Dienst: Hildegard Thüring
Redaktion: Ahnen & Enkel, Marcus Franken und Peter Trechow

Autoren:
Christian Feddersen
Marcus Franken
Dierk Jensen
Patrick Jüttemann
Volker Lehmkuhl
Sascha Rentzing
Kristina Simons
Peter Trechow
Kai Weller

Lektorat: Lars Jansen, lektorat-jansen.de
Gestaltung: Mike Müller, muellerstudio.de
Druck: Müller Ditzen AG, Bremerhaven

Bundesverband WindEnergie e.V.
Neustädtische Kirchstraße 6
10117 Berlin
Tel.: +49 (0)30 212341-210
Fax: +49 (0)30 212341-410
E-Mail: bestellung@wind-energie.de
www.wind-energie.de

ISBN: 9 783942 579278
7.500 Exemplare
1. Auflage, März 2015

FSC
www.fsc.org
MIX
Papier aus verantwortungsvollen Quellen
FSC® C018803

Foto: www.rolandhorn.de

Es ist eine der großen Visionen der Energiewende-Vordenker: Erneuerbare sorgen für mehr Frieden und Demokratie. Obwohl die (geo-)politische Rolle von Sonne, Wind und Co erst in jüngerer Zeit erforscht wird, gilt als sicher, dass sie künftig rund um den Globus soziale und ökonomische Systeme – das Zusammenleben von Menschen in sämtlichen Bereichen – neu formen können. Dabei geht es längst nicht mehr nur darum, dass Volkswirtschaften sich von teuren Energieimporten aus Ländern mit fragwürdigen politischen Systemen emanzipieren können und damit das Potenzial außenpolitischer Spannungen sinkt. Die Entwicklung reicht viel weiter, geht hin zur Energieautonomie jedes Einzelnen – ein hohes Maß an Freiheit!

Indem etwa Menschen ihr Smartphone über mobile Solarladegeräte betreiben, mit Elektrofahrrädern zur Arbeit fahren und mittelständische Unternehmen einen Teil ihres Energiebedarfs über Solar- und Kleinwindanlagen decken, halten die Erneuerbaren Einzug in den individuellen Alltag. Das lohnt sich in vielerlei Hinsicht, nicht nur weil Stromkosten und CO_2-Emissionen eingespart werden. Immobilien, nicht nur in Ballungszentren, steigen rasant im Wert, wenn sie technisch auf dem neuesten Stand sind. Ausgestattet mit Erneuerbaren-Anlagen zur Strom- und Wärmegewinnung sowie einer guten Wärmedämmung erzielen Wohngebäude in aller Regel einen deutlich höheren Preis, da sich laufende Kosten und nötige Investitionen auf niedrigem Niveau bewegen.

Dieser Trend hat eine wichtige, nicht vordergründig wirtschaftliche Komponente – er macht mit Sonne, Wind und Co vertraut. War es möglich, in der Vergangenheit die Erneuerbaren als unbekannte Größe, als Gefahr für die Sicherheit unserer Energieversorgung, als Kostentreiber zu stigmatisieren, führt der tägliche Umgang zu Wissen und Transparenz. Dies wiederum sorgt für mehr Akzeptanz, was im Idealfall Einfluss auf politische Entscheidungen haben dürfte.

Das vorliegende Buch – im Layout angelehnt an unser Magazin „neue energie" – will in diesem Sinne mithelfen, die Energiewende zu einem schnellen, nachhaltigen Erfolg für uns alle zu machen. Viel Vergnügen bei der Lektüre!

Jörg-Rainer Zimmermann, Chefredakteur „neue energie"

Liebe Leserinnen und Leser,

Energiewende bedeutet heute längst nicht mehr nur, dass Dächer Solaranlagen erhalten, die Wasserkraft eine Renaissance erlebt, moderne Windkraftanlagen als sichtbare Wegmarken von einer sauberen Stromproduktion zeugen oder im ländlichen Raum Biomasse als Energielieferant genutzt wird.

Energiewende findet heute auch ganz privat statt. Zuallererst, indem die Menschen sich Gedanken über den eigenen Energieverbrauch machen. Energiesparende Technik hält Einzug in Haus und Hof. Die Bereitschaft zum Einsatz von Energiesparlampen wächst spätestens, seit moderne LED-Technik verfügbar ist. Stand-by-Schaltungen werden immer seltener.

Ein zweiter Schritt zur privaten Energiewende ist den Eigenheimbesitzern vorbehalten. 11,5 Millionen Familien leben in Einfamilienhäusern. Viele von ihnen haben in den letzten Jahren in Erneuerbare Energien investiert: in Solarpaneele oder eine Solarthermalanlage auf dem Dach oder in eine Wärmepumpe zum Heizen. Nicht zufällig gibt es auf Baumessen ein immer breiteres Angebot zu den Themen Energiesparen, Heizen, Dämmen und Erneuerbare Energien.

Eine weitere Gruppe, die die Energiewende im eigenen Interesse vorantreibt, sind die Unternehmen. Denn sie haben Mittel und Möglichkeiten auch für größere Lösungen im Bereich der Erneuerbaren Energien. Und so haben immer mehr Firmen in den letzten Jahren insbesondere in Solar- und manche auch in Windenergieanlagen investiert, um preiswerten eigenen Strom zu erzeugen.

Noch ist allerdings eine Gruppe von der privaten Energiewende beinahe ausgeschlossen: die Mieter. Wir wollen, dass auch sie von den Erneuerbaren Energien profitieren. Deshalb drängen wir massiv darauf, dass guter Ökostrom aus EEG-Anlagen direkt an die Kunden geliefert werden kann. Gleichfalls setzen wir uns dafür ein, durch sogenannte „Smart Grid"-Lösungen – die mit flexiblen Stromtarifen einhergehen sollten – Menschen die Entscheidungsfreiheit zu geben, wann sie welchen Strom beziehen möchten. Hier muss der Bundesgesetzgeber noch einmal intensiv nacharbeiten, damit mehr Menschen die Chancen der Energiewende für sich nutzen können.

Foto: Dietmar Lilienthal

Unser Buch möchte nichts weniger als eine Anleitung sein, wie man Erneuerbare Energien zur Grundlage der privaten Energieversorgung macht. Dies senkt nicht nur den eigenen Energieverbrauch und verbessert so die persönliche CO_2-Bilanz, sondern spart durch die richtige Technik auch noch Geld. Wir zeigen an ganz konkreten Beispielen und Projekten, was möglich ist, geben praxisgerechte Tipps und liefern einen fundierten Vergleich über die wichtigsten Solarspeicher, Solaranlagen, Klein- und Großwindräder. Damit liegt ein bisher im deutschen Sprachraum einmaliger Ratgeber für die individuelle Energiewende vor.

Mit unserem Buch machen wir Mut, die Energiewende in die eigenen Hände zu nehmen. Denn unsere in den letzten beiden Jahrzehnten entstandene Erneuerbare Energiewelt wird nicht mehr geprägt von vier Konzernen, einigen Atommeilern und 130 Kohlekraftwerken. Unsere neue Energiewelt wird geprägt von 1 Million Energieerzeugern, die dezentral und demokratisch Erneuerbare Energie produzieren.

Packen wir also heute an und gestalten wir die Energiewelt von morgen!

Ihr

H. Albers

Hermann Albers, Präsident des BWE e.V.

Inhalt

Einfamilienhaus holt die **Sonne aus der Tiefe**

„Unser Haus erwirtschaftet einen Überschuss"

„Eine Heizung? Haben wir gar nicht", sagt Alfons Lengdobler. Das Thermometer zeigt Ende September gerade mal 12 Grad Celsius. Aus den Schornsteinen in Pfarrkirchen qualmt es. In der niederbayerischen Kreisstadt hat der Architekt für sich und seine Familie ein Passivhaus gebaut, das die Kraft der Sonne sowohl zum Heizen und für Warmwasser als auch zur Stromerzeugung nutzt.

Der Clou ist ein Erdwärmespeicher, der die gewonnene Sonnenwärme in den Winter „hinüberrettet" und so eine herkömmliche Heizung überflüssig macht. Das geschieht normalerweise über große und teure Langzeitspeicher. „Das Erdreich hält die Wärme jedoch sehr viel länger", erklärt Lengdobler. Die thermische Energie aus insgesamt 28 Quadratmetern Fassaden- und Dachkollektoren gelangt zunächst in einen 1.000-Liter-Pufferspeicher. Ist er voll – im Sommer meist schon nach zwei Stunden –, leitet die Solaranlage die Wärme in Heizungsschlangen unter der Bodenplatte des Hauses. „Auch im Randbereich und selbst im Winter fällt hier die Erdtemperatur nie unter 20 Grad Celsius, dadurch geht über den Fußboden keine Wärme verloren." Im Sommer heizen sich die unterirdischen Heizschlangen auf bis zu 55 Grad Celsius auf. „Das Ganze funktioniert ähnlich wie ein Bügeleisen", so Lengdobler. Die in der Erde gespeicherte thermische Energie wärmt außerdem die Zuluft für die kontrollierte Lüftungsanlage vor, die über den internen Wärmetauscher bereits einen Wärmerückgewinnungsgrad von circa 90 Prozent aufweist. „Wenn man die 13.000 Euro für die Lüftungsanlage mit den Kosten für eine konventionelle Heizung gegenrechnet, hat sie sich von Anfang an amortisiert", betont der Architekt. Und dann sei da natürlich noch der zusätzliche Komfort durch die ständige Frischluft.

Eine positive Energiebilanz macht das Passiv- eigentlich zum Plusenergiehaus: Die Photovoltaikanlage auf dem Dach erzeugt mit 7.500 Kilowattstunden im Jahr deutlich mehr Strom, als die Lengdoblers verbrauchen. Der solare Strom wird kom-

»Seit unserem Einzug 2007 haben wir einen Überschuss von circa 18.000 Kilowattstunden erwirtschaftet.

Alfons Lengdobler, Architekt

plett ins öffentliche Netz eingespeist und durch das Erneuerbare-Energien-Gesetz vergütet. Dadurch amortisiere sich die Anlage nach spätestens zehn Jahren. „Seit unserem Einzug 2007 haben wir einen Überschuss von circa 18.000 Kilowattstunden erwirtschaftet.“ Das Haus selbst besteht fast ausschließlich aus Holz und ist nach den Prinzipien des solaren Baugens gestaltet: Die Hauptfassade mit ihren großen Fensterflächen ist nach Süden ausgerichtet, ein Vordach und Dachbegrünung schützen im Sommer vor Hitze. Die dreifach verglasten Holz-Alu-Fenster weisen durch die solaren Einstrahlungsgewinne eine über das Jahr gesehen positive Energiebilanz auf. Die Nordseite ist hingegen weitgehend geschlossen. „Dadurch geht auch hier so gut wie keine Wärme verloren.“ Ein mit Zelluloseflocken gedämmtes Flachdach haben die Lengdoblers gewählt, „damit der Baukörper möglichst kompakt und der Wärmeverlust möglichst gering ist“. Die Außenwände sind mit dicken Holzfaserplatten gedämmt. Der U-Wert – eine Kennziffer für den Energieverlust – der Gebäudehülle liegt zwischen 0,09 und 0,13 Watt pro Quadratmeter und Grad Temperaturdifferenz (W/m^{2}K) und damit auf einem hervorragenden Niveau. Für sein durchdachtes Konzept wurde Architekt Lengdobler mehrfach ausgezeichnet. ■

Foto: Alfons Lengdobler

Das eigene **Nahwärmenetz** rechnet sich

Jeder Einwohner spart im Jahr 600 Euro

Oberrosphe ist das älteste Dorf im Burgwald, dem größten zusammenhängenden Waldgebiet Hessens. Es hat ein Dorfmuseum, schöne alte Fachwerkhäuser und viele Wanderwege. Rund 850 Menschen leben hier in 240 Haushalten. Mehr als die Hälfte von ihnen hat sich schon im Jahr 2007 in der Genossenschaft Bioenergiedorf Oberrosphe eG zusammengetan, ein mit Holzhackschnitzeln befeuertes Heizkraftwerk gebaut und ein 7 Kilometer langes Nahwärmenetz verlegt. „Wir wollten unabhängig von klimaschädlichen fossilen Energieträgern werden und unsere Energiepreise selbst bestimmen können", sagt Hans-Jochen Henkel, Vorstandsvorsitzender der Energiegenossenschaft.

> „**Wir wollten unabhängig von klimaschädlichen fossilen Energieträgern werden und unsere Energiepreise selbst bestimmen können.**
>
> Hans-Jochen Henkel, Vorstandsvorsitzender Bioenergiedorf Oberrosphe eG

Seit Oktober 2008 versorgt das Biomasseheizwerk das halbe Dorf mit Warmwasser für Heizung und Haushalt. Über das Nahwärmenetz gelangt es in die einzelnen Häuser, wo nun eine kleine Übergabestation mit Wärmetauscher die großen alten Ölkessel ersetzt. Die Rohstoffe – Kronenholz und Baumschnitt – stammen aus dem nahen Burgwald. Die Transportwege sind also denkbar kurz. Seit 2011 kooperiert die eG zudem mit einem nahen Bioenergiehof, der eine Biogasanlage mit Blockheizkraftwerk (BHKW) betreibt und die bei der Stromerzeugung anfallende Prozesswärme in das Nahwärmenetz speist. „Seitdem schalten wir das Holzheizwerk im Sommer ab", freut sich

Bioenergiedorf Oberrosphe.

Foto: Walter Jesberg

Henkel. Das spare nicht nur Energie und der Genossenschaft Kosten, sondern bringe dem Biogasgasbauern auch noch zusätzliche Einnahmen. Genossenschaft und Bürger betreiben außerdem Photovoltaikanlagen mit einer Gesamtleistung von mehr als 350 Kilowattpeak. Der Strom wird ins öffentliche Netz eingespeist und vergütet.

3,9 Millionen Euro veranschlagte ein Planungsbüro in einer Machbarkeitsstudie an Investitionen für Heizhaus, Nahwärmetrasse und Photovoltaikanlagen. „Da haben sich natürlich viele gefragt, ob wir als Bürger solch eine Summe überhaupt stemmen können", erinnert sich Henkel. Auch die Zuverlässigkeit der ganzen Technik sei Thema vieler Diskussionsveranstaltungen gewesen. Das Geld kam dank Genossenschaftsanteilen, Fördermitteln der KfW Bank und des Landes Hessen sowie Bankkrediten zusammen. „Und Wärme- und Stromerzeugung funktionieren ohne Probleme." Ein durchschnittlicher Haushalt spare dank Umstellung auf die eigene Nahwärme rund 600 Euro im Jahr. „2014 konnten wir den Wärmepreis sogar von 9,4 auf 8,3 Cent je Kilowattstunde senken", berichtet Henkel. Das sei billiger, als viele Stadtwerke ihre Fernwärme anbieten. Hinzu kommt in Oberrosphe eine monatliche Grundgebühr von 29,75 Euro. Bis zu 65 weitere Haushalte können sich auch jetzt noch problemlos anschließen lassen: „Interessenten gibt es laufend." ■

„Green Building“ im Supermarkt

Sparen, bevor die Energiekosten die Gewinne fressen

Die Kühl- und Tiefkühlregale laufen 24 Stunden an 365 Tagen im Jahr, und das Licht brennt meist ebenfalls rund um die Uhr. Dann sind da noch Heizungs-, Lüftungs- und Klimaanlagen. Um einen Supermarkt am Laufen zu halten, sind Unmengen an Energie notwendig. Ein Beispiel: Ein ganz normaler Markt des Anbieters Rewe benötigt rund 950 Kilowattstunden pro Quadratmeter und Jahr. Macht bei einem großen Supermarkt mit einer typischen Verkaufsfläche von 1.500 Quadratmetern jährlich mehr als 1,4 Millionen Kilowattstunden – das entspricht einem Verbrauch von 400 Haushalten und ist nicht nur schlecht für die CO_2-Bilanz, sondern

Rewe-Markt Berlin-Rudow.

Foto: REWE

auch ganz schön teuer. Nicht nur bei Rewe. Die Energiekosten liegen bei Supermärkten zwischen 34 und 55 Euro je Quadratmeter und machen nach einer Studie des Kölner EHI Retail Institute wenigstens 55.000 Euro im Jahr aus. Tendenz steigend.

Nicht nur Rewe schaut deshalb beim Bau neuer und beim Umbau bestehender Märkte darauf, wie sie energieeffizienter und nachhaltiger werden können. „Green Building" nennt sich das Konzept, das 2009 mit dem Rewe-Markt in Berlin-Rudow seinen Anfang nahm. „Im Ergebnis sollen bei Planung, Bau und Nutzung der Immobilie nicht nur die Umwelt geschont und Ressourcen eingespart werden", sagt Unternehmenssprecher Raimund Esser. Es gehe auch darum, die Betriebskosten zu senken. Der von der Deutschen Gesellschaft für Nachhaltiges Bauen (DGNB) ausgezeichnete Berliner Markt mit einer Verkaufsfläche von 1.830 Quadratmetern verbraucht nur etwa halb so viel Energie wie sein konventionelles Pendant und wird dabei CO_2-neutral betrieben. Hocheffiziente Heizungs-, Lüftungs-, Beleuchtungs-, Klima- und Kälteanlagen, der Baustoff Holz und eine Wärmedämmung aus nachhaltiger Zellulose machen's möglich. Kühlmöbel und Wärmepumpe nutzen zudem ausschließlich das natürliche Kühlmittel CO_2.

Eine Geothermieanlage sorgt für Raumheizung und Klimatisierung und deckt zusammen mit einer insgesamt knapp 2.000 Quadratmeter großen Photovoltaikanlage 40 Prozent des benötigten Primärenergiebedarfs. Zur Beheizung des Supermarktes wird neben der Erdwärme über einen 4.000 Liter großen Pufferspeicher auch noch die Abwärme der Kälteanlagen genutzt. Der zusätzlich benötigte Strom stammt zu 100 Prozent aus erneuerbaren und nachwachsenden Energiequellen. Ein Teil der Solarmodule, gut 330 Quadratmeter, bedecken das Glasvordach und sorgen so gleichzeitig für eine natürliche Verschattung der großen Fensterflächen. Über ein umlaufendes Fensterband und zahlreiche Oberlichter gelangt ausreichend natürliches Tageslicht ins Gebäude. Nur wenn es zu dunkel wird, kommt künstliches Licht sensorgesteuert hinzu. Für Fußbodenreinigung, Toilettenspülung und Bewässerung der Außenanlage nehmen die Mitarbeiter Regenwasser, das in einer 6.000 Liter fassenden Zisterne gesammelt wird.

> **» Weitere 50 Projekte sind bereits in Planung und im Bau.**
>
> Raimund Esser, Unternehmenssprecher Rewe

Laut EHI-Studie amortisieren sich die Investitionen für Supermärkte in drei bis fünf Jahren. Rewe hat bis Anfang 2015 bereits 20 „grüne" Märkte eröffnet. „Weitere 50 Projekte sind bereits in Planung und im Bau", berichtet Esser. Dank der Zertifizierung sei das Green-Building jetzt als Baustandard definiert, das reduziere Aufwand und Kosten der Projektentwicklung erheblich, so Esser abschließend. ■

Sonne-, Wind- und Wärmepionier

Der Rundum-Überzeugungstäter

In seinem Haus im oberbayerischen Hörlkofen lebt Rudolf Riepl schon seit mehr als 20 Jahren seine ganz persönliche Energiewende. Das zeigt schon der Blick aus dem Küchenfenster: Er fällt in den Garten auf Bäume, Sträucher, Blumen – und eine Photovoltaikanlage. Die Module drehen sich mit der Sonne, ein Ausgleich dafür, dass das Haus kein Süddach hat. Die Anlage mit einer Leistung von 1,1 Kilowatt (kW) hat der Professor für Innere Medizin bereits 2001 aufgestellt. Zwischen 1.400 und 1.550 Kilowattstunden Strom liefert sie pro Jahr – etwa die Hälfte eines durchschnittlichen Jahresbedarfs. Für Riepl aber längst nicht genug: „Ich wollte unbedingt so viel Strom erzeugen, wie meine Familie und ich im Jahr verbrauchen, wenigstens rein rechnerisch."

> **»Ich wollte unbedingt so viel Strom erzeugen, wie meine Familie und ich im Jahr verbrauchen, wenigstens rein rechnerisch.**
>
> Rudolf Riepl, Mediziner und EE-Pionier

2005 baute er deshalb eine weitere Photovoltaikanlage auf der Ost- und Westfläche des Hausdachs, ein wenig Richtung Süden aufgeständert. Auf jährlich 7.000 Kilowattstunden Strom kommen die Anlagen nun insgesamt: 1.000 Kilowattstunden mehr, als die fünfköpfige Familie im Jahr benötigt. Sie werden komplett ins Netz eingespeist und über das Erneuerbare-Energien-Gesetz vergütet. „Wir beziehen wiederum grünen Strom von einem lokalen Versorger", sagt Riepl. Mit dem laden der Arzt und seine Frau auch ihre beiden Elektromobile Marke Twike auf, mit denen sie jeden Tag zur Arbeit fahren. „Zusammen legen wir damit im Jahr rund 15.000 Kilometer zurück."

PV-Anlage auf der Ost- und Westfläche gegen Süden aufgeständert. So hat es auch Rudolf Riepl gelöst.

Rieples erste Solarwärmeanlage ist Marke Eigenbau und funktioniert noch immer einwandfrei. „Als wir 1992 in unser Haus einzogen, waren fertige Solarmodule noch relativ teuer“, erinnert er sich. Also besuchte er in der Volkshochschule einen Kurs über Solarthermie und kaufte sich dort anschließend einen entsprechenden Bauplan. „10 D-Mark hat der damals gekostet.“ Vom Rahmen über den Absorber bis zur Glasabdeckung baute Riepl alles selbst, lötete Rohre und installierte die Anlage schließlich auf dem Dach. Das machte ihn damals zum Solar-Pionier in Hörlkofen. Später kamen noch Solarkollektoren auf Dachgauben und einem Wintergarten hinzu. Ganz reicht das allerdings immer noch nicht: In den kalten, dunklen Wintermonaten heizen die Riepls die Wohnungsräume zusätzlich mit Gas.

Die kontrollierte Lüftung mit Wärmerückgewinnung mittels Luft/Luft-Wärmepumpe hat Riepl vor einigen Jahren weiter optimiert: Jetzt wird nicht mehr die kalte Luft von draußen angesaugt, sondern sie geht zunächst über eine ein Meter tiefe Erdwärmeleitung ins Haus. Selbst in der kalten Jahreszeit hat die angesaugte Luft dadurch nie weniger als 6 Grad Celsius. Das Haus ist übrigens in Holzständerbauweise gebaut. Eine Idee, die Riepl den Norwegern abgeguckt hat. „Holz hat den großen Vorteil, dass es sich schnell erwärmt“, sagt er. Bei Temperaturen von bis zu minus 20 Grad Celsius und zwei Monaten ganz ohne Sonne wie in Nordnorwegen sei das extrem wichtig. Im Keller stehen außerdem zwei riesige Regenwassertanks, aus denen das Wasser für die Toilettenspülung gezogen wird. „Dadurch brauchen wir nur halb so viel Trinkwasser.“

Ob Riepl noch weitere Pläne hat, bei sich zu Hause an der Energiewende mitzuarbeiten? „Eine kleine Windkraftanlage auf dem Dach als Bremse für den Stromzähler wäre noch nett – und auch machbar!“ ■

Foto: VARIOTECC

Nachwachsender Baustoff im Hochhaus

Holz brennt nicht besser als Stein

Der Werksstoff Holz ist an der Außenfassade nicht sichtbar.

Ein Siebengeschosser aus Holz mitten im „steinernen Berlin" – das ist Pionierarbeit, entworfen vom Berliner Architekten Tom Kaden. Bei Ein- und Zweifamilienhäusern ist der natürliche Baustoff nichts Ungewöhnliches mehr. Aber im Geschosswohnungsbau? Die Baugruppe „e3" wollte die Vorzüge von Holz – ökologisch, resssourcenschonend, kurze Bauzeit, gutes Wohnklima – unbedingt für ihr geplantes Wohnprojekt mitten in einem Gründerzeitkarree nutzen.

In Kaden fanden sie einen Architekten, der seit inzwischen 20 Jahren mit dem Naturmaterial arbeitet und sich nicht davon abschrecken ließ, dass bis dahin maximal fünfgeschossige Holzbauten erlaubt waren. „Nur ein ausgeklügeltes Brandschutzkonzept und die frühzeitige Abstimmung mit der Bauaufsichtsbehörde machten den Bau des 22 Meter hohen Gebäudes möglich", erläutert der Architekt. So wurden Wandelemente und Pfeiler mit Gipsfaserplatten eingekapselt. Die Geschossdecken bestehen aus einem Holz-Beton-Verbund, das Tragwerk aus Brettschicht-Holzstützen und Massivholzwänden. Fensterrahmen und Sonnenschutz-Stores sind ebenfalls aus Holz. Lediglich zwei interne Versorgungsschächte, die Bodenplatte und eben ein Teil des Deckenmaterials bestehen aus Beton, zudem gibt es einige Stahlverbindungen. Brandschutz und Stadtbild geschuldet ist das Holzhaus

Foto: e3 Bau-GbR

> **Bei einem massiv gebauten Haus hätte die Außenwand 20 bis 25 Zentimeter dicker sein müssen, um den gleichen energetischen Standard zu erreichen.**
>
> Tom Kaden, Architekt

von außen aber gar nicht als solches zu erkennen: Es hat eine schlichte Putzfassade.

Der Baustoff Holz hat hervorragende bauphysikalische und wärmedämmende Eigenschaften, dabei sind die Wände im Vergleich zu Steinbauten sehr viel dünner. „Entsprechend größer ist natürlich die Wohnfläche", sagt Kaden. 32 Zentimeter misst die Fassade aus Fichtenholz, Fermacell und Mineralwoll-Dämmung. „Bei einem massiv gebauten Haus hätte die Außenwand 20 bis 25 Zentimeter dicker sein müssen, um den gleichen energetischen Standard zu erreichen. Das Holzhaus benötigt gerade mal 30 Kilowattstunden Primärenergie pro Quadratmeter und Jahr. Die zweifachverglasten und teilweise raumhohen Fenster haben eine Kennziffer für den Energieverlust von 1,3 Watt pro Quadratmeter und Grad Temperaturunterschied (U-Wert, W/m^2K). Die Bodenplatte wurde 25, das Dach 24 Zentimeter dick mit Mineralwolle gedämmt. Eine kontrollierte Be- und Entlüftung senkt den Energiebedarf und sorgt gleichzeitig für permanente Frischluft. Heizung und Warmwasser sind ans Fernwärmenetz mit energieeffizienter Kraft-Wärme-Kopplung angeschlossen.

Innenansicht des Projekts.

Gerade einmal neun Monate nach Baubeginn konnten die e3-ler in Berlins ersten Siebengeschosser aus Holz einziehen – der 2009 übrigens gleich zweimal ausgezeichnet wurde: im Dena-Wettbewerb „Energieeffizienz und gute Architektur" als Bundessieger und Regionalsieger Ost, außerdem mit dem Deutschen Holzbaupreis. ■

Fotos: Bernd Borchardt

Sonnenstrom für Mieter im Mehrfamilienhaus

Direkte Leitung vom Dach in die Wohnung

116 Mietparteien der Siedlung „Neue Heimat" in Nußloch bei Heidelberg erzeugen nicht nur Strom auf ihren Hausdächern – das passiert auf vielen Mehrfamilienhäusern. Bei der Heidelberger Energiegenossenschaft eG (HEG) verbrauchen die Mieter diesen Strom auch selbst. Und das ist ungewöhnlich, denn normalerweise geht der Sonnenstrom in Deutschland ins Stromnetz und wird über das Erneuerbare-Energien-Gesetz vergütet, bevor er auf Umwegen von den Stromkunden gekauft wird.

» **Das ergibt im Jahr schätzungsweise 370.000 Kilowattstunden Strom – genug für mehr als 100 Vier-Personen-Haushalte.**

Andreas Gißler, Vorstand HEG

Auf insgesamt sieben Dächern thronen in der Neuen Heimat 3.000 Quadratmeter Photovoltaikmodule mit einer Leistung von zusammen 445 Kilowattpeak (kWp). „Das ergibt im Jahr schätzungsweise 370.000 Kilowattstunden (kWh) Strom – genug für mehr als 100 Vier-Personen-Haushalte", sagt Andreas Gißler, Vorstand der 2010 gegründeten HEG. Um die Anlage bauen zu können, hat sich die HEG Partner gesucht: die Baugenossenschaft Familienheim Heidelberg eG, der die Gebäude gehören, und den Grüner Strom Label e.V., der das Pilotprojekt mit knapp 90.000 Euro gefördert hat. Mit dabei ist auch der Ökostromanbieter Naturstrom, der sowohl bei der Zwischenfinanzierung ausgeholfen hat, als auch grünen Strom liefert, wenn die Solaranlage allein den Bedarf nicht decken kann. Und ganz wichtig: rund 70 Bürger, die für insgesamt 400.000 Euro „Solarpakete" à 1.000 Euro gekauft haben – 200 Euro für zwei Genossenschaftsanteile und 800 Euro als Privatdarlehen. Letzteres wird über 20 Jahre zu 3 Prozent pro Jahr fest verzinst und ab dem dritten Jahr zurückgezahlt.

Die Anlage ist nicht, wie sonst üblich, nach Süden ausgerichtet, sondern nach Ost-West. „Der Strom wird dadurch vor allem morgens und abends erzeugt, wenn die Bewohner am meisten verbrauchen“, erklärt Gißler. Seit Dezember 2013 können sie „ihren“ Strom für 25,4 Cent pro kWh beziehen. Beim örtlichen Grundversorger werden im Standardtarif fast 28 Cent fällig. Würde Solarstrom für Mieter genauso begünstigt wie der im Eigenheim verbrauchte – für den bis August 2014 gar keine und seitdem die halbe EEG-Umlage fällig ist –, könnte die HEG den Preis noch weiter senken. „Wir müssen hingegen die volle EEG-Umlage zahlen“, beklagt sich Gißler. Aktuell (November 2014) beziehen 14 Mietparteien 100 Prozent Sonnenstrom vom eigenen Dach. Den Überschuss speist die HEG mit EEG-Vergütung ins Netz ein. Je mehr Mieter es werden, desto wirtschaftlicher wird das Ganze für die Energiegenossen, da sich die Fixkosten bei der Abrechnung dann auf mehr Stromkunden verteilen. Andreas Gißler ist optimistisch: „Das Interesse unter den Mietern ist groß, außerdem haben wir inzwischen das Wechseln vereinfacht.“

Solarstrom direkt an Ort und Stelle zu nutzen, ist für ihn und seine Mitstreiter ein Schritt in die Zukunft. „Langfristig wird es keine EEG-Vergütung mehr geben und dann sind neue Modelle gefragt.“ Solarstrom sei zudem in der Erzeugung sehr günstig. „Deshalb ist es sinnvoll, ihn vor Ort zu verbrauchen.“ Für ihr „wegweisendes Vermarktungsmodell“ haben die Heidelberger Genossen den Deutschen Solarpreis 2014 bekommen. ■

Verleihung des deutschen Solarpreis an die Heidelberger Energiegenossenschaft.

Fotos: Daniel Schmitt (u.), HEG Heidelberger Energiegenossenschaft eG (o.)

Sonnenstrom vom Balkon

Plug & Save

Ob in Hamburg, Hannover, Berlin oder Köln: Millionen Mieter in den deutschen Großstädten würden gerne ihren eigenen Solarstrom erzeugen, vor allem wenn sie einen Südbalkon ihr Eigen nennen. Mini-Solaranlagen – auch als Plug & Play, Plug & Save, Guerilla-, Klein- oder Balkon-Anlagen bezeichnet – könnten die Antwort sein. Die Solarmodule gibt es im Handel und im Internet. Mit Mikrowechselrichter und kleinem Batteriespeicher passen sie laut den Sonnen-Guerilleros auf Balkon oder Terrasse und in jede Steckdose und versorgen so die heimische Technik mit Strom. Und wenn man umziehe, könne man sie einfach mitnehmen. „Ich habe mit einem 55-Watt-Panel angefangen und versorge mein Wohnzimmer mit Licht", schreibt ein User in einem Diskussionsforum. Inzwischen habe er die Anlage erweitert und auch den Fernseher zur Probe angeschlossen: „Es funktioniert."

Solche Photovoltaik-Kleinanlagen mit Schukostecker sind in Deutschland – anders als zum Beispiel in den Niederlanden – bislang verboten. Für den Verband der Elektrotechnik Elektronik Informationstechnik e.V. (VDE) sind sie schlicht nicht sicher genug. So könne durch die Anlagen in der heimischen Steckdose etwa der Stromkreis überlastet und dadurch die Hauselektrik beschädigt werden, man könne einen Stromschlag bekommen oder ein Feuer verursachen. Im Normungsgremium DKE (Deutsche

Solarmodule montiert am Balkongitter.

Foto: Centrosolar

Autarke Insellösung – geliefert im praktischen Baukastenprinzip.

Kommission Elektrotechnik Elektronik Informationstechnik in DIN und VDE) werde jedoch an einer neuen Norm gearbeitet, bestätigt VDE-Sprecher Walter Börmann. „Sie soll alle relevanten sicherheitsgefährdenden Aspekte berücksichtigen, damit steckerfertige Photovoltaikanlagen künftig auch in Deutschland genehmigt werden können", ergänzt er. „Hier besteht eindeutig Handlungsbedarf, denn es sind ja schon einige dieser Anlagen in Umlauf und der Markt wächst."

> **„Hier besteht eindeutig Handlungsbedarf, denn es sind ja schon einige dieser Anlagen in Umlauf und der Markt wächst.**
>
> Walter Börmann, Sprecher VDE

Eine Mini-Solaranlage mit 260 Watt Leistung kostet zwischen 500 und 600 Euro und erzeugt an einem sonnigen Standort im Schnitt 250 Kilowattstunden (kWh) im Jahr. Das senkt die jährliche Stromrechnung bei einem kWh-Preis von 26,5 Cent um circa 66 Euro. Es gibt allerdings auch deutlich größere und entsprechend teurere Mini-Anlagen mit bis zu 2.000 Watt. Eine Genehmigung braucht man erst ab einer Leistung von 3.500 Watt.

Das Computer-Magazin c't hat den Selbsttest gemacht und ist, zumindest was die Wirtschaftlichkeit der Anlagen angeht, skeptisch: Amortisieren würden sich kleine PV-Anlagen innerhalb akzeptabler Fristen (unter zehn Jahren) nur unter idealen Bedingungen: einem optimalen Standort und dem nötigen Wissen, um fachgerechte Installation, Überwachung und Reparatur selbst zu übernehmen. ■

Foto: miniJOULE GmbH &Co. KG

Erneuerbares Gewerbeviertel mitten in der Stadt

Müllers Traum

Auf dem EUREF-Campus im Berliner Stadtteil Schöneberg kann man sich auf rund 5,5 Hektar schon mal anschauen, wie die urbane Energie- und Mobilitätswende aussehen kann. Wissenschaftler, Stadtplaner und Unternehmer erforschen hier das Zusammenspiel von grüner Technologie, energieeffizienter, nachhaltiger Architektur und smarter Infrastruktur. „Vor dem Hintergrund der globalen klimatischen und demografischen Entwicklungen brauchen wir neue Lösungen – Städte, in denen Energie lokal und regenerativ erzeugt wird und deren Gebäude, Unternehmen und Haushalte diese intelligent und bedarfsgerecht nutzen", sagt Reinhard Müller, Vorstandsvorsitzender der EUREF AG und treibende Kraft hinter dem grünen Großprojekt.

Im ehemaligen Gaswerk hat Energie Tradition. Wahrzeichen hierfür ist der knapp 80 Meter hohe Gasometer – mit 160.000 Kubikmetern Fassungsvermögen einer der größten Gasbehälter Europas und inzwischen vor allem bekannt aus Günther Jauchs wöchentlicher Talkshow. Heute positionieren sich um das Industriedenkmal herum Windkraft- und Photovoltaikanlagen sowie ein mit Bio-Erdgas betriebenes Blockheizkraftwerk. Sie erzeugen grüne Energie für das CO_2-neutrale Stadtquartier. Ab 2016 soll Geothermie hinzukommen: Aus etwa 800 Metern Tiefe wird dann heißes Wasser zum Heizen und Kühlen der Gebäude sowie zur Warmwasserbereitung an die Oberfläche befördert. Außerdem auf der Agenda: ein 1.000 Kubikmeter großer Heißwasserspeicher in einer ehemaligen Teergrube, in dem überschüssiger Strom in Wärme umgewandelt wird und so genutzt werden kann. Er ergänzt die beiden Großbatterien, die ebenso wie die auf dem Campus stationierten Elektroautos den Ökostrom zwischenlagern. Ein Micro Smart Grid, also ein intelligentes Stromnetz, verbindet die dezentralen Stromquellen mit den lokalen Energiespeichern und Verbrauchern. In der Initiative „Mobility2Grid" wird hier getestet, wie sich das smarte Stromnetz zusätzlich für Elektroautos nutzen lässt. Knapp 1.400 Menschen arbeiten und forschen bereits auf dem EUREF-Campus, nach und nach soll Platz für

Der im Frühjahr 2013 fertig gestellte Neubau „EUREF-Campus".

rund 6.000 geschaffen werden. Läuft alles nach Plan, werden bis 2018 an die 25 Gebäude auf dem Campus stehen: neben energetisch sanierten, denkmalgeschützten Backsteingebäuden des Architekten Alfred Messel auch viele energieeffiziente Neubauten.

» Der Wirtschafts- und Wissenschaftsstandort erfüllt schon jetzt die Klimaziele der Bundesregierung für 2050.

Reinhard Müller,
Vorstandsvorsitzender EUREF AG

Auf dem EUREF-Campus sei bereits heute Realität, worüber die Politik noch diskutiere, sagt Müller. „Der Wirtschafts- und Wissenschaftsstandort erfüllt schon jetzt die Klimaziele der Bundesregierung für 2050 und zeigt durch beispielhafte Projekte, wie die Energiewende ohne Mehrkosten Wirklichkeit werden kann." Der Arbeits-Campus ist also schon fast klimaneutral. Müllers unbescheidener Traum: „Dass die hier auf dem EUREF-Campus entwickelten Ideen in einigen Jahren global umgesetzt werden und unsere Zukunft verändern." ■

Foto: EUREF AG

Neubausiedlung in Hannover

Aktiv im Passiv

Die Innenstadt von Hannover ist nur wenige Kilometer entfernt, das Erholungsgebiet der Maschseeteiche in unmittelbarer Nähe. Hier, in Wettbergen, entsteht auf städtischem Bauland ein Wohngebiet mit rund 300 Eigenheimen im Passivhausstandard: Zero:e Park hat die Stadt das Projekt genannt und spricht stolz von „der größten Null-Emissionssiedlung in Deutschland und ganz Europa". Klimaschutz auf 260.000 Quadratmetern im Südwesten der niedersächsischen Landeshauptstadt.

Die ersten beiden Bauabschnitte sind inzwischen fertig bezogen, mit dem dritten haben die Planer wegen der unerwartet großen Nachfrage bereits ein paar Jahre früher begonnen als ursprünglich geplant. „Ein freistehendes Einfamilien-Passivhaus kostet hier abhängig von der individuellen Ausstattung etwa 5 bis 10 Prozent mehr als ein Standard-Neubau nach den Mindestvorschriften der Energieeinsparverordnung (EnEV)", sagt Anke Unverzagt, Programmleiterin Neubau beim Klimaschutz-

Spatenstich für den Zero:e Park in Wettbergen.

Foto: Hannover.de Internet GmbH

fonds proKlima aus Hannover. „Für Passivhäuser gibt es allerdings besonders günstige KfW-Kredite mit Tilgungszuschüssen bis 5.000 Euro. Und wegen des niedrigen Verbrauchs kommt man über den gesamten Lebenszyklus gesehen mit einem Passivhaus immer kostengünstiger weg."

„ Für Passivhäuser gibt es allerdings besonders günstige KfW-Kredite mit Tilgungszuschüssen bis 5.000 Euro.

Anke Unverzagt, proKlima

Umwelt- und Klimaschutz gehören in Hannover seit den Neunzigerjahren zum Pflichtprogramm. Die Stadt vergibt bestimmte Baugrundstücke bevorzugt an diejenigen, die passiv bauen wollen. So hat sie auf dem Kronsberg bereits im Jahr 2000 ein neues Niedrigenergie-Wohngebiet aus dem Boden gehoben. „Mit dem Zero:e Park in Wettbergen gehen wir noch einen Schritt weiter auf dem Weg des energieeffizienten Bauens: Die 300 Einfamilien-, Doppel- und Reihenhäuser wurden und werden nicht nur konsequent als Passivhäuser errichtet, sondern der Restenergiebedarf wird auch durch Erneuerbare Energien gedeckt", sagt Astrid Hoffmann-Kallen von der Klimaschutzleitstelle, die die städtischen Umweltaktivitäten seit 1994 koordiniert.

Die Häuser benötigen dank guter Dämmung und intelligenter Lüftung mit Wärmerückgewinnung etwa 75 Prozent weniger Heizwärme als ein Neubau nach den gesetzlichen Mindestvorgaben der Energieeinsparverordnung (EnEV). So geschlossen die Häuser auf ihrer Nordseite sind, um die Wärme im Innern zu halten, so offen sind sie Richtung Süden: Hier lassen große Fensterflächen viel Sonnenwärme hinein. Auch aktiv kommt die Sonne zum Zuge: um entweder Energie für Warmwasser (Solarthermie) oder Haushaltsstrom (Photovoltaik) zu erzeugen. Das ist für die Bewohner ein Muss. Auch für die Regenwassernutzung gibt es ein ausgeklügeltes Konzept mit einem Mulden-Rigolen-System. Und selbst einkaufen kann man hier klimaneutral: im Passivhaus-Supermarkt. ■

Bauabschnitte in der Null-Emissionssiedlung zero:e-Park

Energetische Sanierung ohne Mehrkosten für die Mieter

Energiewende im Bestand

Die Häuser haben's bitter nötig: Zugige Fenster, schlechte Dämmung und feuchte Keller machen die bislang komplett unsanierten Gebäude aus den Dreißiger- und Sechzigerjahren der Berliner Wohnungsbaugenossenschaft Märkische Scholle zu Energieschleudern. Auf 111 bis 174 Kilowattstunden pro Quadratmeter und Jahr summiert sich der Wärmeverbrauch in den insgesamt 841 Wohnungen der Gartenstadt Lichterfelde Süd.

„Die Kosten für Heizung und Warmwasser sind mit 1,50 Euro pro Quadratmeter überdurchschnittlich hoch", sagt Jochen Icken, technisches Vorstandsmitglied der Märkischen Scholle. Die Häuser werden seit dem Frühjahr 2014 nicht nur umfassend energieeffizient saniert. Das gesamte Energiekonzept wird umgestellt auf Selbstversorgung mit regenerativer Energie. „Punktuelle Maßnahmen wären weder wirtschaftlich noch unter ökologischen Gesichtspunkten vertretbar gewesen", sagt Icken. Circa 70 Millionen Euro kostet die Genossenschaft das. „Mit 4,49 Euro pro Quadratmeter zahlen wir aber auch für die Instandhaltung der Gebäude überdurchschnittlich viel." Die Energie für die Gebäude stamme zukünftig primär aus Solaranlagen und aus der Wärmerückgewinnung der Abluft, zum Beispiel aus Duschen, aus Abwärme von Geräten, Bewohnern und Beleuchtung. Sie komme aber auch aus passiver Sonneneinstrahlung, die den Wohnraum durch die Fenster und das Gemäuer erwärme, erläutert Taco Holthuizen, Geschäftsführer des Büros eZeit Ingenieure, das das Energiekonzept entwickelt hat. Dessen Herzstück ist ein Erdwärmespeicher im Boden neben dem Gebäudekomplex: Dieser „eTank" kann als geothermische Quelle genutzt werden und die Sonnenenergie, die gerade nicht von den Bewohner benötigt wird, zwischenspeichern. Ein sogenannter Dynamischer Energiemanager steuert das ganz automatisch.

Fotos: Märkische Scholle Wohnungsunternehmen eG

Die Häuser an der Schwelmer Straße/Ecke Ostpreußendamm werden saniert.

„Dieses autarke regenerative Energiekonzept ermöglicht es uns, rund 1,50 Euro pro Quadratmeter schon allein bei der Energie einzusparen“, so Icken. Die neue Warmmiete werde deshalb der alten nahezu entsprechen. „Eine für die Gartenstadt typische 32 Quadratmeter große Wohnung wird dann insgesamt gerade mal 10 Euro im Monat mehr kosten.“ Das Ganze rechnet sich also auch für die Mieter, die durch die Sanierung weitgehend unabhängig werden von steigenden Energiepreisen. Darum hat der BUND für Umwelt und Naturschutz Deutschland die Märkische Scholle mit dem Berliner Umweltpreis 2014 ausgezeichnet. ■

„Dieses autarke regenerative Energiekonzept ermöglicht es uns, rund 1,50 Euro pro Quadratmeter schon allein bei der Energie einzusparen.

Jochen Icken, Vorstandsmitglied Wohnungsbaugenossenschaft Märkische Scholle

02 | ENERGIEWENDE SELBER MACHEN

Die Bürger sind viel

Foto: Paul-Langrock.de / Agentur Zenit

weiter als die Politik

Energiesparhaus im Westerwald: Die Eigentümer haben zunächst aus einem Industriegewächshaus ein Glashaus gebaut, darinnen später das Wohnhaus implementiert.

An den richtigen Stellen **Energie einsparen** und selber die Erneuerbaren nutzen – so gelingt die private Energiewende. Sie befreit jeden Einzelnen von der Öl-Abhängigkeit und ist zumeist auch die **wirtschaftlichste Wärme- und Stromversorgung**. Die private Energiewende funktioniert – ganz ohne Verzicht auf **Lebensqualität**.

24 Solarmodule installiert auf einer historischen Mühle.

Die Bundesregierung kommt mal wieder nicht hinterher. Erst 2050 soll Deutschland sich aus der Abhängigkeit von Kohle, Öl und Gas lösen. Denn konservative Gewerkschaften und Arbeitgeber warnen davor, dass bei einem schnelleren Wandel hunderttausende Arbeitsplätze verlorengehen könnten. Autohersteller fürchten um den Verkauf ihrer großen PS-Maschinen, die Energiekonzerne wollen ihre Kohlekraftwerke nicht abschalten. „Eine Operation am offenen Herzen" sei die Energiewende, sagt der Wirtschaftsminister. Sigmar Gabriel (SPD) malt den Teufel an die Wand, er will Tempo aus der Wende nehmen.

Warum eigentlich? Die Bürger sind längst weiter. Sie machen die Energiewende selbst und stören sich nicht an den Bedenkenträgern: Zum Beispiel die Familie Peddersen in Schleswig-Holstein. Die Rentner haben ihren Einfamilienhaus-Neubau auf dem Dorf mit einer Wärmepumpe geplant und betreiben die Technik jetzt mit Ökostrom (**siehe Kapitel 9: „Wärmepumpen"**). Nicht, weil die Peddersens aus eigener Kraft das Klima retten wollen – das nehmen sie als netten Nebeneffekt gerne mit. Sondern vor allem, weil der lokale Heizungsfachmann ihnen die Wärmepumpe in Kombination mit dem Kaminofen im Wohnzimmer als die bequemste und günstigste Lösung für ihr Eigenheim empfohlen hat. Und weil Ökostrom aus Windkraft und Solaranlagen für die Wärmepumpe seit Neuestem kaum noch teurer ist als das Produkt vom Kohlestromhändler. Die paar Euro im Monat sind den Peddersens ihre private Energiewende und der Klimaschutz in jedem Fall wert! Und während Öl und Gas knapp und teuer werden, haben sich die Peddersens von den unberechenbaren Turbulenzen mit den vielen Aufs und wenigen Abs an den Ölmärkten unabhängig gemacht. Strom und Wärme bekommen sie jetzt klimaneutral und zum festen Preis. Dauerhaft.

Foto: Paul-Langrock.de / Agentur Zenit

Umsteigen statt verzichten – so funktioniert die private Energiewende heute

Ob kleiner Neubau auf dem Land oder ein großes Haus in der Stadt, ob Taxifahrer mit Elektroauto oder die Angestellte eines Pharmagroßhändlers, die für ein paar Jahre 5.000 Euro in den Aufbau von Windparks des Ökostromanbieters „Naturstrom" steckt und dafür mit 3,25 Prozent weit mehr Zinsen bekommt als von der Bank: Die Grüne Wirtschaft ist längst bei den Bürgern angekommen. Denn Investitionen in Energiesparen und Erneuerbare Energien zahlen sich aus. Und niemand muss für Klimaschutz und Energiesicherheit auf Komfort und Lebensqualität verzichten. Beim privaten Energieverbrauch lassen sich viele Stromfresser ohne jeden Verlust an Wohlbefinden abstellen (**siehe Kapitel 3: „Stellschrauben für die eigene Energiebilanz"**). Was übrig bleibt, das liefern die Erneuerbaren Energien – geregelt und gesteuert mit intelligenter Technik.

Woher kommen die CO_2-Emissionen in Deutschland?

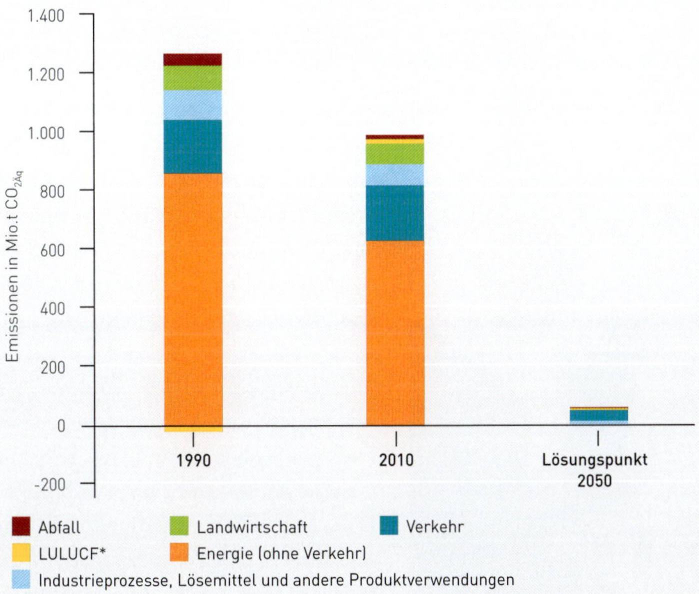

*Landnutzung, Landnutzungsänderung und Forstwirtschaft

Quelle: „Climate Change – Klimagasneutrales Deutschland im Jahr 2050", Umweltbundesamt 2014

Ob Solaranlage, Wärmedämmung oder Elektroauto: Millionen Menschen in Deutschland machen längst ihre eigene Energiewende. Sie bauen ihre eigene Strom- und Wärmeversorgung auf und versorgen sich selbst mit regenerativer Energie. Auf dem Land setzen Bauern auf große Windräder und Kleinwindanlagen, in der Stadt versuchen sich sogar Mieter in Mehrfamilienhäusern mit Mini-Solaranlagen an der Steckdose. Die Leidenschaft für den eigenen Ökostrom ist so groß, dass diese Solarguerilleros sogar unter den Leitplanken bestehender Vorschriften hindurchschlüpfen.

Kein Wunder also, dass Umfragen hierzulande regelmäßig Zustimmungswerte von über 80 Prozent für die Energiewende abbilden. Und gleichzeitig sind fast neun von zehn Menschen in Deutschland der Meinung, dass die Politik die Energiewende schlecht organisiert. Dieses Versagen liegt auch daran, dass einige führende Politiker die Chancen der Energiewende immer noch nicht richtig erkannt haben. Für das Klima: Im Schnitt ist jeder Deutsche verantwortlich für den Ausstoß von 11 Tonnen CO_2 pro Jahr. Und die größten CO_2-Quellen sind die Stromerzeugung, das Heizen der Wohnung und der Verkehr. Nach der aktuellen Studie „Climate Change – Klimagasneutrales Deutschland 2050“ des Umweltbundesamtes verursachen diese drei Bereiche mehr als 800 Millionen Tonnen CO_2 jährlich. Und machen damit rund 85 Prozent der deutschen Treibhausgasemissionen aus.

Energiewende privat – hierzu zählen auch 1,5 Millionen private Solarstromerzeuger

Und auch für die Wirtschaft: 1,5 Millionen Deutsche besitzen heute eine Solaranlage und erwirtschaften damit Gewinne von ein paar Prozent auf ihr investiertes Geld. Die Erneuerbaren sind so erfolgreich, dass sie auch europaweit die Investitionsstatistik anführen, weit vor Strom- und Wärmeerzeugern auf Basis von Kohle, Öl und Gas. Selbst notorische Atom- und Kohlekonzerne wie E.on und RWE entledigen sich langsam ihrer fossilen und atomaren Altlasten und schwenken um. Denn egal ob Privatmann oder Industriestratege: Heute weiß jeder, dass Erneuerbare Energien die bessere Investition in die Zukunft

Foto: BSW – Bundesverband Solarwirtschaft

Moderne Solaranlage auf historischem Fachwerkhaus.

sind. In jeder Hinsicht: Sozial, weil die Menschen als Investoren, Produzenten, Arbeitnehmer und Arbeitgeber vor Ort beteiligt sind. Wirtschaftlich, weil fossile Energieträger über kurz oder lang zur Neige gehen. Und für das Klima sowieso. Solange man beim Klimaschutz und dem Umstieg auf Erneuerbare auf Komfort verzichten musste, solange konnten und wollten nur wenige Menschen dabei mitmachen. Erst seit die Energiewende sich auch für den Einzelnen rechnet und die moderne Technik Komfort und Lebensqualität dabei noch steigert, nimmt dieses historische Projekt alle Menschen mit.

„Energiewende selber machen“ zeigt den Weg auf, wie man die persönliche Klimabilanz an den entscheidenden Stellen verändert und dabei auch noch die beste wirtschaftliche Entscheidung trifft.

Der richtige Zeitpunkt für die eigene Energiewende ist jeder einzelne Tag: der Umstieg auf einen guten Ökostrom- und Biogas-Anbieter, die Anschaffung eines Elektroautos oder die Entscheidung, sein Geld nicht auf ein Festgeldkonto bei der Hausbank zu legen, sondern es bei einem vertrauenswürdigen Erneuerbare-Energien-Anbieter zu investieren. Das sind die kleinen Schritte. Die großen Sprünge erfolgen dann, wenn Veränderungen im Leben anstehen: Beispielsweise der Umzug in eine neue Wohnung samt Anschaffung neuer Elektrogeräte. Oder der Bau und die Sanierung eines Hauses. Wer bei der eigenen Energieversorgung die Weichen richtig stellt, braucht sich um diesen Teil seiner Klimabilanz keine Sorgen mehr zu machen – und kann die Entwicklung der Öl- und Gaspreise von da an mit Gelassenheit beobachten.

Dieses Buch soll helfen, die Weichen richtig zu stellen. Es gibt heute eine große Vielfalt ausgereifter Lösungen, egal ob Wärmepumpe, Pelletofen oder die mit Solarstrom betriebene Flächenheizung, ob Kleinwindrad oder Solarthermie. Andere Technologien wie Batteriespeicher, Smart-Home-Steuerungen oder die Elektromobilität erfordern noch die Mühe, die guten und etablierten von den noch nicht ausgereiften Angeboten zu trennen. Dieser Leitfaden möchte Ihr Ratgeber für die persönliche Energiewende sein. Damit Sie diese Wende so gestalten können, wie es Ihrer individuellen Lebenssituation entspricht. ■

Foto: KfW

Interview

„So fällt die Rechnung niedriger aus"

Christian Noll ist Mitinitiator der Deutschen Unternehmensinitiative Energieeffizienz e.V. (DENEFF). Er erklärt, warum die Energiewende ohne Energiesparen zum Scheitern verurteilt ist, wie die Bürger das im Portemonnaie spüren und was die EU aus dem Debakel mit den Glühbirnen gelernt hat.

Foto: Rolf Schulten

Herr Noll, Sie machen sich seit Jahren stark für das Thema Energieeffizienz. Was ist so spannend daran?
Christian Noll: Energieeffizienz funktioniert per Definition ohne Verzicht, bedeutet also: Wir bekommen dasselbe, aber mit weniger Energieaufwand. Alle Szenarien zur Energiewende basieren auf der Grundbedingung, dass es gelingt, den Energieverbrauch bis 2050 zu halbieren. Sonst wird der Umbau des Energiesystems unbezahlbar. Denn je mehr Energie wir verbrauchen, desto teurer kommt uns der Ausbau von Netzen und Kraftwerken zu stehen und desto mehr Energie müssen wir für viel Geld importieren.

Ob Glühlampen oder Staubsauger: In der öffentlichen Diskussion ist schnell von Bevormundung und Regulierungswut der EU die Rede, die mit ihren Ökodesign-Regelungen Vorgaben für die Energieeffizienz von Produkten macht. Was bringen uns die Ökodesign-Standards?
Sie schieben die Geräte vom Markt, die einen unwirtschaftlich hohen Stromverbrauch haben. Das ist Verbraucherschutz pur! Das Ende der Glühlampe war eine unglückliche Ausnahme, da damals vorhandene Energiesparlampen nicht immer allen Ansprüchen der Verbraucher genügt haben. Daraus hat die EU gelernt. In den allermeisten Fällen der inzwischen 27 erlassenen Ökodesign-Regelungen bekommt der Verbraucher erst frühestens mit der nächsten Stromrechnung überhaupt

einen Unterschied zu spüren – weil die dann niedriger ausfällt! Die EU orientiert sich bei ihren Vorgaben an den geringsten Gesamtkosten für die Verbraucher, also Anschaffungs- plus Stromkosten über die Lebensdauer des Gerätes.

Der Stromverbrauch privater Haushalte steigt seit Jahren an. Brauchen sie mehr Sparanreize?

Auf jeden Fall. Energiesparen alleine ist für die breite Masse noch kein überzeugendes Argument. Sinnvoll wäre es, den zu belohnen, der es am günstigsten und besten schafft, Verbraucher für Energieeffizienzmaßnahmen zu begeistern. Ausschreibungen für eingesparte Kilowattstunden, wie sie derzeit diskutiert werden, können genau das schaffen. Stadtwerke, Handel oder innovative Start-ups treten dann in einen Wettbewerb, beispielsweise für die Investition in energiesparende Elektrogeräte zu werben. Dabei wird sich dann zeigen, ob und bei welchen Kunden das durch Rabattgutscheine, Servicepakete oder einfach eine smartere Ansprache von Kundenwünschen am besten klappt. Ebenso kann eine steuerliche Förderung für energetische Modernisierungen den Nerv vieler Hausbesitzer treffen. Verbraucher benötigen dabei aber klare begleitende Informationen. Das betrifft Verbrauchslabel für Haushaltsgeräte ebenso wie Gebäudeenergieausweise oder eine hochwertige Energieberatung für den individuellen Sanierungsfahrplan.

Foto: Rensch-Haus GmbH

03 | STELLSCHRAUBEN FÜR DIE EIGENE ENERGIEBILANZ

Sparen, wo es sich lohnt

Energiesparen? Klar. Aber was lohnt sich? Eine neue Spülmaschine? Ja. Ein neuer Computer? Nicht unbedingt. Der Gang durch **Haus und Wohnung** zeigt, welche **Energieverschwender** leicht abzustellen sind.

Eine Ladung Schmutzwäsche bei 60 Grad Celsius waschen – schon ist eine Kilowattstunde (kWh) weg. Das kostet rund 26,5 Cent. Was man noch mit einer Kilowattstunde tun kann: ein Mittagessen für die Familie kochen, eine halbe Stunde lang staubsaugen oder fünf bis zehn Stunden vor dem Computer hocken. Mehr als ein Viertel (27 Prozent) des gesamten deutschen Energieverbrauchs geht auf Kosten der gut 40 Millionen privaten Haushalte.

Konkret heißt das: Für Wärme und Strom verbrauchen wir jährlich 675 Milliarden Kilowattstunden. Diese Zahl hat das Umweltbundesamt (UBA) für 2012 ermittelt. 2011 waren es „nur" 609 Milliarden kWh – die Kurve geht also nach oben, der Energieverbrauch steigt. Laut Statistischem Bundesamt entfallen davon rund 70 Prozent aufs Heizen. Etwa 20 Prozent der Haushaltsenergie nutzen wir als Strom. Nicht viel? Doch. Privathaushalte sind heute mit einem Anteil von einem Viertel der zweitgrößte Stromverbraucher in Deutschland. Mehr braucht nur die Indus-

Grafiken: shutterstock

trie. Der Stromverbrauch ist es auch, der den Energieverbrauch privater Haushalte in die Höhe treibt – von 1990 bis 2012 um etwa 20 Prozent. Und das, obwohl Kühlschränke, Waschmaschinen, Computer und Fernseher immer energieeffizienter werden. Den Grund hierfür macht das UBA an unseren heutigen Wohngewohnheiten fest: Immer weniger Menschen leben in immer mehr Haushalten und haben immer mehr elektronische Geräte. Bei der Wärme zeigt die Kurve hingegen in die andere Richtung: Der Brennstoffverbrauch ist zwischen 1990 und 2012 um 13 Prozent gesunken, was laut UBA vor allem am besseren Energiestandard bei Neubauten und an der forcierten energetischen Sanierung von Altbauten liegt. Für Heizung und Warmwasser zahlen wir heute aufgrund gestiegener Energiekosten dennoch etwa 50 Prozent mehr als im Jahr 2000. Für Strom sogar fast doppelt so viel. Dabei gibt es einfache Tricks, Strom und Heizenergie zu sparen, dadurch das Klima zu schützen und die eigenen Energiekosten zu senken. Im Dunkeln oder im Kalten muss deshalb niemand sitzen. Ein Gang durchs Zuhause zeigt es.

Energieverbrauch

eines durchschnittlichen Haushalts

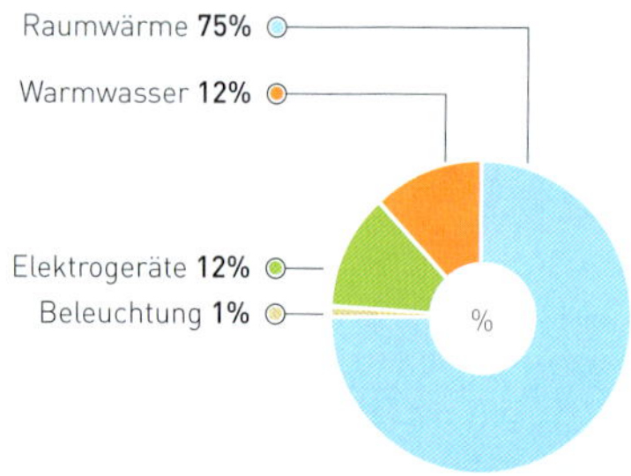

Quelle: Bundesministerium für Wirtschaft und Technologie, BMWi

Sparen mit Etikett

Kühl-, Klima- und Gefriergeräte, Elektrobacköfen, Spül- und Waschmaschinen, Wäschetrockner und Haushaltslampen, Fernsehgeräte und neuerdings auch Staubsauger müssen mit dem **EU-Energielabel** gekennzeichnet sein. Es informiert über Energieverbrauch und andere Produkteigenschaften – bei Fernsehern zum Beispiel darüber, ob sie einen richtigen Ausschalter haben.

Auf dem Etikett sind auch die in der **EU-Ökodesign-Richtlinie** jeweils festgelegten Mindestanforderungen an Energieeffizienz und Umweltverträglichkeit vermerkt.

Küche

Kühlen

Kühl- und Gefrierschränke laufen rund um die Uhr. Alte Energiefresser machen sich deutlich auf der Stromrechnung bemerkbar. Kombigeräte der Energieeffizienzklasse A+++ benötigen etwa 130 bis 160 kWh Strom im Jahr und damit bis zu 30 Prozent weniger als solche mit A++. Die eingesparten Stromkosten machen den höheren Kaufpreis für die höchste Klasse nach wenigen Jahren wett. Und auch der Energieverbrauch für die Herstellung eines Neuen amortisiert sich nach Berechnungen des Öko-Instituts innerhalb von 0,7 bis 2,5 Jahren, wenn das alte Gerät schon 5 bis 10 Jahre im Dauereinsatz ist.

Je größer das Gerät ist, desto mehr Strom verbraucht es: 100 Liter mehr Inhalt bedeuten bei einem Kühlschrank etwa 10 Prozent, bei einem Gefrierschrank sogar 20 bis 30 Prozent mehr Energie. Für Ein- und Zwei-Personenhaushalte reicht für gewöhnlich ein Kühlschrank mit etwa 100 bis 160 Litern Nutzinhalt, für jede weitere Person kommen nochmal rund 50 Liter hinzu. Bei Gefriergeräten reichen meist 50 bis 80 Liter pro Person. Die Geräte sollten zudem nicht unmittelbar neben Herd oder Heizung stehen: Je kühler die Umgebung, desto geringer der Stromverbrauch.

Kochen

Seit Januar 2015 tragen Elektrobacköfen ein neues EU-Energielabel. Die effizientesten Geräte erkennt man seitdem an einem A+++. Wer auf Umluft stellen kann, ist klar im Vorteil: Sie ist zum Backen effizienter als Ober- und Unterhitze, da die Temperatur um 20 bis 30 Grad niedriger sein darf und der Ofen auf mehreren Ebenen gleichzeitig genutzt werden kann. Ein dreckiger Backofen benötigt übrigens mehr Strom als ein blank geputzter, da er die Wärme schlechter leitet. Ein EU-Label für Kochfelder gibt es nicht, es hakt an einem einheitlichen Verfahren zur Messung des Stromverbrauchs. Kochen ist mit Gas effizienter und klimafreundlicher als mit Strom, da sich Elektrokochplatten erst aufheizen müssen. Für Elektroherde gilt: Glaskeramikkochfelder benötigen 10 bis 20 Prozent weniger Strom als gusseiserne, Glaskeramikkochfelder mit Induktionstechnik sogar rund 40 Prozent weniger. Induktionsherde sind dafür teurer und machen spezielles Kochgeschirr notwendig.

Um einen Liter Wasser zum Kochen zu bringen, nutzt man übrigens besser einen guten Wasserkocher: Er braucht ein Drittel weniger Energie und deutlich weniger Zeit als ein Elektroherd. Auch im Vergleich zur Mikrowelle schneiden Wasserkocher besser ab. Kaffeevollautomaten ziehen meist viel Strom, denn die Maschinen halten das Wasser in ihrem Tank bis zum nächsten Gebrauch warm

Der Verschwendung auf der Spur

Wie viel Strom verbrauchen Kühlschrank, Waschmaschine oder Fernseher, wo verbergen sich heimliche Stromräuber? Mithilfe eines **Strommessgerätes** oder **Energiekostenmonitors** findet man das leicht heraus: Zunächst wird der Stromtarif eingegeben und dann der Monitor zwischen Gerät und Steckdose gesteckt. Sofort werden Stromverbrauch und -kosten angezeigt. Die Verbraucherzentralen und viele Stadtwerke, Elektrofachgeschäfte und Baumärkte verleihen solche Messgeräte oder verkaufen sie.

Damit lassen sich auch sogenannte **Leerlaufverluste** aufspüren, die von Geräten im Stand-by-Modus oder durch fehlende oder unzureichende Ausschalter verursacht werden. Laut UBA können sich diese unnötigen Verluste in einem durchschnittlichen Haushalt auf mehr als 100 Euro im Jahr summieren. Schnelle Abhilfe schaffen hier an- und ausschaltbare Steckdosenleisten, die es schon für wenige Euro zu kaufen gibt.

und gehen dafür in den Stand-by-Modus. Sparsamer sind Geräte mit Autooff-Funktion: Bei Nichtgebrauch schaltet sich die Wassererwärmung nach 5 bis 40 Minuten automatisch ab. Seit Januar 2015 müssen neue Haushalts-Kaffeemaschinen sogar gemäß Ökodesign-Richtlinie mit solch einer Funktion ausgestattet sein.

Spülen

Moderne Spülmaschinen mit A+++ brauchen so wenig Strom und Wasser, dass man die Spülbürste lieber liegen lässt – es sei denn, die Maschine läuft nur halb beladen. Wann sich der Austausch der alten gegen eine neue, energieeffiziente Maschine lohnt, lässt sich leicht mit dem Online-Spülrechner des Forums Waschen ermitteln (http://forum-waschen.de/online-geschirr-spuelrechner.html). Eine neue Spülmaschine verbraucht danach gegenüber einer zehn Jahre alten Maschine 1.700 Liter Wasser und 83.000 Wattstunden Strom weniger. Das spart im Schnitt 30 Euro im Jahr. Denn neuere Maschinen haben ein Energiesparprogramm, das mit niedrigeren Temperaturen spült oder auf das Vorspülen verzichtet. Das reduziert den Energieverbrauch um 5 bis 10 Prozent und das Geschirr wird trotzdem sauber.

Waschen

Bei Waschmaschinen ist nicht nur der Strom-, sondern sind auch der Wasserverbrauch und die Schleuderwirkung entscheidend. Geräte der Effizienzklasse A+++ schneiden in allen drei Kategorien gut ab. Eine hohe Drehzahl beim Schleudern macht im besten Fall einen stromfressenden Trockner überflüssig. Wann sich eine neue Maschine rechnet, ermittelt der Online-Waschrechner des Forums Waschen (http://forum-waschen.de/online-waschrechner.html).

Das maximale Fassungsvermögen der Trommel sollte nicht größer sein als nötig. Voll beladen laufen die Maschinen nämlich am effizientesten. Auch wenn heute viele Geräte eine Mengenautomatik haben, bedeutet halbe Beladung nicht halber Verbrauch. Laut Öko-Institut reduzieren sich Wasser- und Energieverbrauch je nach Gerät lediglich um 15 bis 40 Prozent. Mit der Waschtemperatur steigt auch der Energieverbrauch: Ein 60-Grad-Programm benötigt nur halb so viel Strom wie eines auf 95 Grad. Ein Warmwasseranschluss lohnt sich nur dann, wenn das Wasser tatsächlich effizienter aufgewärmt wird als in der Maschine, also etwa mittels Sonnenenergie.

Wohnzimmer

Licht

Kaltes, ungemütliches Licht war gestern: Energiesparlampen gibt es heute in ganz verschiedenen Lichtfarben, mit warmweißen 2.700 Kelvin. Einige sind dimmbar oder mit einem Glaskolben ummantelt, haben eine Stab- oder Kerzenform. Die Sparlampen verbrauchen bis zu 80 Prozent weniger Strom als eine herkömmliche Glühlampe, die genau aus diesem Grund heute weitgehend Geschichte ist. Noch sparsamer, allerdings mit circa 10 bis 30 Euro auch teurer, sind LED-Lampen. Auch hier ist die Bandbreite deutlich größer als noch vor wenigen Jahren, als es sie nur für die punktuelle Beleuchtung gab. Inzwischen reicht ihre Lichtstärke selbst für die Allgemeinbeleuchtung an der Decke. Sparpotenzial gegenüber der alten Glühlampe: bis zu

Watt und Kilowattstunde

Während die (Kilo-) Wattstunde den Energieverbrauch von Strom und Wärme angibt, bezeichnet Watt die elektrische Leistung. **1 Kilowattstunde entspricht 1.000 Watt Stromverbrauch eine Stunde lang.** Ein Gerät mit 1.000 Watt, das eine Stunde läuft, verbraucht also 1 Kilowattstunde.

90 Prozent. Wofür eine Glühlampe früher 40 Watt brauchte, langen der LED-Lampe heute gerade einmal 6 Watt. Seit März 2014 gibt es auch für Leuchtmittel ein EU-Energielabel.

Fernsehen

Große LCD-, vor allem aber Plasma-Fernseher verbrauchen vier- bis fünfmal so viel Energie wie klassische Röhrengeräte. Denn je größer die Bildschirmdiagonale, je höher die Auflösung und je ausgefeilter die Technik, desto mehr Strom zieht das Gerät. Aktuell erkennt man die effizientesten Geräte am A+ auf dem Energielabel. Sie verbrauchen laut Initiative Energieeffizienz rund 70 Prozent weniger Strom als ein ineffizientes Modell der Klasse D. Die Skala wird in den nächsten Jahren erweitert: 2017 um A++, 2020 um A+++. Beim Neukauf sollte man zudem auf einen richtigen Ausschalter achten, der Leerlaufverluste vermeidet.

Musik hören

Hi-Fi-Anlagen ziehen auch dann noch Strom, wenn eine CD zu Ende gespielt ist und aus den Boxen kein Ton mehr kommt. Ältere Verstärker verbrauchen selbst im Bereitschaftsmodus über 30 Watt. Energieeffiziente Anlagen besitzen hingegen einen Digitalverstärker, bei dem je nach Lautstärke auch der Stromverbrauch variiert.

Arbeitsräume

Computer

Im Jahr 2000 besaß nur knapp die Hälfte der Privathaushalte in Deutschland einen Computer. Heute sind es mehr als 80 Prozent. Die Herstellung der Rechner verbraucht nicht nur sehr viel Energie, sondern auch wertvolle endliche Ressourcen. Ihre Produktion kann mehr als 50 Prozent der Umweltauswirkungen ausma-

Wie viel ist wenig?

Durchschnittlicher und besonders niedriger Stromverbrauch nach Haushaltsgröße in kWh pro Jahr **mit/ohne elektrische Warmwasseraufbereitung**:

Personen	durchschnittlich	vorbildlich
1	2.200–3.300/1.500–2.100	unter 1.500/unter 900
2	3.300–4.900/2.600–3.700	unter 2.200/unter 1.600
3	4.100–6.000/2.900–4.200	unter 3.000/unter 2.200
4	4.800–7.100/3.400–4.900	unter 3.700/unter 2.600

Quelle: Zahlen der Verbraucherzentrale NRW

Was ist was?

Primärenergie ist die direkt in natürlichen Energieträgern wie Erdöl, Kohle, Wasser oder Wind vorkommende Energie. Sie muss zunächst in **Endenergie** umgewandelt werden – etwa Wasserkraft oder Kohle in Strom –, um von uns genutzt werden zu können. Das geht nicht ohne Transport- und Umwandlungsverluste, deshalb ist der Primärenergieverbrauch in der Regel höher als der Endenergieverbrauch. Endenergie bezeichnet den Strom aus der Steckdose. Was wir davon wiederum tatsächlich nutzen, was also beispielsweise bei Lampen nicht als Wärme verpufft, ist die **Nutzenergie**.

chen. Deshalb sollte man sie möglichst lange nutzen.

Net- und Notebooks benötigen bis zu 70 Prozent weniger Strom als vergleichbare Desktop-PCs, denn damit der Akku möglichst lange läuft, müssen sie die Energie besonders effizient nutzen. Das externe Netzteil sollte nach dem Gebrauch allerdings immer aus der Steckdose gezogen werden, sonst dreht sich der Stromzähler weiter. Ein sehr energieeffizienter Desktop-Computer ohne besondere Anwendungen wie Videobearbeitung oder 3D-Computerspiele hat im Betrieb eine Leistungsaufnahme von etwa 20 Watt, ein ineffizientes Gerät dagegen von mehr als 100 Watt. Laut Öko-Institut lässt sich ein großer Energiehunger häufig auch an einem hohen Geräuschpegel erkennen. Schon bei einer Arbeitspause von einer Viertelstunde lohnt es sich, Computer oder Notebook komplett auszuschalten oder zumindest in den Ruhemodus zu versetzen. Das lässt sich auch automatisch über die Energieverwaltung oder Systemsteuerung einstellen. Auf Bildschirmschoner, insbesondere 3D-animierte, verzichtet man besser ganz, sie sind wahre Energieschlucker.

Keller

Heizungspumpe

Ohne Pumpe geht gar nichts: Sie ist das Herz des Heizsystems und sorgt für das warme Wasser in den Heizkörpern. In der Heizperiode läuft sie rund um die Uhr. Rund 80 Prozent der Pumpen in deutschen Heizungskellern sind veraltet oder ungeregelt, sie arbeiten unabhängig vom tatsächlichen Bedarf immer mit der gleichen Drehzahl, selbst bei geschlossenen Thermostatventilen. Ist die Heizzeit vorbei, müssen sie wieder auf Sommerbetrieb eingestellt werden, um nicht kaltes Wasser durch die Rohre zu pumpen und den Stromverbrauch weiter in die Höhe zu treiben. In modernen, hocheffizienten und geregelten Pumpen geschieht dies automatisch. Sie passen sich immer dem Bedarf an und benötigen schon dadurch sehr viel weniger Strom: Nach Berechnungen von co2online sinkt der Verbrauch mit diesen Pumpen um etwa 80 Prozent. In einem Einfamilienhaus entspreche das – je nach Größe der Heizung und der alten Pumpe – einer Ersparnis von 100 bis 150 Euro. Bei 350 bis 400 Euro Investitionskosten für Kauf und Einbau einer Hocheffizienzpumpe mache sich dies somit schon nach drei bis fünf Jahren bezahlt.

Gemäß EU-Ökodesign-Richtlinie müssen seit 2013 defekte gegen hocheffiziente Pumpen ausgetauscht werden. Außerdem ersetzt seitdem der Energie-Effizienz-Index (EEI) das Energielabel von A bis G. Der EEI darf bei maximal 0,27 liegen (ab August 2015: 0,23), noch effizientere Modelle erreichen schon heute einen EEI unter 0,20. Optimal läuft die neue Pumpe nach einem hydraulischen Abgleich, bei dem das ganze System aufeinander abgestimmt wird. Ein weiteres Problem herkömmlicher Heizungspumpen: Viele sind überdimensioniert – oft zu erkennen an Fließgeräuschen in den Ventilen – und laufen auf einer zu hohen Stufe. Dem Erfahrungswert der Verbraucherzentrale NRW zufolge reicht in Ein- und Zweifamilienhäusern die Stufe „Eins".

Heizen und Lüften

Ohne frieren zu müssen, lässt sich auch beim Heizenergieverbrauch viel einsparen. Das Thermostat ein Grad niedriger eingestellt – und schon spart man rund 6 Prozent Energie, rechnet die Deutsche Energie-Agentur (dena) vor. Kälter als 14 Grad sollten allerdings auch nicht genutzte Räume keinesfalls werden: Die Wände kühlen zu sehr ab und in der Folge kann sich Schimmel bilden. Gerade im Winter sollte man zudem mehrmals am Tag 5 bis 10 Minuten querlüften, natürlich bei abgedrehten Heizkörperventilen. Das verringert die Feuchtigkeit in den Räumen und damit ebenfalls das Schimmelrisiko. Dauerlüften über gekippte Fenster ist hingegen die reinste Energieverschwendung: Es dauert etwa eine Stunde, bis die Luft sich komplett ausgetauscht hat. In dieser Zeit kühlen Fensterlaibungen, die Wände um die Fenster und auch die Möbel so sehr aus, dass viel Energie nötig ist, um den Raum wieder zu erwärmen. Heizkörper und Thermostatventile sollte man zudem frei von Möbeln oder Vorhängen halten, sonst kann sich die Wärme nur ungenügend im Raum verteilen. Stehen die Thermostatventile auf „3", regelt sich die Heizung je nach Raumtemperatur selbst. Auf den höheren Stufen heizt sie hingegen durch, auch wenn es schon längst warm genug ist. ■

Gut informiert ...

... über energieeffiziente Produkte:

www.ecotopten.de
Verbraucher-Informationskampagne des Öko-Instituts mit regelmäßigen Marktübersichten und weiteren Infos.

www.topgeraete.de
Datenbank der dena über die energieeffizientesten Haushaltsgeräte, Unterhaltungselektronik und Informationstechnik.

www.verbraucherzentrale-energieberatung.de
→ Broschüren → „Sparsame Haushaltsgeräte"
Broschüre mit Auflistung der sparsamsten Haushaltsgeräte.

www.ecogator.de
ecoGator: Kostenlose App der Verbraucherkampagne myEcoNavigator für das Smartphone.

... über Energiesparen im Haushalt:

www.umweltbundesamt.de/themen/klima-energie/energiesparen
www.co2online.de/energie-sparen/
www.stromeffizienz.de
www.verbraucherzentrale-energieberatung.de
→ Broschüren → „Stromsparen im Haushalt"

Die Energie der Sonne maximal auszunutzen: Solarthermische Anlage und Photovoltaik auf einem Dach.

Interview

PSYCHOLOGIE

„Energiesparen gehört heute einfach dazu“

Ellen Matthies ist Professorin für Umweltpsychologie an der Otto-von-Guericke-Universität Magdeburg. Sie erforscht u. a. umweltrelevante Verhaltensweisen.

Foto: Rainer Weisflog

Frau Matthies, dass Energiesparen das Klima schont, dürfte heute den meisten bekannt sein. Was ist entscheidend dafür, dass wir dies auch praktisch umsetzen?
Ellen Matthies: Sich umweltbewusst zu verhalten oder eben nicht ist eine sehr individuelle Entscheidung. Hier spielen viele Faktoren eine Rolle: Alltagsroutinen, finanzielle Aspekte oder auch die Frage, wie jemand seinen eigenen Entscheidungsspielraum einschätzt. Kurzfristige Kosten wiegen für manchen oft schwerer als langfristige Einsparungen. Dass man mit einer effizienten LED-Lampe über Jahre gesehen Geld spart, obwohl sie in der Anschaffung teurer ist als eine Halogen-Glühlampe, ist dann nicht kaufentscheidend. Und manchmal fehlen einfach die Strukturen, die ein klimafreundliches Verhalten fördern: Wo es zum Beispiel keinen guten öffentlichen Personennahverkehr gibt, sind die Menschen ohne Auto aufgeschmissen.

Hat sich unsere Einstellung zum Energiesparen über die Jahre verändert?
Insgesamt beobachten wir, dass Energiesparen heute für immer mehr Menschen einfach dazugehört. Bei einer Stichprobe aus dem Jahr 2013 unter 1.600 Kunden eines Energieversorgers gaben 80 Prozent an, dass sie zu Hause Strom sparen. Das sind deutlich mehr als noch ein paar Jahre zuvor.

Wie kommt das?
Dazu haben sicher die vielen Kampagnen etwa zum Stand-by-Verbrauch, die vielen Stromspartipps auf zig Webseiten und der Begriff „smart“ in Bezug auf Haushaltsgeräte, das Stromablesen oder das Autofahren beigetragen. Dass man mit kleinen schlauen Entscheidungen ohne Komforteinbußen Strom und damit Geld sparen kann, ist für viele ein Anreiz.

Innendämmung eines Gebäudes. Vorteil: Die Außenfassade bleibt erhalten.

Foto: KfW

04 | DÄMMEN, ABER RICHTIG

Gute Beratung ist entscheidend

Gedämmt wird, wenn sowieso an der Fassade gearbeitet wird. Denn dann rentiert sich die Wärmedämmung am schnellsten. Die heute geschürten Ängste vor Feuer und Schimmel sind übertrieben: Gute Handwerker, nachwachsende Rohstoffe und richtige Verarbeitung sind die beste Absicherung.

„Angst und Vorurteile sind schlechte Ratgeber", sagt Ulrich Wickert. Der Ex-Tagesthemen-Sprecher engagiert sich dafür, dass nicht mehr so viel Geld – im Wortsinne – zum Fenster hinausgeworfen wird. Denn allein über ungedämmte Außenwände verliert ein Gebäude bis zu 30 Prozent, über das Dach bis zu 20 Prozent seiner Wärme. Wer sich aber warm einpackt, friert weniger. Seit Wärmebildkameras diese Schwachstellen anschaulich in Rot visualisieren, lässt sich auch für den Laien leicht nachvollziehen, wo die Energie ungenutzt verpufft. Die Bewohner merken das dann meist an kalten Füßen und dem Gefühl, dass es durch die Mauern zieht. Allein eine Fassadendämmung kann den Heizenergieverbrauch erheblich senken – bei einem vor 1968 gebauten Haus nach Berechnungen des Umweltbundesamtes (UBA) um mehr als 100 Kilowattstunden (kWh) pro Quadratmeter und Jahr. Das spart bares Geld.

Was spart wie viel Energie?

DämmCheck von co2online:
www.co2online.de/modernisieren-und-bauen/daemmung/waermedaemmung-kosten/ratgeber/daemmcheck-express/

Was nützt eine gute Wanddämmung, wenn die Energie durch die Fenster entweicht?

Die Dämmung der Außenhülle bringt besonders viel, ist aber auch besonders kostspielig. Und dann sind da ja noch Dach- oder obere Geschossdecke, Kellerdecke oder -boden, außerdem die Heizkörpernischen. Selbst wenn man mögliche Fördermittel mit einrechnet (**siehe Kasten „Erstmal abchecken"**), geht das ganz schön ins Geld. Nicht zuletzt deshalb erhitzt das Thema Wärmedämmung regelmäßig die Gemüter.

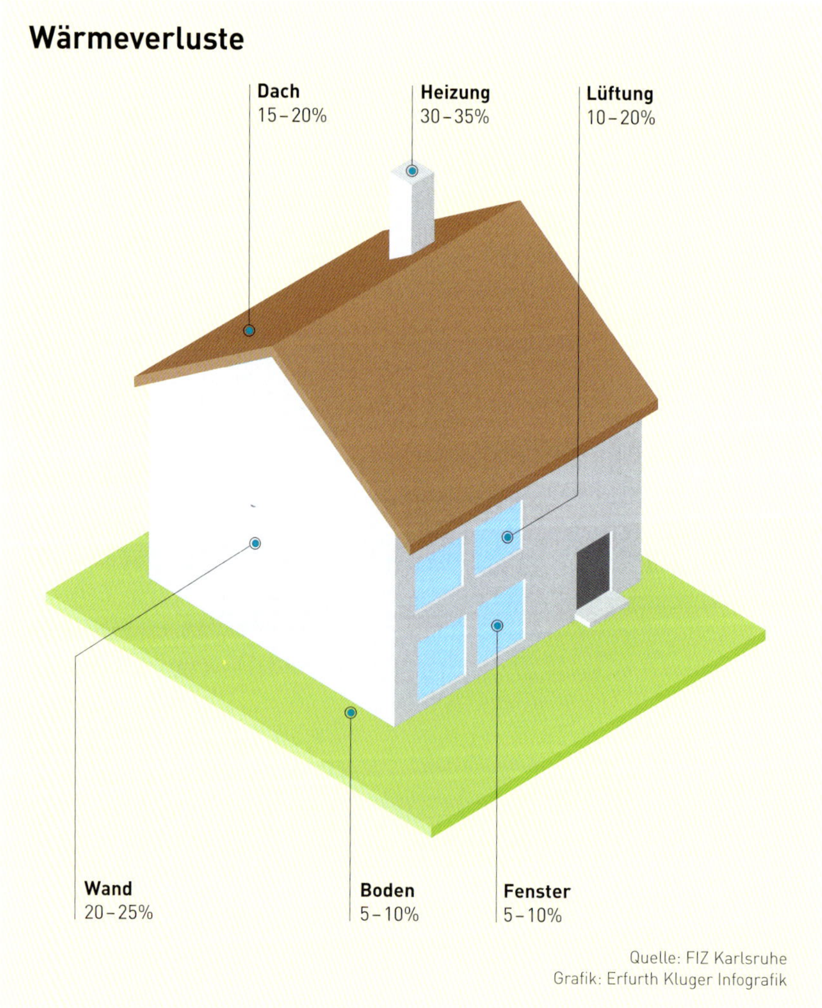

Erstmal abchecken:

Vor-Ort-Beratung der Verbraucherzentralen (45 Euro):
www.verbraucherzentrale-energieberatung.de → Beratungsangebote

Verbraucherzentrale Rheinland-Pfalz:
http://www.verbraucherzentrale-rlp.de/Daemmen

Kostenlose Energie-Checks vor Ort durch Handwerker
im Rahmen der Kampagne „Haus sanieren – profitieren“ der Deutschen Bundesstiftung Umwelt (DBU): www.sanieren-profitieren.de

Qualifizierte Berater und Infos zum Bundesförderprogramm „Vor-Ort-Beratung“ beim Bundesamt für Wirtschaft und Ausfuhrkontrolle (ab 1. März 2015 mit höheren Zuschüssen): www.bafa.de → Energie → Vor-Ort-Beratung

Datenbank für Gebäudeenergieberater der Deutsche Energie-Agentur (dena):
www.energie-effizienz-experten.de

> **„Die meisten Vorwürfe und Ängste sind unbegründet.**
>
> Hans Weinreuter, Energiereferent

Zeitungen und Magazine sprechen von „Volksverdämmung“ und „Kostenfalle“, „Dämmwahn“ und „brandgefährlicher Fassadendämmung“. Dämmen sei unwirtschaftlich, weil es die Heizkosten gar nicht so stark absenke wie behauptet, führe zu Schimmel und sei auch noch lebensgefährlich – das sind die Ängste und Vorurteile, von denen Wickert spricht. Die Verbraucherzentrale Rheinland-Pfalz hat sich die zehn häufigsten Kritikpunkte genauer angesehen. „Die meisten Vorwürfe und Ängste sind unbegründet“, entwarnt der dortige Energiereferent Hans Weinreuter. „Wer bei Planung und Ausführung auf Qualität und fachkundige Experten setzt, braucht nichts zu befürchten, sondern kann sich im Gegenteil über sinkende Heizkosten und ein gesundes Wohnklima freuen.“ Eine gute Dämmung schütze die Bausubstanz und sei zugleich im Sommer ein guter Hitzeschutz.

Außenhülle mit System

Für die **Fassadendämmung** werden bei Neubau und Sanierung am häufigsten **Wärmedämmverbundsysteme** (WDVS) genutzt. Diese auch als Thermohaut bezeichneten Systeme bestehen aus einer Dämmung, einem armierten, witterungsbeständigen Unterputz und einem Außenputz. Als Dämmstoff wird bei WDVS zu etwa 80 Prozent Polystyrol (Styropor) genutzt, ansonsten vor allem Mineralwolle. Gut eignen sich hier auch nachwachsende Rohstoffe wie Holzweichfasern oder Kork.

Eine andere und besonders wetterbeständige Möglichkeit ist die **hinterlüftete Vorhangfassade**. Sie besteht aus einer Unterkonstruktion, etwa aus Holz oder Aluminium, einer Dämmschicht, etwa aus Zellulose oder Mineralfaser, einem Luftraum und schließlich der Außenverkleidung (Vorhang) aus Holz, Schiefer, Kunststoff oder Faserzementplatten.

Eine nachträgliche **Kerndämmung** eignet sich als besonders preiswerte Variante vor allem bei zweischaligem Mauerwerk. Hier wird in die zwischenliegende Hohlschicht der Dämmstoff verfüllt. So lassen sich beispielsweise wasserabweisende Schüttstoffe über Bohrlöcher in die Außenwand einblasen. Das geht nicht nur schnell, meist muss das Haus nicht einmal eingerüstet werden.

Vor dem Dämmen unbedingt eine qualifizierte und unabhängige Energieberatung durchführen

Bevor man allerdings blind drauflos dämmt, sollte man unbedingt eine qualifizierte und unabhängige Energieberatung und Vor-Ort-Analyse in Anspruch nehmen. Auch dafür gibt es Fördermittel (**siehe Kasten „Fördermittel“**). Im Einzelfall lässt sich nämlich nicht immer alles sinnvoll umsetzen, was theoretisch möglich ist, sei es aus wirtschaftlichen Gründen oder wegen des Denkmalschutzes. Wenn die Fassade unter Denkmalschutz steht oder sie aus anderen Gründen so bleiben soll, wie sie ist, lassen sich alternativ auch die Innenwände dämmen. Das ist allerdings nicht ganz unproblematisch – nicht nur, weil sich dadurch die Räume verkleinern. Bei unsachgemäßer Ausführung können zudem Wärmebrücken und in der Folge Schimmel und Tauwasser entstehen. Auch der Brandschutz ist schlechter als bei einer Außendämmung. Gut gemacht, kann aber auch eine Innendämmung den Wärmeschutz etwa eines Fachwerkhauses um 60 Prozent und mehr verbessern. Aber auch hier gilt: Das Gebäude muss immer als Ganzes gesehen werden. Denn was nützt eine gute Dämmung, wenn durch die Fenster mehr Energie entweicht als über die Wände?

Die gemeinnützige Beratungsgesellschaft co2online hat auf Datenbasis des Instituts Wohnen und Umwelt (IWU) ausgerechnet, was unterschiedliche Dämmmaßnahmen pro Quadratmeter Bauteilfläche ungefähr kosten: Wer seine Kellerdecke von unten mit einer 8-Zentimeter-Schicht dämmen will, muss demnach mit 18 bis 30 Euro rechnen, bei einer 20 Zentimeter dicken Dämmung der (nicht begehbaren) oberen Geschossdecke mit 24 bis 30 Euro. Und für ein 14 Zentimeter dickes Wärmedämmverbundsystem (WDVS) an den Außenwänden liegen die Kosten bei 90 bis

Oben nicht ganz dicht?

Die Energieeinsparverordnung (EnEV 2014) schreibt vor, dass oberste Geschossdecken über beheizten Räumen, die ungedämmt, aber zugänglich sind, bis Ende 2015 nachträglich gedämmt werden müssen. Der Wärmedurchgangskoeffizient (U-Wert) der Geschossdecke darf dann bei maximal 0,24 Watt/(m^2K) liegen. Alternativ kann auch das bisher ungedämmte Dach nachgerüstet werden. Für viele in Eigennutzung befindliche Ein- und Zweifamilienhäuser gilt diese Vorschrift – mit verlängerter Frist – nur bei einem Eigentümerwechsel.

Ausrollen von Dämmwolle zur Dämmung der obersten Geschossdecke.

Fotos: KfW

Außendämmung hat den Vorteil, daß sich der Wohnraum nicht verringert.

Fördermittel

Im Programm „Energieeffizient Sanieren" der KfW Bankengruppe gibt es staatliche Fördermittel für verschiedene Maßnahmen zur Wärmedämmung:
www.kfw.de/inlandsfoerderung/Privatpersonen/Bestandsimmobilien/Energetische-Sanierung/

Alle Fördermittel im Überblick:
www.co2online.de/modernisieren-und-bauen/daemmung/foerderung-fuer-waermedaemmung/

120 Euro. „Betrachtet man hierbei nur den Anteil für die reine Energiesparmaßnahme, verbleiben 30 bis 48 Euro pro Quadratmeter", betont Christian Reher, der als Energieberater für co2online tätig ist. Auch deshalb sei es sinnvoll, die Fassade dann zu dämmen, wenn ohnehin ein neuer Putz oder Anstrich fällig sei und ein Gerüst aufgebaut werden müsse. Sonst sei die Gefahr sehr groß, dass sich die Wärmedämmung zumindest wirtschaftlich nicht lohne.

Ob oder wann die eingesparten Heizkosten die Investitionen wieder reinholen, ist nicht zuletzt abhängig vom Zustand des Gebäudes, der Art der Dämmung und der empfohlenen Dicke des Dämmstoffs. Zwar kursieren Zahlen, wonach sich die Dämmung von Keller und oberster Geschossdecke nach etwa 10 Jahren, die Fassadendämmung mit einem WDVS nach etwa 20 Jahren amortisiert hat. „Tatsächlich ist bei einem ungenutzten, nicht ausgebauten Dachgeschoss die Dämmung bisher ungedämmter oder unzureichend gedämmter oberster Geschossdecken rela-

Fotos: KfW

Sparpotenzial Gebäudehülle

Einfamilienhaus (1983), 125m² Wohnfläche, Erdgas,
Jahresverbrauch Heizenergie 18.125 kW

Einsparungen pro Jahr

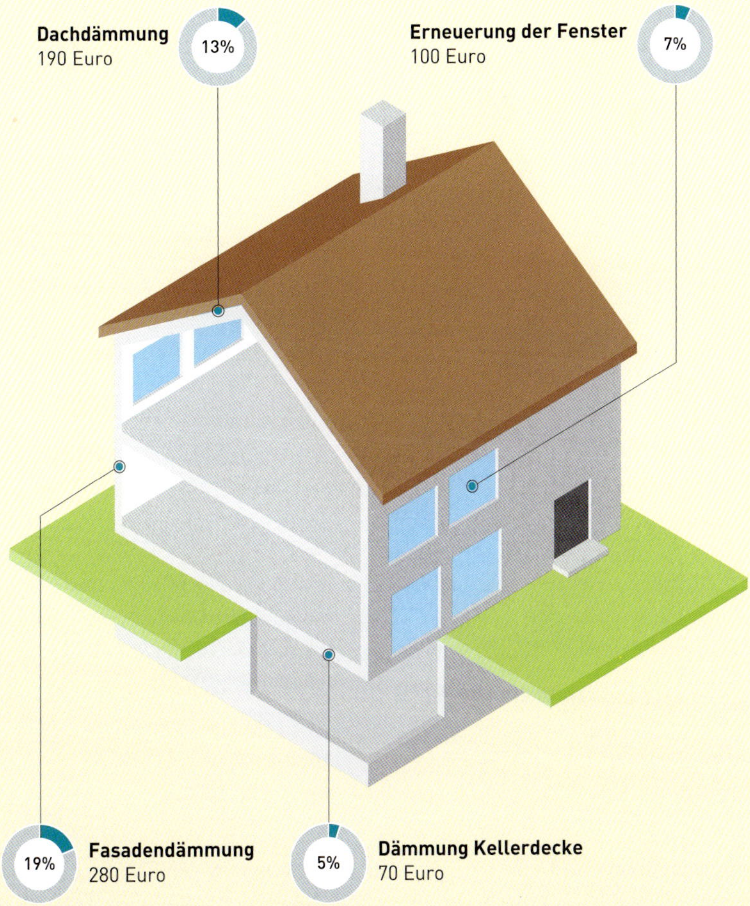

Quelle: co2online gGmbH
Grafik: Erfurth Kluger Infografik

Der „Grundputz" wird eingearbeitet, um Spannungsrisse zu verhindern.

Experten-Tipp zur Wirtschaftlichkeit von Dämmmaßnahmen

„Prinzipiell lässt sich sagen, dass bei einem hohen Verbrauch, und das heißt mehr als 225 Kilowattstunden pro Quadratmeter Nutzfläche, Dämmmaßnahmen wirtschaftlich sind", sagt Energieberater Christian Reher. In vielen Fällen sei das aber auch bei deutlich niedrigeren Verbräuchen schon der Fall. Einkalkulieren sollte man zudem, dass die Heizkosten tendenziell eher steigen als sinken und Häuser noch etliche Jahrzehnte bewohnt werden.

tiv kostengünstig und sehr wirkungsvoll", sagt Reher. Welche Maßnahme sich aber nach wie vielen Jahren durch die eingesparten Energiekosten wirtschaftlich rechne, lasse sich pauschal nicht sagen, da es immer auf den Einzelfall ankomme. „Und für den sollte eine Wirtschaftlichkeitsberechnung gemacht werden." Einen ersten Anhaltspunkt gibt hier der ModernisierungsCheck von co2online (**siehe Kasten „Was rechnet sich wann?"**).

Foto: Rainer Weisflog

Was rechnet sich wann?

ModernisierungsCheck von co2online:
www.co2online.de/service/energiesparchecks/modernisierungscheck

Keine Angst vor Schimmelbildung

Auch in puncto Schimmel- und Brandrisiko gibt Verbraucherschützer Weinreuter Entwarnung: Eine gut ausgeführte, also gleichmäßige, fugenfreie und Wärmebrücken vermeidende Dämmung der Außenwände vermindere sogar das Schimmelrisiko: „Denn je wärmer eine Wand an der inneren Oberfläche ist, umso weniger steigt hier Luftfeuchtigkeit an." Schimmel entstehe hingegen vor allem da, wo feuchtwarme Luft auf kalte Bauteile trifft – also vor allem in Innenräumen. Auch das Brandrisiko erhöhe sich nicht, wenn die Dämmmaterialien korrekt verarbeitet seien, so Weinreuter. Eine verputzte oder verkleidete Außendämmung in Brand zu setzen, sei schwer. „Da die Rauchgase im Brandfall die größte Gefahr darstellen, müssen die Bewohner das brennende Haus sehr schnell verlassen. Wenn nach circa 30 Minuten die Außendämmung tatsächlich anfangen sollte zu brennen, müssen sie längst draußen sein." Mit Schaumstoff gefüllte Matratzen und Polstermöbel sowie Teppichböden seien dann das viel größere Risiko. ■

» **Je wärmer eine Wand an der inneren Oberfläche ist, umso weniger steigt hier Luftfeuchtigkeit an.**

Hans Weinreuter, Energiereferent

Zum Weiterlesen

Ausführliche Infos von co2online zum Thema Wärmedämmung unter:
www.co2online.de → Modernisieren und Bauen → Dämmung

Ratgeber des Umweltbundesamtes „Das Energie-Sparschwein" unter:
www.umweltbundesamt.de → Suche: Das Energie-Sparschwein

„Wärmedämmung – spricht was dagegen?"
Broschüre der Verbraucherzentrale Rheinland-Pfalz zu Dämm-Vorurteilen:
http://www.verbraucherzentrale-rlp.de/AntwortenWaermedaemmung

Interview

05 | WIE VORGEHEN BEI DER HAUSSANIERUNG?

„Wer nur einen Kleinwagen bezahlt, kann keine Limousine erwarten"

Energieexperte Martin Pehnt vom Heidelberger IFEU-Institut warnt davor, die energetische Sanierung des Eigenheims nach dem Motto „Vor allem billig" und ohne einen guten Energieberater anzugehen. Doch wie erkennt man einen guten Berater? Was sind die schlimmsten Fehler bei der Sanierung und wo kann man mit wenig Aufwand große Effekte erzielen?

Fenster sanieren, Dämmen, Heizung erneuern und vielleicht auch noch neue, energiesparende Geräte kaufen: Das ist alles gut und schön. Aber man ist auch bei einem kleinen Haus schnell bei 100.000 Euro. Muss ein Hausbesitzer das in einem Schritt leisten?
Martin Pehnt: Ein Haus saniert man in der Regel dann, wenn man ohnehin etwas instand setzen muss oder sich ein geeigneter Zeitpunkt auftut: beispielsweise beim Verkauf oder wenn ein Gebäude vererbt wird. Wenn man dann richtig saniert, hat das Vorteile: Es spart Kosten für Gerüste und Baustelleneinrichtung, man bekommt höhere Förderung, kann viel Einsparung auf einmal erzielen und hat nur ein Mal Staub und Dreck.

Also doch alles auf einmal?
Man kann natürlich auch schrittweise sanieren. Das ist in der Praxis der übliche Fall, vor allem bei von den Eigentümern bewohnten Häusern. Doch dann sollte man sich die Reihenfolge der Maßnahmen überlegen. Und man sollte die zukünftigen Sanierungsschritte mitdenken: Wer ein Dach erneuert, sollte den Dachüberstand so verlängern, dass man später die Außenwand dämmen kann. Wer die Außenwand dämmt, sollte sich überlegen, ob er oder sie das nicht mit einem Fensteraustausch verbindet und das Fenster dann direkt in die Dämmebene versetzt, denn das ist architektonisch und energetisch vorteilhaft. Und so weiter. Pakete von Maßnahmen sind dazu oft hilfreich. Ideal wäre ein Fahrplan für eine schrittweise Sanierung.

Wo finde ich die beste Anleitung für so einen Fahrplan?
Natürlich gibt es Beratungsbücher für Gebäudesanierung. Aber die beste

Martin Pehnt

ist Geschäftsführer des IFEU-Instituts und forscht seit 20 Jahren zu Erneuerbaren Energien und Energieeffizienz. Er berät Unternehmen, Ministerien und internationale Institutionen zu energietechnischen und -politischen Themen. Er studierte Physik und Energiemanagement in Tübingen und Boulder (Colorado). Ausbildung zum Energieberater und Promotion in Energietechnik an der Universität Stuttgart. Seit 2001 ist Pehnt am IFEU-Institut und analysiert dort unter anderem Theorie und Praxis der Gebäudesanierung. Das IFEU entwickelt derzeit den Ansatz für einen gebäudeindividuellen Sanierungsfahrplan und weitere Instrumente zur Förderung der Energieeffizienz im Gebäudebestand.

Anleitung schreibt ein Energieberater, der vor Ort eine Analyse des Gebäudes vornimmt – zurechtgeschnitten auf die Bedürfnisse des Eigentümers und die Besonderheiten des Hauses.

Wie wird die Sanierung finanziert?
Die Investition wird der Bauherr in der Regel nicht in einer Summe bezahlen, sondern mit einem Darlehen. Die KfW gewährt Förderdarlehen und Zuschüsse mit besonders günstigen Konditionen für energetische Sanierungen. Nach der Sanierung müssen zwar die Raten für das Darlehen bezahlt werden, dafür sind die Heizkosten aber deutlich geringer. In der Summe bleibt die Belastung dadurch oft überschaubar.

„Der größte Fehler ist, die Sanierung ohne einen erfahrenen Planer durchzuführen.

Welche Fehler werden bei der energetischen Sanierung von Häusern am häufigsten gemacht?
Es gibt unendlich viele technische Fehler, die die ganze Sanierung verderben können. Der größte Fehler ist deshalb, die Sanierung ohne einen erfahrenen Planer durchzuführen. Häufig werden die Kosten für den Planer gescheut, doch spätestens beim ersten Schaden oder dem ersten Koordinierungsproblem zwischen den Gewerken macht sich der Planer mehrfach bezahlt.

Für die Baubegleitung durch einen zugelassenen Planer gibt es übrigens Zuschüsse in Höhe von 50 Prozent.

Foto: IFEU-Institut

Wo kann ich mit kleinen Mitteln maximale Effekte erzielen?
Es gibt eine ganze Reihe niederschwelliger Maßnahmen, die man auch als Mieter und mit wenig Geld machen kann: die Dämmung von Kellerdecke, Rollladenkästen, Rohrleitungen und Heizkörpernischen, der Austausch von alten Heizungspumpen, die Zeitschaltung einer Zirkulationspumpe oder die Dichtung von Fenstern und Türen, um ein paar Beispiele zu geben. Auch die Dämmung der obersten Geschossdecke etwa bei einem nicht ausgebauten Speicher ist einfach machbar. In vielen Gebäuden gibt es nur einzelne energetische Schwachstellen, die für hohe Verluste verantwortlich sind. Das können schlecht schließende Fenster sein, durch die es zieht, ein alter Wasserboiler oder eine falsch eingestellte Heizungsregelung. Wenn diese Schwachstellen behoben werden, können durchaus bemerkenswerte Einsparungen erzielt werden.

> **»Es gibt eine ganze Reihe niederschwelliger Maßnahmen, die man auch als Mieter und mit wenig Geld machen kann.**

Vielen Laien fällt beim Dämmen zuerst die Außenwand ein.
Durch Außenwanddämmung lassen sich auch große Einspareffekte erzielen – aber da müssen in jedem Fall Fachleute ran, um eine hochwertige technische, aber auch gestalterisch gelungene Ausführung zu gewährleisten.

Welche Maßnahmen werden überschätzt?
Die Maßnahmen müssen zum Gebäude und seinen Bewohnern passen. Wer zum Beispiel das Dach dämmt, aber das Obergeschoss schon seit Jahren nicht beheizt, weil die Kinder ausgezogen sind, spart wenig. Auch eine Brauchwasser-Solaranlage ist nur wenig sinnvoll, wenn das Gebäude von zwei Senioren bewohnt wird, die den Sommer im Gartenhäuschen verbringen.

Die Dämmung der Außenwände mit Styropor ist in der Kritik. Auch weil sie angeblich nicht so viel bringt, wie die Hersteller von Dämmplatten versprechen. Stimmt das?
Das hat nichts mit den Versprechungen von Herstellern zu tun, sondern mit der Tatsache, dass viele Häuser weniger verbrauchen, als die theoretische Rechnung voraussagt. Das liegt vor allem an den Rechenverfahren, die für unsere Gebäude vorgeschrieben sind. Ein guter Energieberater macht aber einen sogenannten Verbrauchs-Bedarfs-Abgleich und zeigt auf, wie viel Einsparung realistisch ist. Grundsätzlich gilt: Außenwände müssen gedämmt werden, wenn dies möglich ist, denn das spart viel Heizkosten ein. Wir gehen ja auch nicht im Winter nackt auf die Straße. Dabei muss man

Interview

architektonisch sensibel vorgehen: Eine erhaltenswerte Fassade gehört nicht von außen gedämmt, da muss man andere Maßnahmen ergreifen.

Heißt Dämmen immer „Styropor“?
Nein, es gibt eine große Vielfalt an Dämmmaterialien, von Holzfaser und Mineralwolle bis zu Dämmstoffen aus Altpapier und Seegras. Es ist dann eher eine Frage der Kosten und des gestalterischen Anspruchs, welchen Dämmstoff man auswählt. Wie viel man einsparen kann, hängt natürlich von der Größe und dem Zustand der Außenwand ab. In vielen Gebäuden ist die Außenwand das größte Außenbauteil. Oft können die Verluste durch die Wand mit einer Dämmung nicht nur halbiert, sondern auf ein Fünftel reduziert werden. Das bringt dann schon eine ganze Menge.

„Oft können die Verluste durch die Wand mit einer Dämmung nicht nur halbiert, sondern auf ein Fünftel reduziert werden.

Woran erkenne ich einen guten Energieberater?
Leider ist der Begriff Energieberater – zumindest derzeit noch – nicht geschützt. Deshalb ist es wichtig, sich selbst schlau zu machen, ob man einen erfahrenen und guten Berater zur Erstellung eines Sanierungsfahrplans vor sich hat. Dazu gibt es verschiedene Kriterien: Der Berater sollte auf der Energieeffizienz-Expertenliste stehen. Man kann ihn auch fragen, wie viele Beratungen er im Jahr anbietet, beispielsweise im Rahmen der BAFA-Vor-Ort-Energieberatungsförderung – mindestens zehn sollten es sein. Zudem sollte er ausführlich beschreiben, was er in der Energieberatung macht und was man erwarten kann. Am besten sollte er auch produkt- und energieträgerunabhängig sein, das heißt, nach der Beratung nicht nur ausgewählte Produkte und Dienstleistungen verkaufen wollen. Und schließlich: gute Referenzen und Empfehlungen!

Häuser sind so vielfältig wie Menschen. Das denkmalgeschützte historische Gebäude stellt ganz andere Fragen an den Energieexperten als das Neunzigerjahre-Mehrfamilienhaus. Kann man dennoch einige Haustypen zu Gruppen zusammenfassen, für die ähnliche Strategien gelten? Welche sind das?
Es gibt Versuche, Gebäude in sogenannte Typgebäude einzuteilen, für die Sanierungsmaßnahmen jeweils ähnlich sind. In den verschiedenen Epochen gab es jeweils typische Bauweisen, die bei der Sanierung zu beachten sind. Zum Beispiel können wilhelminische Stuckfassaden in der Regel nur von innen

gedämmt werden. Einfamilienhäuser aus den Sechzigerjahren weisen sehr häufig eine ähnliche Bausubstanz, vergleichbare Materialien und Heizungssysteme auf. Gebäude aus den Siebzigerjahren haben durch den damals modernen Baustoff Beton oft Probleme mit Schimmel an Wärmebrücken. Und dennoch ist jedes Haus ein Unikat, auch weil es nach dem Bau sehr oft verändert wurde. In den meisten Fällen ist es daher sinnvoll, eine individuelle Energieberatung in Anspruch zu nehmen.

» In den meisten Fällen ist es sinnvoll, eine individuelle Energieberatung in Anspruch zu nehmen.

Wie geht man die energetische Sanierung an? Gibt es doch eine gemeinsame Strategie?
Die eine, allgemeingültige Strategie gibt es nicht. Aber vielleicht ein paar Prinzipien, an denen man sich orientieren sollte: „Nutze die Gelegenheit" – wenn eine Wand gestrichen oder Dachziegel erneuert werden, sollte man die Chance für eine energetische Sanierung nicht verstreichen lassen. Dies sollte man nach dem „So-gut-wie-möglich-Prinzip" tun: Es kostet kaum weniger, ob die Wand einen die Dämmqualität beschreibenden U-Wert von 0,24 oder 0,18 Watt je Quadratmeter und Grad (W/m2*K) hat. Dann sollte man es doch direkt richtig machen und für wenig Geld mehr Dämmung aufbringen. Und wenn man den Energieverbrauch des Hauses abgesenkt hat, kann man übrigens auch bei der Heizung sparen. So fließt ein Teil des Geldes direkt wieder zum Eigentümer zurück. Die Heizung kann dann auf das optimierte Haus angepasst werden.

In der Praxis ist der Nachbar oft der wichtigste Ratgeber.
Am Anfang jeder Sanierungsstrategie sollte unbedingt eine ordentliche Beratung und Planung stehen. Wer nur auf den Nachbarn hört, hat am Ende sicher nicht abgewogen, ob und welche Fördermittel er nutzen möchte, welche Kosten er nach der Sanierung haben wird und wie er die Sanierung seinen Bedürfnissen anpasst.

Was geben Sie den kommenden Haussanierern mit auf den Weg?
Handeln Sie nicht nach der Devise „So billig wie möglich"! Es geht schließlich um Ihr eigenes Heim, und Sie werden die nächsten Jahrzehnte mit jedem einzelnen Baufehler verbringen. Sanierungen steigern auch den Immobilienwert, den Komfort, die Innenraumqualität und die Behaglichkeit. Bei Autos achten die Käufer viel stärker auf Qualität und jeder weiß: Wer nur einen Kleinwagen bezahlt, kann keine Limousine erwarten. Bei der Gebäudesanierung ist diese Einsicht jedoch leider noch nicht bei allen angekommen.

06 | DÄMMEN MIT NACHWACHSENDEN ROHSTOFFEN

Gute Wahl

Stroh, Flachs, Hanf und Co. gehören zu den Dämmstoffen aus nachwachsenden Rohstoffen. Ihre **Ökobilanz** ist deutlich besser als die konventioneller Angebote.

Mit 750 Strohballen haben sich Susanne Körner und Tilmann Schäberle ihren Traum vom eigenen Heim erfüllt. Im hessischen Bad König haben die beiden Architekten daraus ein dreigeschossiges Haus plus Dachgeschoss gebaut, mit Büroräumen und einer Einliegerwohnung. „Die Dämmeigenschaften von Stroh sind extrem gut, außerdem verbraucht es in der Herstellung sehr wenig Energie, enthält keine Giftstoffe und man kann es einfach und schnell selbst verbauen", sagt Schäberle. „Das Stroh haben wir von einem Landwirt aus der Region bekommen, für gerade einmal 750 Euro. Günstiger kann man ein Haus kaum bauen." Die gepressten,

Foto: KfW

je ein Meter langen Strohballen wurden in eine Holzständerkonstruktion eingebaut, die Innenwände mit Hanfmatten versehen und die Strohballen von außen mit einem Kalkputz geschützt. Auf die Innenseite kam ein Putz aus Lehm, der aus einer nahen Lehmgrube gewonnen wurde. Auch die Dachdämmung besteht aus Strohballen. Nur für die Dämmung unter der Bodenplatte im Erdgeschoss wählten Körner und Schäberle Glasschaumschotter, ein recycelter Baustoff aus 100 Prozent Altglas. Stroh würde hier wegen der permanenten Feuchtigkeit aus der Erde verrotten.

Nachwachsende Dämmstoffe haben die deutlich bessere Ökobilanz

Stroh gehört ebenso wie Flachs, Hanf, Hobelspäne, Holzfasern, Kork, Schafwolle, Schilfrohr, See- und Wiesengras sowie Zellulose (Altpapier) zu den Dämmstoffen aus nachwachsenden Rohstoffen. Ihre Ökobilanz ist deutlich besser als die konventioneller, dennoch dominieren nach wie vor mineralische Dämmstoffe wie insbesondere Glas- und Steinwolle den Markt, gefolgt von erdölbasierten fossilen Materialien wie Polyurethan- (PUR) und Polystyrol (Styropor)-Hartschaum (EPS, XPS). Weitere konventionelle Dämmmaterialien sind Perlite, Kalziumsilikat, Mineralschaum, Aerogele und Vakuumisolationspaneele.

Umwelt-Zeichen setzen

Für emissionsarme Wärmedämmstoffe sowie umweltfreundliche, biozidfreie Wärmedämmverbundsysteme gibt es seit 2010 das Umweltzeichen **„Blauer Engel"**.
Weitere Infos unter: www.blauer-engel.de.

Umweltzeichen für Dämmstoffe verleihen auch das Institut für Baubiologie Rosenheim (www.baubiologie-ibr.de) und das Institut Bauen und Umwelt (IBU) (http://bau-umwelt.de).

Marktübersicht „Dämmstoffe aus nachwachsenden Rohstoffen" der Fachagentur Nachwachsende Rohstoffe unter anderem mit einem Preisvergleich für ein typisches Einfamilienhaus unter: http://mediathek.fnr.de → Broschüren → Bauen

Wärmedämmung bei einer Gebäudefassade.

„Bei Qualität und Dämmeigenschaften können Naturprodukte mit fossilen und mineralischen Produkten mithalten", sagt René Görnhardt von der Fachagentur Nachwachsende Rohstoffe (FNR). „Zudem haben sie den großen Vorteil, dass sie zum Teil bis zu 30 Prozent ihres Eigengewichts an Feuchtigkeit aufnehmen und wieder abgeben können und dadurch für ein besonders angenehmes Raumklima sorgen." Naturdämmstoffe gehören zu den sogenannten normal entflammbaren Baustoffen. Damit erfüllen sie zwar alle Anforderungen des Brandschutzes. In drei- und mehrgeschossigen Gebäuden dürfen die Ökodämmstoffe dennoch nur eingeschränkt verwendet werden. „Dabei wird außer Acht gelassen, dass ab einer gewissen Höhe all diese Materialien feuerhemmend beispielsweise mit Gipsplatten versehen werden", so Görnhardt. Zudem sei beispielsweise auch Styropor brennbar und werde deshalb mit Flammschutzmitteln behandelt.

Zelluloseflocken können preislich am besten mit Erdölprodukten mithalten

Preislich können vor allem Zelluloseflocken mit konventionellen Dämmstoffen mithalten. „Die Preise sind allerdings nicht so einfach miteinander zu vergleichen, da dabei auch bauphysikalische Aspekte wie die Wärmeleitfähigkeit des Materials, bauökologische wie die Nutzung regionaler Ressourcen und nachhaltige Aspekte wie die

Foto: KfW

Wichtige Kennwerte

Wie gut ein Dämmstoff im Winter vor Kälte und im Sommer vor Hitze schützt, besagt die **Wärmeleitfähigkeit**, auf der Verpackung als Wärmeleitfähigkeitsgruppe (WLG) in **W/(m*K) angegeben**. Je niedriger der Wert, desto besser ist die Dämmfähigkeit und desto dünner kann die Dämmschicht sein. Dämmstoffe aus mineralischer Glaswolle haben beispielsweise eine Leitfähigkeit von 0,035 bis 0,05 W/(m*K), solche aus Flachs von 0,036 bis 0,040 W/(m*K).

Der **Wärmedurchgangskoeffizient (U-Wert)** sagt etwas über die Wärmedurchlässigkeit des gesamten Bauteils aus und wird in W/(m²*K) angegeben. Je kleiner der U-Wert, desto besser die Dämmung: Bei einer gut gedämmten Außenwand sollte er bei höchstens 0,20 W/(m²*K) liegen.

Wärmeleitfähigkeit verschiedener Dämmstoffe

Je niedriger der Wert, desto besser ist die Dämmfähigkeit und desto dünner kann die Dämmschicht sein.

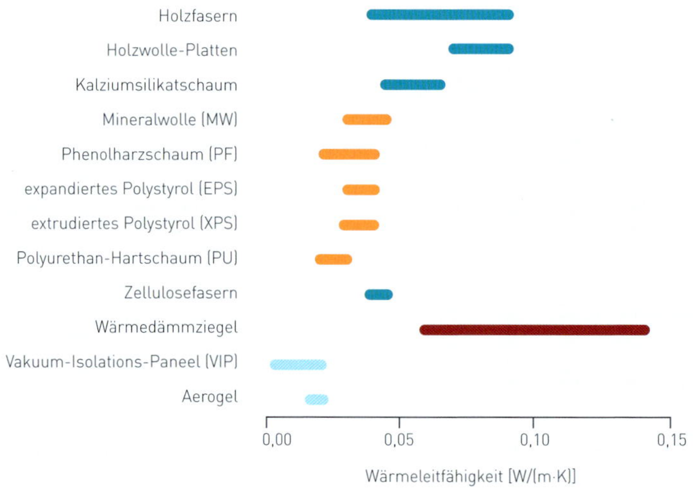

Quelle: FIW München 2014

Recycelbarkeit sowie die CO_2-Speicherung herangezogen werden müssen", betont Görnhardt. Die Herstellung vor allem fossiler Dämmmaterialien ist deutlich energieaufwändiger als die von Naturdämmstoffen. Zwar sparen laut Energieteam der Verbraucherzentrale alle Dämmstoffe spätestens nach zwei Jahren mehr Energie ein, als für ihre Herstellung benötigt wurde. Doch sind die Materialien aus nachwachsenden Rohstoffen hier schneller im Plus: Zellulosedämmstoffe schon nach weniger als einem Monat. Dämmstoffe aus Mineralwolle haben sich nach 3 bis 8 Monaten energetisch amortisiert, solche aus Polyurethan hingehen erst nach 9 bis 23 Monaten.

Raumklima, Emissionen, Recycling – nachwachsende Dämmstoffe haben fast nur Vorteile

Zudem schonen die Materialien aus nachwachsenden Rohstoffen endliche Ressourcen und reduzieren klimaschädliche Emissionen, denn die Pflanzen entziehen der Atmosphäre während ihres Wachstums CO_2 und speichern es. Haben Naturdämmstoffe irgendwann ausgedient und lassen sich nicht wiederverwerten, können sie – sortenrein getrennt – verbrannt werden. Dabei wird wiederum nur genau die zuvor aufgenommene Menge CO_2 freigesetzt. „Unbehandelte Materialien wie Hanf, Seegras, Schilf oder Kork lassen sich sogar recyceln", so Görnhardt. Was die Wiederverwertung konventioneller Dämmstoffe angeht, fehlen bislang ausreichend Erfahrungswerte: Es fällt einfach noch nicht genug Altmaterial an. Wie das Forschungsinstitut für Wärmeschutz e.V. München (FIW) in seiner „Metastudie Wärmedämmstoffe" feststellt, können allein Wärmedämmverbundsysteme bei sachkundiger Ausführung und den üblichen Instandhaltungsarbeiten 50 Jahre und länger halten. Das dicke Ende kommt also noch.

Problematisch sei bei plattenförmigen WDVS, sie schadensfrei wieder von der Fassade zu lösen, so das FIW: Auf der einen Seite sind sie verklebt, auf der anderen verputzt. Allerdings arbeiten Wissenschaftler des FIW und der Fraunhofer-Institute IBP und IVV in einem Ende 2012 gestarteten Forschungsprojekt bereits an mechanischen Trennmethoden und Recyclingverfahren von WDVS. Hilfreich seien etwa Sollbruchstellen. Schon heute gebe es allerdings Verfahren zur Aufarbeitung der WDVS-Komponenten, etwa sauberer EPS-Anteile, die recycelt und wieder zur Dämmung genutzt werden könnten. Auch weitgehend sortenreine Mineralwoll-Dämmstoffe ließen sich, zu Briketts gepresst, wiederverwerten. Nur verklebte, stark verschmutzte EPS- und Mineralwoll-Abfälle müssten in Müllverbrennungsanlagen entsorgt werden. Derzeit werden laut FIW in den meisten Fällen ausgediente Dämmstoffe verbrannt. ■

Foto: ÖkoFEN

07 | WARME WOHNUNG, WARMES WASSER

Die neue Heizung

Gasbrennwert knapp vor Holzpellets und Solarunterstützung – im wirtschaftlichen Vergleich liegt der fossile Brennstoff Gas knapp vor den Erneuerbaren Energien Holz und Sonne. Doch die Zuzahlungen sind überschaubar. Erneuerbare lohnen sich.

Die Frage stellt sich irgendwann jedem der 18 Millionen Einfamilienhausbesitzer in Deutschland: Was baue ich ein, wenn die alte Heizung raus muss? Bei vielen Nachbarn laufen noch die alten Ölkessel, Kachelöfen sind selten geworden. Brennwertkessel sind heute eine gesuchte Lösung bei neuen Kesseln – auch wenn das Rauf und Runter an den Öl- und Gasmärkten den dringenden Wunsch weckt, sich von diesen fossilen Energieträgern zu trennen und möglichst ganz auf Erneuerbare zu setzen. Wenn es um Wärme geht, heißt die Lösung dann Pelletheizung oder Solarthermie.

Sicher ist, dass Holzpellets seit vielen Jahren günstig am Markt zu haben sind. Der Pelletpreis ist in den vergangenen zehn Jahren lediglich von 4 Cent je Kilowattstunde (ct/kWh) auf knapp 5 Cent gestiegen. Er liegt damit immer noch deutlich unter Gas, das umgerechnet auf den Energiegehalt stabil 7 ct/kWh kostet. Öl ist im Vergleich nicht nur teurer, sondern vor allem viel stärkeren Schwankungen unterworfen: Während Öl bislang mit 9 ct/kWh etwa doppelt so teuer war wie Holzpellets, sind die Preise Anfang 2015 im Zuge des Ölpreisverfalls auch mal auf 6 ct/kWh gefallen. Und eine sichere Prognose der Preise hat niemand. Aber spätestens wenn die politischen Verwerfungen wie die Ukraine-Krise vorüber sind und das billige Schieferöl in den USA verbraucht ist, ist auch wieder mit einem starken Anstieg der Ölpreise zu rechnen. Weiter gilt: Holz als erneuerbarer Brennstoff ist im Betrieb billiger, als es Öl und Gas sind.

Dafür sind Holzpelletkessel teurer in der Installation (siehe auch Seite 121, „Klei-

Kostenvergleich Heizungen im Einfamilienhaus mit 140 m²

Über die gesamte Lebensdauer von 20 Jahren in Euro.

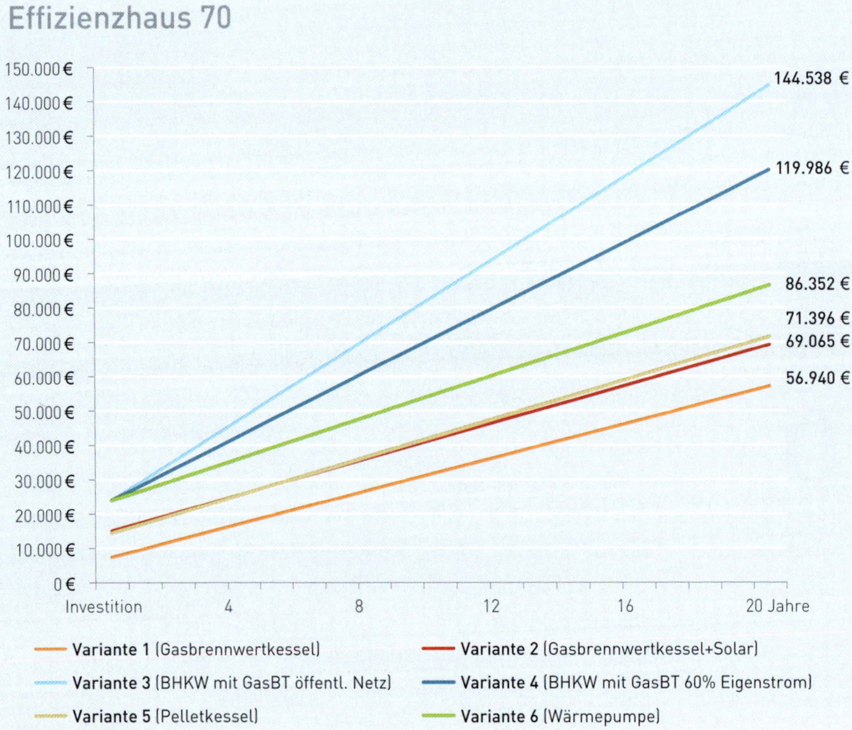

ne Presslinge mit viel Energie"). Die Wirtschaftlichkeit einer neuen Heizung bemisst sich also in erster Linie an den Investitionskosten (wobei die Fördermöglichkeiten zu beachten sind) und dem jährlichen Brennstoffverbrauch.

Ökologisch und günstig

Für dieses Buch haben wir die Feddersen Ingenieure GmbH gebeten, die Wirtschaftlichkeit der verschiedenen verbreiteten Heizsysteme zu vergleichen. Die unabhängigen „Beratenden Ingenieure für Gebäudetechnik" in Berlin (www.fedderseningenieure.de) haben dabei die Investitionen, die jährlichen Brennstoffkosten und laufende

Gebäude nach WSVO 1995

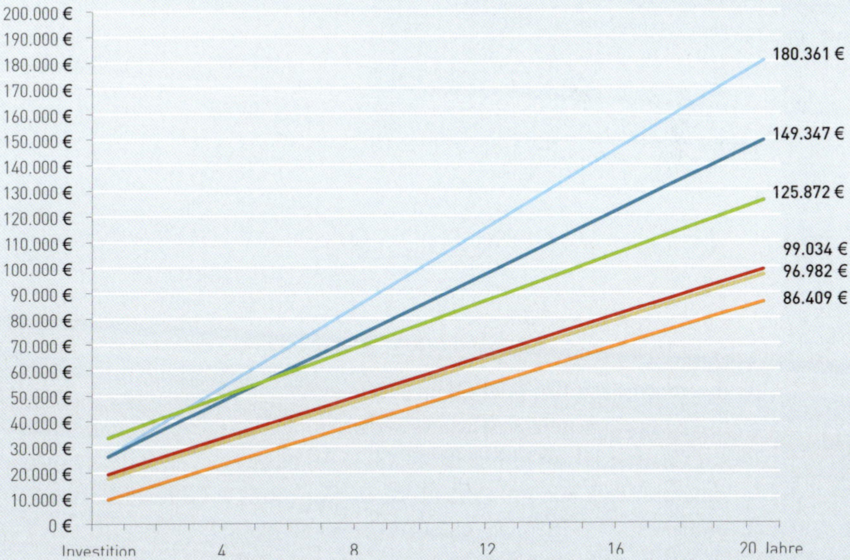

Quelle: Feddersen Ingenieure Berlin 2015

Wirtschaftlichkeit verschiedener Heizsysteme 140 m²-Einfamilienhaus

Kosten verschiedener Heizungen über die gesamte Lebensdauer von 20 Jahren in Euro

Varianten 1–6	Effizienzhaus 70 Investitionskosten Euro	Effizienzhaus 70 Kosten Euro/Jahr
1. Gas-Brennwertkessel	7.250,00	2.484,00
2. Gas-Brennwertkessel mit solarer Warmwasserbereitung und solarer Heizungsunterstützung	14.900,00	2.708,00
3. Blockheizkraftwerk mit 100% Stromeinspeisung ins öffentliche Netz und Gas-Brennwertkessel als Spitzenlastkessel	23.950,00	6.029,00
4. Blockheizkraftwerk mit Eigenstromverwendung und Stromeinspeisung ins öffentliche Netz und Gas-Brennwertkessel als Spitzenlastkessel	23.950,00	4.082,00
5. Holzpelletkessel	14.200,00	2.860,00
6. Elektrische Kompressions-Wärmepumpe mit Erdsonde	23.790,00	3.128,00

Kosten folgender Heizungsvarianten verglichen:

1. Brennwertkessel mit Gas oder Öl befeuert
2. Brennwertkessel mit solarer Warmwasserbereitung und solarer Heizungsunterstützung (Standard- bzw. Minimalausstattung bei Neubauten nach EEWärmeG)
3. Blockheizkraftwerk mit 100 Prozent Stromeinspeisung ins öffentliche Stromnetz und einem Gas-Brennwertkessel als Spitzenlastkessel
4. Blockheizkraftwerk mit Eigenstromverwendung und Stromeinspeisung ins öffentliche Stromnetz und einem Gas-Brennwertkessel als Spitzenlastkessel
5. Pelletkessel
6. Elektrische Sole/Wasser-Wärmepumpe

Effizienzhaus 70 – Gesamtkosten nach 20 Jahren unter Berücksichtigung der Investitionskosten	Gebäude nach WSVO 1995 Investitionskosten Euro	Gebäude nach WSVO 1995 Kosten Euro/Jahr	Gebäude nach WSVO 1995 – Gesamtkosten nach 20 Jahren unter Berücksichtigung der Investitionskosten
56.940,00	9.550,00	3.843,00	**86.409,00**
69.065,00	19.400,00	3.982,00	**99.034,00**
144.538,00	26.250,00	7.706,00	**180.361,00**
119.986,00	26.250,00	6.155,00	**149.347,00**
71.396,00	17.800,00	3.959,00	**96.982,00**
86.352,00	33.550,00	4.616,00	**125.872,00**

Quelle: Feddersen Ingenieure Berlin 2015

Einfamilienhäuser mit 140 Quadratmetern im Vergleich

Als Gebäude haben wir zwei häufige Fälle ausgewählt: jeweils ein Einfamilienhaus mit 140 Quadratmetern Fläche. Dabei ist eines ein typischer Neubau mit einem Wärmeverbrauch – der sogenannten Heizlast – von 60 Watt je Quadratmeter (W/m^2). Das entspricht einem Wert, der 30 Prozent unter dem aktuellen Neubaustandard (EnEV) liegt. Dieses Haus genießt die Fördermöglichkeiten für sogenannte KfW-70-Gebäude. Das andere Haus ist ebenfalls ein Einfamilienhaus mit 140 Quadratmetern, das aber noch nach der Wärmeschutzverordnung von 1995 (WSVO 1995) gebaut wurde (oder einen entsprechenden Standard hat) und einen Wärmeverbrauch von 100 W/m^2 aufweist.

Die detaillierte Beschreibung der Techniken und insbesondere Praxistipps für Planung und Umsetzung finden Sie im Anhang dieses Buches ab Seite 264, „Wirtschaftlichkeits-Vergleich Einfamilienhaus: Welche Heizung ist die beste?". Dort sind in den Tabellen auch alle Berechnungen im Detail hinterlegt.

Als Sieger gehen aus den Kalkulationen der Ingenieure drei Varianten klar hervor

Der Gasbrennwertkessel gefolgt von der Pelletheizung und dem Brennwertkessel mit Solarthermie-Unterstützung liegen beim KfW-70-Haus und beim Haus nach WSVO 1995 deutlich vorne. Alle Varianten mit eigenem Blockheizkraftwerk fallen dagegen deutlich ab.

Anders als in den Berechnungen ab Seite 99, im Kapitel „Wärmepumpen, Heizen mit Strom und der Wärme in der Umwelt", schneidet die Wärmepumpe bei den unabhängigen Feddersen Ingenieuren scheinbar schlechter ab. Denn in der Vergleichsrechnung im Wärmepumpen-Kapitel wurden vom „Bundesverband Wärmepumpen" nur Kosten für das erste Jahr dargestellt und nicht über einen Zeitraum von 20 Jahren. Dadurch werden Kapitalkosten, Preissteigerungen für Energie, Wartung, Instandhaltung sowie die Rücklagen für die Instandhaltung nicht berücksichtigt.

Pelletheizung ökologisch vorn

Eine weitere wichtige Rolle spielt natürlich die Preisentwicklung: Bei den Berechnungen der Feddersen Ingenieure wurde eine jährliche Steigerung des Gaspreises von 4 Prozent, bei Strom von 6,5 Prozent und bei Holz von 1,5 Prozent zugrunde gelegt. Das sind angesichts knapper werdender fossiler Brennstoffe übliche Annahmen – ob sich die Märkte daran halten, ist jedoch eine ganz andere Frage. ■

Fazit

Unterm Strich zeigt sich, dass die Holzpelletanlagen über 20 Jahre 10.000 bis 12.000 Euro teurer sind als die Gasbrennwertkessel im Einfamilienhaus nach WSVO 1995 und im Effizienzhaus KfW-70. Dafür ist man mit dem Holzpelletkessel ökologisch auf der klimaneutralen Seite und kann sich bei der Diskussion um die Gas- und Heizölpreise entspannt zurücklehnen.

Interview

Prioritäten bei der energetischen Haussanierung

„Zuerst raus mit dem alten Ölkessel"

Wie senkt man den Energieverbrauch eines bestehenden Hauses am schnellsten? „Beim Heizkessel anfangen", rät Dipl.-Ing. Christian Feddersen, Experte für moderne Energieversorgungskonzepte von Alt- und Neubauten. Der Chef der Feddersen Ingenieure GmbH in Berlin hält die Rundum-Dämmung der Häuser für überbewertet – und erklärt, warum er so denkt.

Herr Feddersen, stellen Sie sich vor, ein Kunde hat 15.000 Euro von der Oma geerbt und will mit diesem festen Budget den Energieverbrauch des Eigenheims senken. Was raten Sie ihm?
Christian Feddersen: Man sollte sich immer zuerst die Heizung ansehen und diese wahrscheinlich zügig austauschen. Eine normale Öl- oder Gasheizung hat einen Wirkungsgrad von 70 Prozent oder schlechter. Wenn so eine Anlage gegen eine Gasbrennwert-Heizung ausgetauscht wird, erreicht man Wirkungsgrade von 95 – 98 Prozent. Das bringt eine Energieeinsparung von 30 – 40 Prozent. Auch mit einer Rundum-Dämmung ist das kaum zu erreichen.

Was kostet das?
Das ist nicht so teuer: Eine neue Gasbrennwert-Zentrale kostet für ein bestehendes Einfamilienhaus rund 8.000 Euro. Wenn zudem der Gasanschluss gelegt werden muss, kommen noch einmal 2.500 Euro hinzu.

Was mache ich mit dem Öltank?
Bei einer Gasbrennwert-Zentrale schafft die Demontage des Öltanks zusätzlichen Raum im Keller. Der lässt sich nutzen, um etwas anderes zu lagern. Oder der sanierte Öltank wird einfach zum Regenwassersammler. Wenn sich ein Eigenheimbesitzer für eine Holzpelletheizung entscheidet und den Öltank entfernt, dann entsteht schon dadurch zumeist genug Platz für den Jahresbedarf an Pellets.

Was soll geschehen, wenn der alte Ölkessel als doppelwandiger Tank unter der Erde außerhalb des Hauses eingebaut wurde?
Auch der Erdtank lässt sich als Pelletlager nutzen, wenn die innere Hülle entfernt wird und die Pellets mit einem Maulwurfsystem zum Brenner gefördert werden.

Was kostet der Pelletofen?
Insgesamt etwa 15.000 – 18.000 Euro

»
Theoretisch hat eine Pelletheizung keine zusätzlichen CO_2-Emissionen.

für die Investitionen. Dafür sind die Pellets im Verbrauch sehr viel günstiger. Sie liegen bei 5 Cent je Kilowattstunde, während Gas in den letzten Jahren mit 6,5 Cent zu Buche schlug.

Wie lange ist die Amortisationszeit eines Pelletkessels gegenüber den in der Anschaffung günstigeren Gassystemen?
Rund acht bis zehn Jahre.

Wie fällt der ökologische Vergleich aus?
Theoretisch hat eine Pelletheizung keine zusätzlichen CO_2-Emissionen. Wenn die Pellets aus der Region kommen und aus Abfallholz und Resthölzern hergestellt werden, dann stimmt das auch. Wenn sie aber etwa aus Sibirien angeliefert werden und vielleicht sogar mithilfe von fossilen Energieträgern getrocknet wurden – auch solche Sorten gibt es auf dem Markt –, dann ist die CO_2-Neutralität nicht mehr gegeben. Beim Einkauf sollte man sehr darauf achten, dass die Pellets aus der Region kommen.

Trotzdem: Als Einfamilienhausbesitzer habe ich im Hinblick auf eine spätere Dämmung meines Eigenheims die Sorge, dass ich eine überdimensionierte und damit zu teure Heizung einbaue.
Das ist ein weit verbreiteter Denkfehler. Zunächst einmal spare ich natürlich die Energie, die in der Zeit bis zur Wärmedämmung ins Land geht. Und wenn das fünf Jahre sind, dann liegt es schon nah an der Amortisationszeit der Anlage.

Also gar nicht dämmen?
Dämmen schon, aber richtig. Man sollte zuerst die Decke des obersten Stockwerkes zum Dachboden hin und die Kellerdecke dämmen, das sind relativ kostengünstige Maßnahmen. Erst danach sind die Fenster dran und zum Schluss die Wände des Hauses. Bei einem ungedämmten Dach herrschen im Winter durchaus Minusgrade – und das gerade dort, wo die meiste Wärme im Haus hinsteigt. Das Dämmen des Dachbodens ist relativ einfach: Der Boden wird ausgeräumt und es wird Mineralwolle ausgelegt – oder man nimmt gleich begehbare Fertigplatten. Diese Arbeiten sind auch von handwerklich begabten Laien leicht durchführbar.

Wie wirkt es sich technisch und wirtschaftlich aus, wenn man später doch noch dämmt?
Bei Brennwertanlagen ist es so, dass die Anlage einen umso besseren Wirkungsgrad hat, je geringer die Rücklauftemperatur aus der Heizungsanlage ist. Denn der Brennwert-Effekt besteht darin, dass der kalte Rücklauf aus dem Heizungssystem die latent vorhandene feuchte Wärmeenergie im Abgas durch Konden-

Interview

sation gewinnt. Das bringt 6 – 8 Prozent Wirkungsgradsteigerung. Bei Erdgas liegt die Kondensationstemperatur unter 58 Grad. Je geringer die Rücklauftemperatur, umso besser für den Wirkungsgrad und damit für den Energieverbrauch. Richtig ist, dass nach der Dämmung die zunächst eingebauten Heizkörper tatsächlich überdimensioniert sein können.

Man könnte sie austauschen?
Schon, aber warum sollte man das tun? Wenn die Heizflächen größer sind, braucht man weniger hohe Vorlauftemperaturen und arbeitet mit geringeren Rücklauftemperaturen. Das verbessert die Kondensation der Abgase und hebt den Wirkungsgrad der Anlage. Sie läuft also mehr im Brennwert-Effekt und damit ökologisch und ökonomisch günstiger.

Die Dämmstoffhersteller weisen gerne auf diese überdimensionierten Kessel hin. Was für eine Rolle spielt die Größe des Kessels bei den investiven Kosten? Heißt halber Heizbedarf auch halbe Kosten beim Kessel?
Nein, die Größe des Kessels ist fast unwesentlich, wenn man das ganze Heizsystem betrachtet. Ein halb so großer Kessel ist nicht halb so teuer, wie man vielleicht glauben könnte. Außerdem wird die Größe des Kessels heute oft nicht mehr von der Heizleistung bestimmt, sondern vom Warmwasserbedarf für Duschen und Waschen. Es werden dann immer noch Anlagen mit 15 – 20 kW Kesselleistung benötigt. Die energetische Sanierung mit einem neuen Kessel zu beginnen, ist in jedem Fall die ökonomisch beste Lösung.

Dipl.-Ing. Christian Feddersen

Jg. 1961, studierte an der TFH Flensburg und der TU Berlin Gebäudetechnik. Seit 1987 ist sein Ingenieurbüro mit Sitz in Berlin in den Bereichen Sanitär-, Heizungs-, Klima- und Elektrotechnik tätig. Neben der Planung und Projektierung verschiedenster Bauvorhaben erstellt er Gutachten. Schwerpunkte seiner Leistungen bilden die sinnvolle Nutzung regenerativer Energiequellen und der nachhaltige Umgang mit Ressourcen sowie deren mögliche Wiederverwendung, insbesondere bei der Abwärmenutzung. Hierfür wurde sein Unternehmen bereits mehrfach ausgezeichnet, unter anderem mit dem TGA-Award 2014 für das Bauvorhaben THF in der Schwiebusser Straße 42–44 in Berlin.

Foto: Christian Feddersen

Penthaus auf dem „Sonnenschiff" der Solarsiedlung am Schlierberg in Freiburg.

Foto: Amruth

08 | PLUSENERGIEHÄUSER

Wohnliche Kleinkraftwerke

Werden Passivhäuser mit Photovoltaikanlagen und Wärmepumpen ergänzt, dann produzieren sie oft mehr Energie, als ihre Bewohner verbrauchen. Das funktioniert nicht nur bei **Neubauten.** Auch im Zuge von **Modernisierungen** bestehender Gebäude lassen sich **Plusenergiekonzepte** umsetzen. Das ist anfangs teurer. Doch nach 15 bis 20 Jahren wendet sich das Blatt. Erst recht, wenn der **Stromüberschuss** von einem Elektrofahrzeug genutzt wird. In **fünf Fallbeispielen** erläutern Hausbesitzer und ihre Planer, wie sie ihre Projekte umgesetzt haben.

Zwanzig Jahre ist es her, dass der Freiburger Architekt Rolf Disch in sein Heliotrop zog. Der turmartige Rundbau, der sich nach dem Vorbild heliotroper Pflanzen mit der Sonne dreht, gilt als erstes Plusenergiehaus der Welt (kl. Abb. links).

Mit dem extravaganten Hightech-Projekt haben heutige Plusenergiehäuser nicht mehr viel gemein. Die Vision vom Wohnen mit Energieüberschuss wurde mittlerweile in hunderten Projekten realisiert. Es gibt sie nun in allen erdenklichen Ausführungen: sei es als Fertighausbausatz, als urbane Reihenhaussiedlung, als Berghütte, als exklusive Villa oder als modernisierter Altbau. Und die Idee hat weltweit Anhänger gefunden. Von Skandinavien bis zur Insel Reunion vor Madagaskar, von Japan bis Kalifornien.

Fotos: Rolf Disch SolarArchitektur

Freiburger Siedlung mit 36 kWh Energieüberschuss pro Quadratmeter

Pionier Disch schaut aus seinem Heliotrop auf eines der größten Plusenergieprojekte – oder besser: auf die Photovoltaik-Dächer der von ihm geplanten Solarsiedlung am Schlierberg in Freiburg. Insgesamt sind es 59 modular gebaute Wohnhäuser mit 7.850 Quadratmetern Wohnfläche. Neun von ihnen thronen als Penthäuser auf dem 125 Meter langen Solarschiff, einem Gewerbebau mit 3.600 Quadratmetern Laden- und Bürofläche.

Die Wohnhäuser in Holzrahmenbauweise halten dank der 30 – 35 Zentimeter dicken, gedämmten Wände und Decken dicht. Große, gen Süden gewandte Fensterfronten fangen Tageslicht und Sonnenstrahlen ein. Eine Dreifachverglasung hält diese natürliche Wärme in den Räumen. Im Sommer spenden die überhängenden Solardächer und Balkons Schatten. Lüftungen sorgen für

Solarsiedlung am Schlierberg in Freiburg.

Frischluft. Wärmetauscher gewinnen 90 Prozent der Wärme aus der Abluft zurück.

Das Komplettpaket sorgt dafür, dass der jährliche Heizenergiebedarf nur 10 – 15 kWh pro Quadratmeter beträgt. Die Solarsiedlung erzeugt mit einer Photovoltaik-Gesamtleistung von 445 kWpeak etwa 420.000 kWh Solarstrom pro Jahr. Dank des minimierten Heizbedarfs sparen die Bewohner Jahr für Jahr das Äquivalent von 200.000 Litern Erdöl und entlasten die Atmosphäre um 500 Tonnen Kohlendioxid. Pro Quadratmeter und Jahr bleiben unter Berücksichtigung sämtlicher Verbraucher (Heizung, Warmwasser, Haushalts- und Anlagenstrom) 36 kWh Energieüberschuss. Bei einem Haus mit 100 Quadratmetern Wohnfläche summiert sich dies auf 3.600 kWh Überschuss. Zum Vergleich: Im Altbaubestand verbraucht ein Haus mit dieser Wohnfläche im Schnitt 40.000 kWh Strom- und Heizenergie im Jahr.

Wichtige Links für Energieplus-Bauherren

Das Passivhaus-Institut Darmstadt ist abrufbar unter **www.passivhaus-institut.de**. Dort gibt es auch eine Datenbank mit zertifizierten Planern, Beratern und Handwerkern.

Die Sanierungsexperten der TU Darmstadt haben ihren Webauftritt unter **www.twe.architektur.tu-darmstadt.de**. Dokumentation der Modellsanierung zum kostenlosen Download unter folgendem Link: **www.twe.architektur.tu-darmstadt.de/media/architektur/fachgruppe_c/twe_1/forschung_2/energy-home/energyHome_3_Auflage.pdf**

Die Projekte von Rolf Disch sind einzusehen unter: **www.rolfdisch.de** und **www.plusenergiehaus.de**

Fundgrube weltweit realisierter Zero-Energy-Buildings zum Stöbern sowie zum Sammeln von Anregungen: **www.batchgeo.com/map/net-zero-energy-buildings**

Elektroauto tankt Stromüberschuss nach Altbausanierung

Neben Disch, der sich die Rechte am Begriff *Plusenergiehaus* gesichert hat, zählen auch die Macher des Passivhaus-Instituts Darmstadt und ihre Nachbarn aus der Bauphysik der TU Darmstadt zu den Pionieren. Ihr in Modellprojekten abgesichertes Know-how rund um die Dämmung von Häusern, um Lüftung mit Wärmerückgewinnung und dichte Gebäudehüllen ohne Wärmebrücken hat Häuser mit Energieüberschuss erst möglich gemacht. Sie lassen Bauherren und Planer an ihrem Know-how teilhaben, indem sie diese beraten und deren Pläne prüfen. Zudem sichern sie die Qualität im Markt durch Zertifizierung von Komponenten und Gebäuden, aber auch von Planern, Beratern und Handwerkern. Wer ein Plusenergiehaus plant – ob neu oder saniert –, kann sich bereits im Vorfeld an die Darmstädter wenden und darüber hinaus in ihren Datenbanken zertifizierte Planer finden.

Die Architekten der TU Darmstadt sind auch Urheber eines hervorragend dokumentierten Modellprojektes, in dem ein typisches Einfamilienhaus von 1970 in ein Energieplushaus verwandelt wurde. Da jedes zweite Haus im heutigen Bestand ein Baujahr zwischen 1949 und 1978 aufweist, hat dieses Projekt eine hohe Relevanz für die Energiewende. In der Regel sind diese Häuser energetische Sündenfälle aus Zeiten billigen Öls. Über die Hälfte der deutschen Treibhausgasemissionen gehen deshalb auf den Gebäudebestand zurück. Und genau hier setzen die Darmstädter an und stellen zudem eine Verbindung her zum zweiten Großemittenten: dem motorisierten Individualverkehr. Denn nach der Modellsanierung erzeugt das Einfamilienhaus so viel Stromüberschuss, dass seine Bewohner damit jährlich 20.000 Kilometer im Elektroauto zurücklegen können.

Teure Sanierung spart nach 15 bis 20 Jahren bares Geld

In der Modellsanierung konnten die Darmstädter Architekten die Wohnfläche des Hauses dank wegfallender Gebäudetechnik von 158 auf 185 Quadratmeter erweitern – und den vorher beengten Wohneindruck durch teilweisen Rückbau von Decken sowie durch große Dachfenster ins Gegenteil wandeln. Dagegen wurde der Ölverbrauch von jährlich 5.680 Litern auf null reduziert. Die Isolierung der Außenwände, von Dach und Böden mit jeweils der Lage und Funktion angepassten Dämmaufbauten sowie die Erweiterung der Fensterflächen um 160 Prozent zur optimalen Ausnutzung von Tageslicht und solarer Wärme sind hier der Schlüssel zum Verzicht auf die Ölheizung. Stattdessen sorgt eine Luft-Wasser-Wärmepumpe, die der Außenluft Wärme entzieht und an einen Warmwasserspeicher überträgt, für 66 Prozent der benötigten Heizenergie. Den Rest besorgen individuell regelbare Niedertemperatur-Flächenheizungen im Fußboden. Für Frostperioden ist ein Holzkaminofen installiert, der zugleich die Warmwasser-Versorgung unterstützt. Und nicht zuletzt ist ins Dach eine Photovoltaik-Anlage mit 12,8 kW_{peak} integriert. Ihr Strom deckt nicht nur den Bedarf der Verbraucher und der Wärmepumpe, sondern es bleiben zudem 3.600 kWh Überschuss. Damit können die Bewohner jährlich 20.000 Kilometer im Elektroauto zurücklegen und so teuren Kraftstoff sparen und Emissionen vermeiden.

Eine Kostenanalyse der Darmstädter Forscher zeigt, dass die aufwendige Sanierung zunächst knapp 50.000 Euro Aufpreis gegenüber einer Sanierung gemäß EnEV 2009 und etwa 16.000 Euro Mehrkosten gegenüber dem KfW-70-Standard verursacht. Dafür bringt sie jährliche Einnahmen von 240 Euro gegenüber Nebenkosten von über 2.200 Euro beziehungsweise 2.600 Euro nach den weniger ambitionierten Sanierungen. ■

Fazit

Spätestens nach 20 Jahren wandeln sich so die Mehrkosten ins Gegenteil, wobei die Forscher die gesparten Kraftstoffkosten nicht einmal mitrechnen. Das Beispiel zeigt, wie die Energiewende im Gebäudebestand gelingen und nebenbei kräftigen Anschub für die Elektromobilität liefern kann.

FÜNF BEISPIELE

01 Pragmatisch zum Energieüberschuss im hohen Norden

Ursprünglich wollten die Eheleute Molt in Lüneburg ein Haus kaufen und dieses energetisch sanieren. Doch schnell war klar, dass dieser Weg deutlich teurer und aufwendiger als ein Neubau sein würde. Also kauften sie ein Grundstück und bauten selbst. Es war bereits ihr viertes gemeinsames Bauprojekt, in das die Erfahrungen und das Vorwissen des studierten Elektroingenieurs Jürgen Molt einfließen sollten. Gemeinsam mit dem Lüneburger Architekten Wolfgang Dimke entwickelte das Paar ein Energieplushaus in ökologischer Holzrahmen-Bauweise. Die Außenwand wurde mit weißem Kalksandsteinklinker und im Obergeschoss mit Lärchenholz geschalt. Da das Haus vom Bund gefördert wurde, ersetzte eine Photovoltaik-Anlage auf der Südseite das herkömmliche Dach (Förderung Modellhäuser im Energie-Plus-Standard 2012).

Foto: Jürgen Molt

Holzfenster mit Dreifachverglasung und eine Lüftungsanlage mit Wärmerückgewinnung halten die Wärme im Haus und sorgen für behagliches und schimmelfreies Wohnen. Eine Zellulosedämmung stellt den Energie-Plus-Standard sicher. Die auf dem nach Süden ausgerichteten Satteldach mit 30 Grad Neigung verlegten 66 Quadratmeter Photovoltaik-Paneele bringen eine Spitzenleistung von 12,6 Kilowatt (kW_{peak}). Im Jahr 2013 produzierte die Anlage 12.312 Kilowattstunden (kWh) Strom. Solarthermie kam für die Molts dagegen nicht infrage, da sie auf ein Warmwassersystem im Haus verzichten wollten. Das Warmwasser wird nun dezentral erzeugt: „Jeder Wasseranschluss hat einen intelligenten Durchlauferhitzer, der das Wasser exakt auf die gewünschte Temperatur erhitzt", so der Bauherr. Das Konzept sei auf minimalen Platz- und Wartungsbedarf ausgelegt. Dem Prinzip der Einfachheit folgend erzeugen die Molts auch die Wärme mit Strom. Dafür sind an den Zimmerwänden dekorative Marmorheizplatten verbaut, die bei Bedarf Infrarot-Wärme abstrahlen. Laut Jürgen Molt beträgt ihr Verbrauch 1.600 kWh im Jahr.

Die Haustechnikzentrale ist so auf einen Verteilerkasten und den Wechselrichter der Photovoltaikanlage reduziert – es gibt weder Wassertanks noch Pumpen oder Öfen. Der Gesamtenergieverbrauch des Haushalts lag 2013 bei 6.765 kWh. Damit erwirtschaftete das Haus einen Überschuss von gut 5.500 kWh. Die Erträge der Solarstrom-Vergütung decken laut Molt alle Betriebskosten des Hauses und zusätzlich die Fixkosten seines Autos. Auch dank der Zuschüsse hätten sich die verhältnismäßig geringen Mehrkosten für das Plusenergie-Konzept bereits amortisiert.

↗ **www.bmvi.de/DE/EffizienzhausPlus/Modellvorhaben/Netzwerk/Lueneburg/lueneburg_node.html**

„Jeder Wasseranschluss hat einen intelligenten Durchlauferhitzer, der das Wasser exakt auf die gewünschte Temperatur erhitzt.

Jürgen Molt

02 Neues Passivhaus auf altem Keller

Thomas Potrawfke und Jutta Popp hatten eigentlich gar nicht vor zu bauen. Eher zufällig stießen sie auf ein Grundstück in Moos am Bodensee. Dann ging jedoch alles ganz schnell. In nur drei Wochen war entschieden, das alte Fertighaus abzureißen und ein Passivhaus auf dem vorhandenen Keller aufzubauen. Auch ein geeigneter Architekt für das Projekt war schnell gefunden: Till Schaller hatte im Nachbarort ein Haus gebaut, das der Familie gefiel. Weitere Projekte, ein Porträt des Architekten, der ausschließlich energieeffizient baut, und ein persönliches Gespräch gaben schließlich den Ausschlag. Zumal der Mitinhaber des Büros Schaller+Sternagel als Mitglied der IG Passivhaus, als zertifizierter Passivhausplaner und Energie-Effizienz-Experte in der dena-Liste die notwendige Kompetenz mitbrachte.

Die Hausform ist dem Bebauungsplan geschuldet. Das Paar hätte lieber einen Kubus gebaut, verzichtete aber notgedrungen, als es erfuhr, dass Nachbarn lange und letztlich vergebliche Auseinandersetzungen mit dem Bauamt geführt hatten. So blieb es beim Satteldach, in das als In-Dachlösung im gleichen Rahmenprofil eine 43,5 Quadratmeter große Photovoltaikanlage mit 6,4 kW_{peak} Leistung sowie eine 12 Quadratmeter umfassende Solarthermiefläche integriert wurden. Die Solarthermieanlage ist

Foto: Schaller+Sternagel

> **"Es ist ein gutes Gefühl, die meiste Zeit des Jahres so viel heißes Wasser verbrauchen zu können, wie wir wollen, ohne dass Kosten anfallen.**
>
> Thomas Potrawfke

wartungsarm und liefert heißes Wasser, das in einen 1.000 Liter fassenden Pufferspeicher eingespeist wird. Zudem hat das Haus eine Pelletheizung mit stufenloser Leistungsanpassung zwischen 2,4 kW und 8,0 kW. Der Wasserspeicher speist nicht nur die Fußbodenheizung, sondern sorgt auch für die Warmwasserbereitung. Dafür durchzieht eine Frischwasser führende Edelstahlwendel den Tank.

Der Pelletofen ist im Normalfall nur von Ende Oktober bis Ende Februar in Betrieb. „Es ist ein gutes Gefühl, die meiste Zeit des Jahres so viel heißes Wasser verbrauchen zu können, wie wir wollen, ohne dass Kosten anfallen", sagt Potrawfke. Die PV-Anlage liefert im Schnitt 6.400 kWh, die das Paar für eine Vergütung von 28,74 Cent je kWh ins Netz einspeist. Zudem erhalten sie für selbstgenutzten Strom 12,34 Cent. Allerdings ist der Strombedarf des 4-Personen-Haushalts mit 3.300 kWh vergleichsweise niedrig – die Hausherren achten auf energieeffiziente Geräte und Beleuchtung. Der Heizwärmebedarf des Hauses beträgt im Winter, abzüglich der Heizungsunterstützung durch die Solarthermie, zusätzlich etwa 2.500 kWh regenerative Wärme, die durch die Holzpellets gedeckt werden. Die Gesamtbilanz ist dadurch leicht im Plus. Die Entscheidung für die Pelletheizung fiel, weil sie aus Sicht der Bauherren mehr Reserven bietet als beispielsweise eine Erdwärmepumpe. Der Bau des Heizungssystems samt Schornstein fiel dann vergleichsweise teuer aus. Hinzu kommen laufende Wartungs- und Schornsteinfegerkosten, auf die das Paar im Nachhinein gern verzichtet hätte. Zumal sie beim Nachbarn sehen, dass auch eine Erdwärmepumpe den Bedarf deckt. Die PV-Anlage und der Passivhausstandard werden sich laut Potrawfke dagegen auf jeden Fall bezahlt machen.

Die Bauherren wollten den bestehenden Keller unbedingt erhalten. Architekt Till Schaller zufolge war das schon eine Hürde. Denn der Keller ließ sich thermisch nicht in das neue Konzept integrieren, zumal sich dort auch die Garage befindet. „Selbst mit größtem Aufwand bei der Außendämmung muss man spätestens an der Dämmung der Kellerbodenplatte und an den Wärmebrücken der aufgehenden Wände scheitern", erklärt er. Entsprechend habe man den Keller thermisch „ausgezont"; er gehört nicht zur beheizten Hülle. Der Zugang zur Kellertreppe führt nun durch eine Art Schleuse.

↗ **www.schaller-sternagel.de/01_projekte/Frameset_projektliste.html**

03 Energie für fünf Köpfe und ein 2.500-Liter-Aquarium

Bereits in den frühen Neunzigerjahren beschäftigte sich Sylke Wiegers im Zuge ihres Energie- und Verfahrenstechnikstudiums mit Passivhäusern. Das Prinzip leuchtete ihr und ihrem Mann Andreas schnell ein. Als sie 2001 im Münsterland erstmals bauten, erwies sich das längliche Baugrundstück mit schmaler Südseite jedoch als ungeeignet für ein Passivhaus. Es wurde nur ein gutes Niedrigenergiehaus. Im zweiten Anlauf, bedingt durch einen Umzug nach Schwaben, setzten die Wiegers den alten Plan dann doch noch um. Auf der Internetseite passivhausprojekte.de verglichen sie realisierte Passivhäuser und fanden dort auch ihren Architekten Martin Wamsler. Sein Stil gefiel dem Paar, zudem brachte er die notwendige Erfahrung aus rund 50 fertiggestellten Passivhaus-Projekten mit.

Die Wiegers raten angehenden Bauherren, sich selber Grundwissen zu erarbeiten und sich mit Fragen an die Verbraucherberatung zu wenden. In ihrem ersten Bauprojekt haben sie gelernt, wie teuer Baufehler werden können. Ergänzend zur Erfahrung des Architekten zogen sie daher das Passivhaus-Institut Darmstadt hinzu, das ihr Passivhaus zertifizierte und in der Planungsphase konstruktive Anregungen lieferte.

„Die Verbesserungsvorschläge haben die Mehrkosten der Zertifizierung allemal aufgewogen", sagt Frau Wiegers.

Ursprünglich schwebte der Familie ein Konzept mit Erdgas und Solarthermie vor, sie ließen sich aber von einem auf Strom basierenden Konzept überzeugen. Logische Konsequenz: eine Photovoltaikanlage mit 5,88 kWpeak auf dem Flachdach, durch die ihr Passivhaus zum Energie-Plus-Haus wurde. Im Jahr 2014 erzeugte sie 6.400 kWh Solarstrom. Der Verbrauch des Hauses mit 148 Quadratmetern Wohnfläche betrug aber nur 5.900 kWh – inklusive eines 2.500-Liter-Aquariums, das allein 500 kWh Strom benötigt. Unterm Strich blieben 300 kWh Überschuss.

> **„Die Verbesserungsvorschläge haben die Mehrkosten der Zertifizierung allemal aufgewogen.**
>
> Sylke Wiegers

Frische und warme Luft liefert das Kompaktlüftungsgerät, das Lüftung und Heizung verbindet. Neben dem Wärmetauscher verfügt es über eine Abluftwärmepumpe, die zum Heizen 40 Grad Celsius warme Luft in die Räume pustet. Heißwasser kommt mit 48 Grad Celsius aus der Leitung. An strengen Wintermorgen oder bei dichter Bewölkung unterstützt ein elektrisch betriebenes Heißluftgerät die Wohnzimmerheizung stundenweise. Das alles ist durchaus kostengünstig, im Vergleich zu einem KfW-70-Haus kommt Energiemanagerin Sylke Wiegers auf nur 7 Prozent Mehrkosten, die sich aufgrund der wegfallenden Energiekosten binnen zehn Jahren amortisieren.

Und was würden die Wiegers heute anders machen? „Wir würden Geld für eine zentrale Steuerung der Jalousien in die Hand nehmen", sagt sie. Eine Nachrüstlösung sei bereits angedacht. Zudem ist trotz aller Kontrolle ein Baufehler passiert: Handwerker vergaßen, einige Meter Lüftungsrohr zu isolieren, was anfangs für frostige Tage im neuen Heim sorgte. Der Fehler wurde in der Decke geortet und durch Einblasen von Zellulose behoben. Mit 600 Euro war das eine günstige, effektive Lösung, die der fünfköpfigen Familie eine größere Baustelle ersparte.

↗ **www.wamsler-architekten.de/newsite/architektur/referenzen/neubau-privat.php?we_objectID=57**

Fotos: Wamsler Architekten

04 Energie satt im sanierten Altbau

Das Erbstück: ein 1981 gebautes Reiheneckhaus in Würzburg. Raumaufteilung und Energiestandard entsprechen nicht den Vorstellungen der Erben. Der Bauherr, ein Professor für Elektrotechnik, und seine Familie entscheiden sich wegen der guten Lage und Bausubstanz, das Haus in Eigenregie zu sanieren. Sie wünschen sich mehr Tageslicht, einen großen Koch- und Wohnbereich, einen Wintergarten und eine ordentliche Wärmedämmung. Vor der Planung gibt der Bauherr die Parameter des Hauses in eine freie Version des Passivhaus-Projektierungspaketes (PHPP) ein. Dies ist ein interaktives Tool des Passivhaus-Instituts Dr. Feist in Darmstadt, mit dem Hausbesitzer den Aufwand einer Modernisierung auf Passivhausstandard ermitteln können. Der Befund: „machbar". Dank der Ecklage müssen nur drei Außenwände gedämmt werden. Und neuer Putz ist ohnehin vorgesehen.

Der Zustand des Gebäudes im Jahr 2008.

Also ans Werk. Erst 22 Zentimeter starke Styroporplatten an die Außenwände und 35 Zentimeter Glaswolle unter die bestehenden Dachziegel. Während der Bauherr diese Arbeiten selbst erledigt, zieht er zum Verputzen und zum Fenstereinbau Fachfirmen hinzu. Die neuen Fenster sind dreifachverglast. Belüftet wird das Haus über eine zentrale Lüftungsanlage mit Wärmerückgewinnung. Frischluft wird durch ein 25 Meter langes Kanalgrundrohr in den Keller gesogen. Dieses geht 1,80 Meter tief durchs Erdreich, kommt also vorgewärmt am Wärmetauscher an.

Im Keller steht auch die Erdwärmepumpe mit Direktverdampfung. Die Erdwärme wird in etwa 120 Zentimetern Tiefe über Flachkollektoren auf einer Fläche von 130 Quadratmetern gesammelt. „Das ist preiswerter als eine Tiefenbohrung", erklärt der Bauherr. Zudem erzeugen Vakuumkollektoren auf 10 Quadratmetern Dachfläche Warmwasser, das über isolierte Leitungen durch den nun nutzlosen Kamin ins Haus gelangt. Verteilt wird die Wärme im Erdgeschoss in einer trocken verlegten Fußbodenheizung. „Heute würde ich die Rohre in Nass-Estrich verlegen lassen, denn die Wärme verteilt sich bei Trockenverlegung nicht so optimal", sagt er. Auch die Montage größerer Heizkörper im Obergeschoss sieht er inzwischen kritisch, dank der guten Isolierung hätten es auch die vorhandenen getan.

Fotos: Hochschule für angewandte Wissenschaften Würzburg-Schweinfurt

Zum Energie-Plus-Haus wurde das Objekt 2012, zwei Jahre nach der Modernisierung. Da montierte der Bauherr auf 72 Quadratmetern Dachfläche im 15-Grad-Winkel Photovoltaik-Paneele. Leistung: 10 kWpeak. Im ersten Jahr erzeugte die leicht nach Osten ausgerichtete PV-Anlage 9.500 kWh. Die Familie benötigte dagegen 2.600 kWh für den Haushalt und knapp 1.100 kWh für den Antrieb der Wärmepumpe. Letztere erreichte im Jahresmittel einen sehr guten COP („Coefficient of Performance"/Jahresarbeitszahl) von 4,45 – d. h., zur Erzeugung von 4,45 kWh Wärme wurde nur 1 kWh Strom benötigt.

„Hätte ich gewusst, wie viel Arbeit in dem Projekt steckt, hätte ich möglicherweise die Finger davon gelassen.

Etwa 1.300 kWh ihres Solarstroms konnte die fünfköpfige Familie selbst verbrauchen. Da sie im Jahr nur 2.400 kWh für 25 Cent/kWh aus dem Netz zukaufen musste und im Gegenzug 15 Cent/kWh für die eingespeisten 8.200 kWh Strom erhielt, blieb letztlich ein deutliches Plus von 630 Euro.

Material- und Fremdarbeitskosten für Sanierung und Photovoltaik betrugen 60.000 Euro. Viel hat der Bauherr preisgünstig online bestellt. Bei der Wärmepumpe und der Lüftung achtete er dagegen mehr auf die Qualität als auf den Preis. Sein Resümee nach zwei Jahren Bauphase: „Hätte ich gewusst, wie viel Arbeit in dem Projekt steckt, hätte ich möglicherweise die Finger davon gelassen." Doch das betreffe vor allem den Innenausbau. Die Umwandlung in ein Passivhaus würde er auf jeden Fall wieder in Angriff nehmen.

↗ **www.fhws.de/hochschule/profil/verwaltung/presse/weitere_meldungen/details/news/wenn-das-haus-energie-gewinnt-altes-gebaeude-wird-plus-energie-haus-547.html**

05 Lebens- und Arbeitsraum mit Tankstelle fürs Elektroauto

Der Architekt und Energieberater Andreas Miller aus Münnerstadt in Unterfranken hat ein Haus entworfen, in dem seine Familie weitgehend energieautark lebt, sein Ingenieurbüro Platz hat und das obendrein den Strom für sein Elektroauto produziert.

Dafür galt es, den kubischen Bau nach Süden auszurichten. Weil der Bebauungsplan das nicht vorsah, suchte der Planer früh den Dialog mit Nachbarn und Bauamt – und erhielt grünes Licht. Dreifachverglaste Fenster, Lüftung mit Wärmerückgewinnung und Dämmung mit Zellulose und Holzfaserplatten oberirdisch sowie mit Polysterol unterirdisch sorgen inzwischen für einen jährlichen Heizwärmebedarf von lediglich 9 kWh pro Quadratmeter. Gedeckt wird dieser weitgehend von einer Erdwärmepumpe mit Flachkollektoren, die 1 Meter tief auf 22,4 Quadratmetern im Erdreich verlegt sind. Obwohl die 0,75-kW-Wärmepumpe eigentlich nur für die Nutzwassererwärmung vorgesehen ist, versorgt sie auch die Fußbodenheizung in Wohnbereich und Bad. Für 2,8 kWh thermische Leistung zieht sie 1 kWh Strom. Um Heizspitzen an besonders kalten Tagen abzufangen, sind in Büro und Kinderzimmer zudem elektrische Heizplatten an den Wänden, die aber sehr selten in Betrieb sind.

Angesichts des geringen Wärmebedarfs und der Fördersituation im Jahr 2011 ergab sich das Energie-Plus-Konzept fast von selbst. Seinerzeit gab es fast 29 Cent pro eingespeiste kWh Solarstrom und Vergütung für den Eigenverbrauch. Miller investierte deshalb in eine 135 Quadratmeter große Photovoltaikanlage mit 23,74 kWpeak Leistung, die das nach Süden ausgerichtete Dach im 6-Grad-Winkel überspannt.

Fotos: Andreas Miller

Straßenansicht Effizienzhaus-Plus in Münnerstadt.

Wärmepumpe und Solaranlage produzierten 2013 rund 21.000 kWh Strom und Wärme, denen 8.700 kWh Verbrauch für Büro, Haushalt und Heizung sowie 2.000 kWh für das Elektroauto gegenüberstanden. Trotz des Bilanzüberschusses musste die Familie in den Wintermonaten rund 5.000 kWh zukaufen. Miller möchte in Zukunft den Eigenverbrauch erhöhen. Einen 500-Liter-Heißwasserspeicher und eine Blei-Gel-Batterie mit 11 kWh Kapazität zur nächtlichen Stromversorgung und als Wärmepuffer im Herbst und im Frühling hat er schon. Perspektivisch soll eine größere Lithium-Ionen-Batterie als Zwischenspeicher dienen und außerdem ein Energiemanagementsystem installiert werden.

„Heute würden wir zusätzlich zur Erdwärmepumpe einen Holzofen mit Wassertasche in den Wohnbereich stellen – wegen der Gemütlichkeit.

Andreas Miller

Solarthermie kam für die Millers nicht infrage. Einerseits, weil sie im Sommer nicht gewusst hätten, wohin mit dem warmen Wasser. Andererseits war ihr Dach schon von der Photovoltaikanlage belegt. Ihr Strom ist vielfältig verwendbar und erlaubt eine nahezu klimaneutrale Elektromobilität. Auch weil so Kraftstoffkosten wegfallen, geht Miller davon aus, dass sich die Mehrkosten des Energie-Plus-Konzepts in acht bis zwölf Jahren amortisieren. Die Familie würde heute nur ein Detail anders machen: Früher wohnten sie im Altbau mit Kachelofen. Dessen wohlige Strahlungswärme vermissen sie jetzt. „Heute würden wir zusätzlich zur Erdwärmepumpe einen Holzofen mit Wassertasche in den Wohnbereich stellen – wegen der Gemütlichkeit", sagt Andreas Miller.

↗ **www.bmvi.de/DE/EffizienzhausPlus/Modellvorhaben/Netzwerk/Muennerstadt/muennerstadt_node.html**

Abb.: Viessmann

09 | WÄRMEPUMPEN

Heizen mit Strom und Umweltwärme

Wärmepumpen arbeiten im Prinzip mit Erneuerbarer Energie: Sie transportieren Wärme aus dem Erdreich, dem Grundwasser oder der Luft in den heimischen Heizkessel und verursachen vor Ort keine Emissionen. Allerdings benötigen sie Strom. Damit eine Wärmepumpenheizung sich finanziell lohnt, muss sie genau geplant sein. Ihre Ökobilanz ist dann am besten, wenn sie mit Ökostrom betrieben wird.

Seit einem Jahr wohnt das Ehepaar Petersen in einem neu gebauten Einfamilienhaus mit Wärmepumpe. Das alte Haus, in dem sie zuvor 25 Jahre lebten, hatte eine Erdgasheizung. „Im neuen Haus wollten wir unabhängig von Erdgas und Heizöl sein", sagt Rüdiger Petersen. „Seit den Sechzigerjahren sind die Preise – bis auf kleine Dellen – kontinuierlich gestiegen."

Das neue Haus wurde nach dem KfW-70-Standard gebaut und steht in einem 3.000-Seelen-Dorf in Schleswig-Holstein. Es hat zwei Stockwerke, 150 Quadratmeter Wohnfläche, keinen Keller. Ein typisches, ordentlich gedämmtes Einfamilienhaus Baujahr 2013. Überall im Haus ist Fußbodenheizung verlegt. Draußen im Garten, ein paar Meter neben dem Haus, steht ein weißes Gehäuse, das in Form und Höhe an einen Stromkasten erinnert. Der Kasten beherbergt die Wärmepumpe, eine 8,8-Kilowatt-Anlage des Herstellers Stiebel Eltron. Das Wasser, das sie erwärmt, fließt in einen 600-Liter-Tank, der im Haus untergebracht ist. Der Tank speist Heizanlage und Warmwasserversorgung.

Auf einer Anzeige neben dem Wasserspeicher kann man die Temperatur ablesen: Bei einer Außentemperatur von 8 Grad Celsius ist das Wasser knapp über 20 Grad warm. Sinkt die Außentemperatur auf -5 Grad, arbeitet die Heizung etwas stärker und heizt das Wasser im Speicher auf 30 Grad oder mehr auf. Gesteuert wird die Anlage, wie andere Heizanlagen auch, über einen Temperaturfühler, der an der Nordseite des Hauses angebracht ist.

Ganzheitliche Lösung inklusive Kamin und Solarstrom

Dass eine so geringe Wassertemperatur ausreicht, ein Haus zu heizen, ist dem guten Dämmgrad des Hauses sowie dem hohen technischen Stand moderner Fußbodenheizungen zu verdanken: Sie nutzen nämlich eine sehr große Oberfläche, um die Wärme abzustrahlen. Je kleiner ein Heizkörper ist, desto heißer muss er sein, um einen Raum zu heizen. Vor dreißig Jahren etwa erwärmten Fußbodenheizungen einen deutlich kleineren Anteil der Fußbodenfläche, als es heute üblich ist.

Einen Schornstein und die damit verbundenen Wartungskosten hätten sich die Bauherren im Prinzip sparen können – allerdings wollten sie ein Wohnzimmer mit Kamin. Auch der ist in die Energieversorgung des Hauses eingebunden: Durch den Kaminschacht verlaufen Rohre. Sie erwärmen Wasser, das ebenfalls zum Warmwassertank des Hauses geleitet wird. Die Kaminwärme wird somit für die Warmwasserversorgung und die Fußbodenheizung der anderen Räume genutzt.

Auf dem Dach ließ das Ehepaar zudem eine Solaranlage installieren, die 7,8 Kilowatt (kW) Strom erzeugt. Solarstrom, den sie nicht selbst verbrauchen, speisen sie in das Netz des örtlichen Versorgers ein. Eine Option wäre es auch gewesen, den Solarstrom gleichfalls für die Erwärmung des Warmwassers zu nutzen, doch darauf haben die Petersens verzichtet.

Der Bundesverband Wärmepumpe e.V. (BWP) schätzt, dass bundesweit ca. 600.000 Wärmepumpenheizungen in Betrieb sind. Nach Erhebungen des Statistischen Bundesamtes wird mittlerweile in jedem dritten Neubau eine Wärmepumpe installiert. Am höchsten ist der Anteil in Thüringen (48 Prozent), am niedrigsten in Niedersachsen (15 Prozent).

Erdwärme führt, Luftwärme holt auf

Der am weitesten verbreitete Typ sind Erdwärmepumpen. Doch mittelfristig werden ihnen wohl die Luftwärmepumpen den Rang ablaufen. In den letzten Jahren stieg ihr Anteil an den neu installierten Wärmepumpen stetig an. Fast zwei Drittel der jährlich verkauften 60.000 Wärmepumpen arbeiten mit Luft. Der Rest entfällt fast vollständig auf Erdwärme. Grundwasserwärmepumpen werden kaum gebaut.

Und ein weiterer Trend zeichnet sich ab: In den letzten fünf Jahren ist die Zahl der Wärmepumpen gestiegen, die jedes Jahr ausschließlich für die Versorgung mit Warmwasser installiert werden. Das heißt, an das Heizungssystem sind sie gar nicht angeschlossen. Der Wärmepumpenverband vermutet, dass sie in der Regel zusammen mit einer Photovoltaikanlage installiert werden. Die Kombination sei nämlich eine geschickte Strategie, selbst erzeugten Solarstrom ohne teure Batterien zu speichern – und zwar als Wärme.

So funktioniert eine Wärmepumpe

Das Grundprinzip der Wärmepumpe lässt sich am einfachsten mit einem Kühlschrank vergleichen: Der entzieht dem Innenraum Wärme und gibt sie an der Rückseite nach außen ab. Die Heizwärmepumpe entzieht die Wärme der Außenumgebung und setzt sie im Inneren des Hauses wieder frei. Dazu benötigt sie keinerlei Brennstoff – allerdings verbraucht sie Strom.

Herzstücke der Wärmepumpe sind wie beim Kühlschrank ein Kompressor sowie

Funktionsweise einer Wärmepumpe

Vereinfachte Darstellung

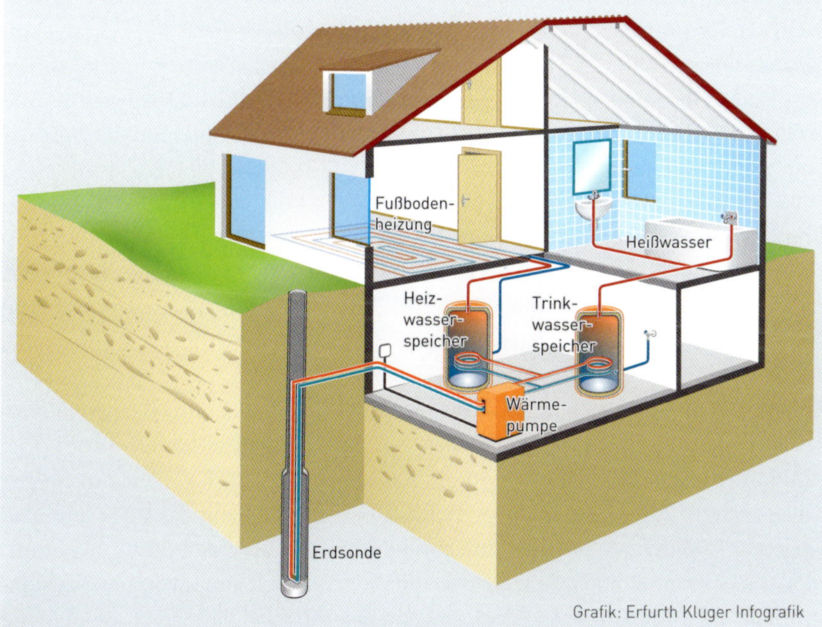

Grafik: Erfurth Kluger Infografik

Luft-Wasser-Wärmepumpen für Innen- oder Außenaufstellung.

ein Kreislaufsystem, durch das ein Kältemittel fließt. Das Kältemittel verändert an zwei Stellen seinen Aggregatzustand. Auf der Außenseite wird es durch einen Verdampfer geleitet, in dem es bis zum Siedepunkt erhitzt wird und schließlich verdampft. Das nun gasförmige Mittel wird dann von einem Kompressor angesaugt und verdichtet. Weil es jetzt unter höherem Druck steht als zuvor, erwärmt es sich. Das durch den Druck erhitzte Kältemittel fließt schließlich durch einen sogenannten Verflüssiger. Dieser ist wie der Verdampfer ein Wärmetauscher, allerdings funktioniert er umgekehrt: Hier kondensiert das warme, gasförmige Kältemittel. Dabei gibt es seine Wärme an das Heizsystem ab. Es fließt zurück zum Verdampfer, und der Vorgang kann von Neuem beginnen.

Drei Arten von Wärmepumpen – welche ist die richtige für mich?

Drei Arten von Wärmepumpen sind heute üblich. Sie alle beziehen ihre Wärme aus der Umgebung des Hauses, jedoch aus unterschiedlichen Quellen: aus dem Erdreich, aus der Luft oder aus dem Grundwasser.

Erdwärmepumpen nutzen Wärme, die im Erdreich vorhanden ist. Bauherren können hier zwischen zwei Varianten wählen: Sonden und Erdkollektoren. Für Sonden wird in der Nähe des Hauses ein 50 bis 100 Meter tiefes Loch gebohrt, in einigen Fällen auch bis 200 Meter. In dieser Tiefe bleibt die Temperatur das ganze Jahr über konstant. Dadurch ist die Erdwärmepumpe effizienter als eine Luftwärmepumpe. Moderne Systeme können sogar dazu genutzt werden, das Haus im Sommer zu kühlen, indem der Kältemittelkreislauf umgedreht wird. Eine Fußbodenheizung wird dann zur Fußbodenkühlung. Allerdings ist eine Erdwärmeheizung, die mit Sonden

Foto: Junckers

arbeitet, in der Anschaffung deutlich teurer als eine Luftwärmepumpe.

Je nach Größe können für ein Einfamilienhaus eine bis drei Bohrungen notwendig sein. Der BWP empfiehlt, dass die Bohrungen untereinander einen Abstand von 10 Metern einhalten, damit sie sich nicht gegenseitig die Wärme entziehen. Zudem sollten sie 5 Meter von der Grundstücksgrenze entfernt sein. Für die Bohrungen müssen Genehmigungen bei der zuständigen unteren Wasserbehörde beantragt werden. In Wasserschutzgebieten werden keine Genehmigungen erteilt. Wenn die Anlage nicht mehr genutzt wird, verlangen die Behörden einen Rückbau.

Erdkollektoren werden deutlich näher unter der Erdoberfläche auf dem Grundstück verlegt. Sie können aus einem Rohrsystem bestehen, aus zylindrischen Körben oder in Form von Matten mit sehr dünnen Röhren verlegt werden (Kapillarrohrmatten). Die Kollektoren werden etwa 1 – 1,5 Meter (frostsicher) unter der Oberfläche eingesetzt. Sie sind deutlich einfacher zu verlegen als Erdwärmesonden, und ihre Installation ist somit günstiger. Allerdings ist der Flächenbedarf größer. Wie groß eine solche Anlage ausgelegt werden muss, hängt nicht nur von der Größe der geplanten Heizanlage ab, sondern auch von der jeweiligen Bodenbeschaffenheit. Trockene Böden sind für die Wärmegewinnung weniger geeignet als feuchte Böden. Erdkollektoren sind in Wasserschutzgebieten eine Alternative zu Erdwärmesonden.

Luftwärmepumpen saugen Luft aus der Umgebung an. Das Gebläse ist in einem Gehäuse mit dem Kompressor untergebracht und wird meist neben dem Haus installiert. Größere Erdarbeiten fallen bei diesem Typ nicht an, eine besondere Genehmigung ist nicht notwendig. In der Anschaffung und Installation ist eine Luftwärmepumpe günstiger als eine Erdwärmepumpe. Allerdings ist sie weniger effizient. Denn ausgerechnet dann, wenn die meiste Wärme benötigt wird, ist die Wärmequelle – also die Luft – am kältesten. Die Folge: An sehr kalten Tagen bringt die Luftwärmepumpe nicht mehr ihre volle Leistung. Ab einer bestimmten Temperatur schaltet sich dann je nach Bedarf ein Heizstab ein, der mit Strom betrieben wird. Je länger dieser in einem kalten Winter eingesetzt wird, desto mehr wirkt es sich auf die Kosten und – sofern die Luftwärmepumpe nicht mit 100 Prozent Erneuerbarem Strom betrieben wird – auf die Umweltbilanz aus.

Grundwasser hat je nach Region und Tiefe eine Temperatur von 7 – 14 Grad. Ab 30 Metern Tiefe liegt sie das ganze Jahr über konstant bei ca. 10 Grad. Das genügt, um auch im Winter eine **Grundwasserwärmepumpe** zu betreiben. Dazu werden im Abstand von meist 15 Metern zwei Brunnen gebaut – ein Saug- und ein Fallbrunnen –, die bis zum Grundwasserspiegel reichen. Die eigentliche Wärmepumpe wird

Vor- und Nachteile im Überblick

VORTEILE	NACHTEILE
- Nutzung von Erd- oder Umgebungswärme - Unabhängigkeit von Erdgas und Heizöl - Kein Brennstoffvorrat notwendig - Kein Schornstein notwendig - Geringer Wartungsaufwand - Mit Ökostrom gute Umweltbilanz - Günstiger Betrieb durch Sondertarife auch für Öko-Wärmepumpenstrom - Geeignet als Speicher für Solarenergie	- Hohe Anschaffungskosten (besonders bei Erdwärme und Grundwasser) - Wärmepumpen lohnen sich nur bei Gebäuden, die gut gedämmt sind - Bei Betrieb mit „dreckigem" Strom sinkt die Umweltbilanz - Aufwand durch Genehmigungen (bei Erdsonden- und Grundwasser-Anlagen) - Bei Erdwärmekollektoren hoher Flächenbedarf

im Haus installiert. Aus dem Saugbrunnen wird Grundwasser dorthin gepumpt, das dann am Verdampfer seine Wärme abgibt. Das um 3 – 5 Grad abgekühlte Wasser wird hiernach über den Fallbrunnen wieder in das Grundwasser zurückgegeben.

Weil die Wassertemperaturen gleichmäßiger sind und im Winter deutlich höher liegen als die Lufttemperaturen, arbeiten Wärmepumpen mit Grundwasser effizienter als mit Luft. Eine Zusatzheizung wie bei der Luftwärmepumpe ist nicht vonnöten. Allerdings verbraucht das Hochpumpen des Grundwassers elektrischen Strom. Zudem ist der Brunnenbau ähnlich wie die Installation von Erdwärmesonden mit größeren Bauarbeiten verbunden und erfordert zusätzliche Genehmigungen. In Trinkwasserschutzgebieten werden keine Grundwasserwärmepumpen genehmigt. Zudem kann es vorkommen, dass die Brunnen nach einigen Jahren versanden. Dann muss ein Experte sie wieder freilegen.

Kombination mit Solarstrom

Die Variante, eine Wärmepumpe in Kombination mit einer Photovoltaikanlage zu nutzen, ist aus mehreren Gründen interessant. Denn wer mit seiner Photovoltaikanlage mehr Strom erzeugt, als er verbraucht, steht zunächst vor der Frage, ob er den überschüssigen Strom ins Netz einspeist oder speichert. Ihn einzuspeisen ist wirtschaftlich nicht besonders attraktiv, da die Einspeisevergütung deutlich unter dem Preis liegt, den Haushalte bezahlen, wenn sie Strom vom Versorger beziehen – auch wenn die Stromversorger spezielle Tarife für Wärmepumpen anbieten.

Eine Kilowattstunde Solarstrom selbst zu verbrauchen, ist also wirtschaftlich deutlich attraktiver, als sie ins Netz einzuspeisen. Folglich kann es sich lohnen, überschüssigen Solarstrom zu speichern und später zu verbrauchen. Allerdings nur, solange der Preis für den Speicher nicht den Preisunterschied zwischen Eigenverbrauch und Einspeisung des Solarstroms übersteigt. Die Speicherung in Batterien ist teuer. Doch wenn man den Strom nutzen kann, um den Wasserspeicher einer Wärmepumpenanlage zu erhitzen, spart man Strom ein, den die Wärmepumpe sonst verbraucht hätte – vorausgesetzt, die Wärme wird tatsächlich gerade benötigt. Das ist vor allem bei der Warmwasserversorgung der Fall. Die wird, anders als die Heizungsanlage, das ganze Jahr über genutzt. Die Warmwasseranlage einer Wärmepumpe wird damit sozusagen zur „Batterie“ bzw. zum thermischen Energiespeicher für den Solarstrom. Das lohnt sich theoretisch, wenn der Preis für eine Kilowattstunde Wärmepumpenstrom über der Einspeisevergütung für eine Kilowattstunde Eigenstrom liegt.

Wärmepumpenstrom

Für Wärmepumpen bieten viele Stromanbieter besondere Tarife an. Diese sind, ähnlich wie der Strom für Nachtspeicheröfen, günstiger als die Tarife für den normalen Haushaltsstrom: Typischerweise kostet hier 1 kWh 19 – 23 Cent statt 26 – 29 Cent (zuzüglich unterschiedlicher Grundpreise). Dafür behält sich der Versorger vor, zu Spitzenzeiten den Strom auch einmal für mehrere Stunden abzuschalten. Das ist möglich, weil Wärmepumpenanlagen als thermische Speicher wirken. Dass Wärmepumpen damit zur Netzstabilität beitragen, ist einer der Gründe, warum Versorger die günstigen Tarife anbieten.

Die Tarife sind allerdings unübersichtlich, und nicht alle Anbieter haben sie im Programm. Auch eine Variante mit Ökostrom gibt es bislang nicht bei

Luft-Wasser-Wärmepumpe im Keller platziert.

Foto: Stiebel Eltron

allen Anbietern von Wärmestrom. Immerhin hat sich hier einiges getan: Wer sichergehen will, dass er mit Ökostrom heizt, musste noch vor wenigen Jahren auf den teuren Haushaltsstrom zurückgreifen. Inzwischen bieten je nach Region beispielsweise E.on, Grundgrün, enviaM und eprimo grünen Heizstrom aus regenerativen Energien oder hocheffizienten Kraft-Wärme-Kopplungsanlagen an.

Doch wer eine Wärmepumpe installiert, kann sich nicht sicher sein, wie lange die günstigen Angebote bestehen bleiben. Kritiker bemängeln, die Stromanbieter würden die Sondertarife quersubventionieren, um bei den Kunden Abhängigkeiten zu schaffen. Denn ist die Wärmepumpe erst einmal installiert, bleibt der Kunde auf den Strom angewiesen. EnBW beispielsweise erhöhte seinen Wärmepumpentarif im Sommer 2011 um 56 Prozent. Die Versorger garantieren Preisstabilität in der Regel für 12 Monate und nur in Ausnahmefällen auch schon mal für mehrere Jahre. Eine Wärmepumpe ist dagegen auf ca. 20 Jahre ausgelegt.

Wärmepumpe – geht das mit jedem Haustyp?

Wärmepumpen sind heute eine in vielen Bauformen etablierte Technologie. Insbesondere in neu gebauten Einfamilienhäusern werden sie gerne und oft eingesetzt. Doch prinzipiell sind sie auch für Mehrfamilienhäuser, für Hoch- und Geschäftshäuser sowie Gewerbegebäude geeignet. So rüstete beispielsweise die Wohnungsbaugesellschaft „Märkische Heimat“ die Heizanlage eines 40 Jahre alten elfstöckigen Plattenbaus in Berlin-Lichterfelde von Fernwärme auf drei große Luft-Wasser-Wärmepumpen um. Und

Foto: Heliotherm

Luft-Wasser-Wärmepumpen sind ein kaltes Heizmedium und können bedenkenlos auch im Freien aufgestellt werden.

Foto: Bundesverband Wärmepumpe (BWP) e.V.

sogar für Mehrfamilien-Altbauten können solche Umrüstungen sinnvoll sein. In der Schweriner Innenstadt etwa wurde ein Altbau mit acht Wohneinheiten und 400 Quadratmetern Wohnfläche mit Luft-Wasser-Wärmepumpen nachgerüstet. Möglich wurde die Umrüstung, nachdem die Eigentümer das Haus saniert hatten. Dessen Energieeffizienz entspricht jetzt dem Standard KfW 70.

Was kostet eine Wärmepumpe?

Die Kosten einer Wärmepumpe hängen von vielen Faktoren ab: von der Wohnfläche, der Größe der Heizungsanlage, der Bodenbeschaffenheit und vom Hersteller. Eine genaue Kostenkalkulation können nur Fachbetriebe vornehmen, die die Gegebenheiten vor Ort kennen. Als Faustregel gibt die Branche an, dass eine Erd- oder Grundwasserwärmepumpe für ein Einfamilienhaus inklusive Wärmequelle und Installation rund 18.000 – 20.000 Euro kostet. Eine Luftwärmepumpe liegt mit 15.000 Euro etwas günstiger, verursacht jedoch im laufenden Betrieb höhere Stromkosten (Vergleichsrechnung siehe Tabellen in diesem Kapitel).

Das Ehepaar Petersen ist zufrieden, auch mit den Heizkosten im ersten Jahr. 100 Euro kostet der Strom für die Wärmepumpe im Monat, damit sind Heizung und Warmwasser in dem 150-Quadratmeter-Haus abgedeckt. Allerdings war der Winter eher mild. Für die Petersens ist das ein guter Wert, denn im alten Haus mit einer Gasheizung aus dem Jahr 1988 beliefen sich die Heizkosten im Monat auf 160 Euro. Das alte Haus hatte zwar nur 120 Quadratmeter Wohnfläche, dafür aber einen Keller, in dem ein kleines Arbeitszimmer regelmäßig geheizt wurde. ■

Wie ökologisch ist eine Wärmepumpe?

Die Hälfte der gesamten Energie, die in Deutschland verbraucht wird, entfällt auf die Erzeugung von Wärme. Für ein Drittel zeichnet der Kraftstoffverbrauch und für ein Fünftel die Stromerzeugung verantwortlich. Wärmeerzeugung ist somit ein großer Hebel für Umweltschutz und CO_2-Ausstoß. Wie ökologisch ist also eine Wärmepumpe?

Vom Grundprinzip beziehen Wärmepumpen Wärme aus der Umwelt. Von Heizungsbauern werden sie deshalb gern als ökologisch beworben. Allerdings verbrauchen sie auch Strom – nämlich für den Kompressor, der den Kühlmittelkreislauf in Gang hält. Nach Angaben des Bundesverbandes Wärmepumpe e.V. (BWP) macht der elektrische Strom jedoch nur ein Viertel dessen aus, was die Pumpen, um Heizwärme und Warmwasser zu erzeugen, an Wärme liefern – je nach Anlagentyp aus dem Erdreich, dem Grundwasser oder der Luft.

Ein wichtiger Faktor für die ökologische Bilanz der Wärmepumpenheizung ist ihre Jahresarbeitszahl (JAZ). Diese sagt aus, wie viel Heizarbeit die Heizung über ein Jahr gesehen im Verhältnis zur eingesetzten elektrischen Energie geleistet hat. Hierzu zählt der Strom für Verdichter, Pumpen und Abtauenergie bei Luftwärmepumpen. Die JAZ hängt nicht nur vom Anlagentyp ab, sondern auch davon, wie gut sie geplant, installiert und abgestimmt wurde. Es gilt: Je höher die JAZ, desto weniger Betriebskosten hat der Nutzer. In zwei mehrjährigen Studien hat das Fraunhofer Institut für Solare Energiesysteme (ISE) rund 200 Wärmepumpen in Neubauten und Sanierungsobjekten untersucht. Erdwärmepumpen kamen auf eine mittlere JAZ von 3,9. Viele Anlagen erreichten sogar eine JAZ von über 4,0. Luftwärmepumpen waren etwas weniger effizient, ihre JAZ lag im Schnitt bei 2,9. Das bedeutet: Eine Luftwärmepumpe erzeugte im Schnitt 2,9 kWh Wärme aus 1 kWh Strom. Eine solche Wärmepumpe bezieht also ein Drittel der Energie, die sie insgesamt umsetzt, aus elektrischem Strom.

Wie macht sich damit die Wärmepumpe im Vergleich zu anderen Heizsystemen? Das hängt grundsätzlich davon ab, wie der Strom hergestellt wird, mit dem man sie betreibt. Wird sie ausschließlich mit Ökostrom aus Erneuerbaren Energien betrieben, so heizt sie CO_2-neutral. Wird sie aber mit „dreckigem" Strom aus konventionellen Kraftwerken betrieben, fällt die Bilanz nicht so günstig aus. Allerdings ist die Ökovariante beim Wärmepumpenstrom noch längst nicht so verbreitet wie beim regulären Haushaltsstrom. Wer also einen günstigen Tarif für Wärmepumpenstrom nutzen möchte und gleichzeitig auf Ökostrom Wert legt, muss bei den in seiner Region verfügbaren Anbietern gründlich recherchieren –

und wird dabei nicht immer fündig.

Der Bund für Umwelt und Naturschutz (BUND) sieht Wärmepumpen daher grundsätzlich kritisch: Ihm zufolge gebe es „keinen Grund, sich aus Gründen des Umwelt- oder Klimaschutzes für eine Wärmepumpe zu entscheiden". Denn mit einer Wärmepumpe stelle man seine Heizung letztlich auf Kohlestrom um: „Elektrische Wärmepumpen sind Trojanische Pferde für neue klimaschädliche Kohlekraftwerke." Der Umweltverband argumentiert, dass auch mit Ökostrom betriebene Wärmepumpen die Stromverbrauchsspitze in der Heizperiode erhöhten. Und das führe zum vermehrten Einsatz von Kohlekraftwerken.

Lichtblick und EWS bieten günstigen Ökostrom für Wärmepumpen an

Für den BUND sieht die Rechnung so aus: „Der Strom einer Wärmepumpe stammt in der Heizperiode zumeist aus Kohlekraftwerken. In diesen wird aus ca. 3 kWh Primärenergie Kohle nur 1 kWh Strom gewonnen, der Rest geht als ungenutzte Abwärme an die Umwelt." In der Primärenergiebilanz brächten demnach Wärmepumpen erst dann einen Vorteil gegenüber direkter Kohleverbrennung, wenn die JAZ über 3,0 liege. Bei einer JAZ von 4,0 sei deshalb nur etwa eine von vier Kilowattstunden ein Gewinn für die Umwelt – und nur diese eine Kilowattstunde könne als „erneuerbar" bezeichnet werden.

Der Branchenverband BWP hält dagegen, die Wärmepumpe sei „das einzige Heizsystem, dessen Klimafreundlichkeit im Laufe der Lebensdauer weiter zunehmen wird". Denn schließlich sei es erklärtes Ziel der Bundesregierung, den Anteil der Erneuerbaren Energien am Strommix in Deutschland weiter zu erhöhen. Und je mehr der Anteil der Stromerzeugung aus Kohle, Öl und Gas abnehme, desto sauberer sei der Strom insgesamt – und desto sauberer liefen auch die Wärmepumpen.

Sicher ist: Am ökologischsten ist eine Wärmepumpe, wenn sie mit Ökostrom betrieben wird. LichtBlick, der Marktführer unter den Ökostromanbietern, bietet daher seit August 2014 „bundesweit Ökostrom-Tarife für Wärmepumpen und Nachtspeicherheizungen" an. Diese seien, heißt es bei LichtBlick, mit 19 – 22 Cent (Tag- und Nachtstrom) je Kilowattstunde sogar billiger als der Tarif des lokalen Grundversorgers etwa in Hamburg, Bremen oder Berlin. Auch die Energiewerke Schönau (ews) liegen Anfang 2015 mit 22,50 Cent/kWh deutlich unter ihrem Normaltarif. Greenpeace Energy (26,7 Cent) und Naturstrom (ca. 23 – 27 Cent) liegen mit ihren Wärmepumpentarifen dagegen kaum unter ihrem Standardpreis. Die Grundgebühr beträgt bei diesen Versorgern jeweils ca. 8 – 10 Euro.

10 | ÖKOLOGIE UND KOSTEN

Vergleich von Wärmepumpen, Öl und Gas in Einfamilienhäusern

(Neu und Bestand)

Der Bundesverband Wärmepumpe (BWP) vergleicht ein Muster-Einfamilienhaus als Neubau (EnEV 2014-Niveau) mit einem Bestandsgebäude auf Basis realistischer Annahmen.

Danach liegen die Investitionskosten für alle Systeme in derselben Größenordnung. Im Gebäudebestand muss für die fossilen Systeme deutlich weniger investiert werden als im Neubau. Wärmepumpen haben in allen Fällen die niedrigeren Verbrauchs- und Betriebskosten und schneiden auch bei den CO_2-Emissionen am besten ab, wenn man hier die CO_2-Emissionen des heutigen deutschen Strommixes zugrunde legt. Über seine CO_2-Emissionen entscheidet der Anwender aber letztlich selber: Wenn er reinen Kohlestrom für seine Warmwasserheizung einkaufen würde, lägen die CO_2-Emissionen sofort doppelt so hoch wie beim normalen Strommix (der hier in der Berechnung zugrunde gelegt wurde). Betreibt man die Anlage dagegen mit Ökostrom, sinken die Klimaemissionen praktisch auf null. Dabei ist der Preisunterschied fast zu vernachlässigen: Konventioneller Wärmepumpenstrom kostet rund 17,5 bis 20 Cent/kWh, der Ökostromanbieter Lichtblick bietet Wärmepumpenstrom Anfang 2015 bundesweit schon für 19 bis 22 Cent an. Ökostrom ist praktisch also genauso günstig wie der konventionelle Strommix.

Legende und Quellen:

Bei Neu- und Bestandsbauten werden verschiedene Wärmepumpen-Varianten mit Erdgas- und Öl-Heizsystemen verglichen. Die Neubauten sind jeweils mit einer Wohnungslüftungsanlage mit Wärmerückgewinnung ausgestattet. Auf eine richtige Vollkostenberechnung wird verzichtet. Anhand der Investitionskosten und der verbrauchs- und betriebsgebundenen Kosten kann man eine einfache statische Amortisation ableiten. Es fehlen dazu nur die individuellen kapitalgebundenen Kosten, die sich aus der Verzinsung der Investitionskosten ergeben.

Die Berechnungen wurden mit dem Hottgenroth Energieberater 18599, Version 8.0.7 durchgeführt, die Ansätze für die Investitionskosten stammen überwiegend aus dem SIRADOS Baupreishandbuch 2014.

Energiekosten: Ölpreise wurden gewählt laut Institut für Wärme und Öltechnik (IWO). Gas und Haushaltsstrom: BDEW. Wärmepumpenstrom: Eigene Annahme in Deckung mit IWO-Veröffentlichung.

Die **Nutzfläche** des Musterhauses in den Beispielen beträgt **155 Quadratmeter**, was einem typischen Einfamilienhaus entspricht. Für **Heizwärmebedarf, Trinkwasserwärmebedarf und Primärenergiefaktor** wurden die normativ festgelegten Werte gewählt bzw. nach Norm berechnet.

Die Effizienz der jeweiligen Geräte ist eine entscheidende Größe. Bei den fossilen Kesseln wurden die verbesserten Standardwerte der DIN V 4701-10 verwendet, bei den Wärmepumpen (COP) der Mittelwert der in der BAFA-Liste förderfähiger Wärmepumpen gelisteten Maschinen.

Der **Bivalenzpunkt** ist der **Dimensionierungspunkt** für die Anlage; er gibt an, bis zu welcher Außentemperatur die gesamte benötigte Heizleistung durch die Wärmepumpe erbracht werden kann. Die **Heizflächen-Auslegungstemperatur** hängt unter anderem davon ab, welche Heizungssysteme verbaut werden – Flächenheizungen (z. B. Fußbodenheizungen) arbeiten mit niedrigeren Temperaturen und sind darum energetisch günstiger.

Der **Primärenergiebedarf** errechnet sich aus dem Endenergiebedarf des Gebäudes und den jeweiligen Primärenergiefaktoren. Durch den hohen Anteil regenerativ erzeugten Stroms wird der Primärenergiebedarf bei Gebäuden mit Wärmepumpe laufend geringer. Der Endenergiebedarf muss detailliert berechnet werden, hierzu werden der Wärmeverlust des Hauses, der Trinkwarmwasserbedarf und die Hilfsenergie (Strombedarf für Pumpen, Regelungen etc.) berücksichtigt.

Die CO_2-Emissionen wurden ebenfalls nach Standardwerten festgelegt.
Allen Preisangaben liegen qualifizierte Schätzungen des BWP für Januar 2015 zugrunde.

Einfamilienhaus Neubau EnEV-Standard
Dach innerhalb thermischer Hülle, kein Keller

Heizlast 6 kW			GAS	
			Gas-BW + Lüftung	solare TWE
			Heizung	TWE
Verbrauchsgebundene Kosten				
Nutzfläche A_N		m²	155,77	
Heizwärmebedarf q_h / Trinkwasserwärmebedarf q_{TW}		kWh/m²a	52,59	12,5
Primärenergiefaktor				1,1
Bivalenzpunkt				
Heizflächen-Auslegungstemperatur				35/28
Primärenergiebedarf q_P		kWh/m²		**55,00**
Index Primärenergiebedarf		%		100%
Primärenergiebedarf insgesamt		kWh/a		8.567
CO_2-Emissionsfaktoren		g/kWh	227	
CO_2-Emission		kg CO_2/a		**1.817**
CO_2-Index		%		79%
Anlagen-Aufwandszahl e_p				0,84
Jahresendenergiebedarf pro m² q_E	Wärme	kWh/m²a		38,37
	Hilfsenergie	kWh/m²a		5,33
Jahresendenergiebedarf Q_E	Wärme	kWh/a	4.883	1.094
	Hilfsenergie	kWh/a		830
Arbeitspreis	Wärme	Euro/kWh		0,065
	Strom WP	Euro/kWh		
	Hilfsenergie			0,288
Jahresenergiekosten		Euro/a		**388,51**
Hilfsenergie		Euro/a		**239,04**
Summe Heizung + TWE		Euro/a		**627,55**

	ÖL		STROM		STROM		STROM	
	Öl-BW + Lüftung	solare TWE	Luft-Wasser + Lüftung	indirekt beheizter Speicher	Sole-Wasser (Sonde) + Lüftung	indirekt beheizter Speicher	Sole-Wasser (Kollektor) + Lüftung	indirekt beheizter Speicher
	Heizung	TWE	Heizung	TWE	Heizung	TWE	Heizung	TWE
	155,77		155,77		155,77		155,77	
	52,59	12,5	64,39	12,5	64,39	12,5	64,39	12,5
		1,1		2,4		2,4		2,4
				-5 °C		monovalent		monovalent
		35/28		35/28		35/28		35/28
		55,00		**46,92**		**45,07**		**45,07**
		100%		85%		82%		82%
		8.567		7.308		7.020		7.020
	308			555		555		555
		2.302		**1.690**		**1.623**		**1.623**
		100%		73%		71%		71%
		0,84		0,72		0,69		0,69
		38,37		14,60		12,38		12,38
		5,33		4,95		6,39		6,39
	4.883	1.094	1.443	831	1.101	828	1.101	828
		830		771		996		996
		0,079						
				0,21		0,21		0,21
		0,288		0,288		0,288		0,288
		472,18		**477,54**		**405,09**		**405,09**
		239,04		**161,91**		**209,16**		**209,16**
		711,22		**639,45**		**614,25**		**614,25**

FORTSETZUNG / Einfamilienhaus Neubau EnEV-Standard
Dach innerhalb thermischer Hülle, kein Keller

Heizlast 6 kW		GAS	
		Gas-BW + Lüftung	solare TWE
Investitionen			
Wärmeerzeuger + Regelung	Euro	3.600,00	6.000,00
mechanische Wohnraumlüftung mit WRG	Euro		6.800,00
Wärmequelle	Euro		-
Wärmedämmung	Euro		-
Schornstein/Sonstige Baukosten	Euro		1.500,00
Hausanschluss	Euro		1.800,00
Brennstofflager	Euro		-
Energieversorgung des Wärmeerzeugers (Gas/Öl/Strom)	Euro	500,00	500,00
Summe Heizung/TWE	Euro	14.200,00	6.500,00
Summe Heizung + TWE	Euro		**20.700,00**
Betriebsgebundene Kosten			
Wartung/Schornsteinfegergebühren	Euro/a		130,00
Anschlussgebühr/Gaszähler/ WP-Zähler	Euro/a		120,00
Summe Heizung + TWE	Euro/a		**877,55**
Kostenindex	%		91%

ÖL		STROM		STROM		STROM	
Öl-BW + Lüftung	solare TWE	Luft-Wasser + Lüftung	indirekt beheizter Speicher	Sole-Wasser (Sonde) + Lüftung	indirekt beheizter Speicher	Sole-Wasser (Kollektor) + Lüftung	indirekt beheizter Speicher
5.000,00	6.000,00	11.000,00	1.500,00	8.500,00	1.500,00	8.500,00	1.500,00
	6.800,00		6.800,00		6.800,00		6.800,00
	-				6.500,00		3.500,00
	-				-		-
	1.500,00		1.000,00		-		-
	-				-		-
	2.500,00				-		-
500,00	500,00	1.000,00	150,00	2.000,00	150,00	2.000,00	150,00
16.300,00	6.500,00	19.800,00	1.650,00	23.800,00	1.650,00	20.800,00	1.650,00
	22.800,00		**21.450,00**		**25.450,00**		**22.450,00**
	250,00		75,00		75,00		75,00
	-		90,00		90,00		90,00
	961,22		**804,45**		**779,25**		**779,25**
	100%		84%		81%		81%

Quelle: Bundesverband Wärmepumpe (BWP)

Einfamilienhaus Bestand
Dach, Keller außerhalb thermischer Hülle

Heizlast 12 kW			GAS		ÖL	
			Gas-BW	indirekt beheizter Speicher	Öl-BW	indirekt beheizter Speicher
			Heizung	TWE	Heizung	TWE
Verbrauchsgebundene Kosten						
Nutzfläche A_N		m²	155,77		155,77	
Heizwärmebedarf q_h Trinkwasserwärmebedarf q_{TW}		kWh/m²a	157,84	12,5	157,84	12,5
Primärenergiefaktor				1,1		1,1
Bivalenzpunkt						
Auslegungstemperatur				55/45		55/45
Primärenergiebedarf q_P		kWh/m²		**209,21**		**209,21**
Index Primärenergiebedarf		%		100%		100%
Primärenergiebedarf insg.		kWh/a		32.588		32.588
CO_2-Emissionsfaktoren		g/kWh	227		308	
CO_2-Emission		kg CO_2/a		**6.759**		**9.058**
CO_2-Index		%		75%		100%
Anlagen-Aufwandszahl e_p				1,26		1,26
Jahresendenergiebedarf pro m² q_E	Wärme	kWh/m²a		182,20		182,20
	Hilfsenergie	kWh/m²a		3,66		3,66
Jahresendenergiebedarf Q_E	Wärme	kWh/a	28.382		28.382	
	Hilfsenergie	kWh/a		570		570
Arbeitspreis	Wärme	Euro/kWh		0,065		0,079
	Strom WP	Euro/kWh		0,288		0,288
Jahresenergiekosten		Euro/a		**1.844,83**		**2.242,18**
Hilfsenergie		Euro/a		**164,16**		**164,16**
Summe Heizung + TWE		Euro/a		**2.008,99**		**2.406,34**

ÖL		STROM		STROM		STROM	
Öl-BW	**solare TWE, indirekt beheizter Speicher**	**Luft-Wasser**	**indirekt beheizter Speicher**	**Sole-Wasser (Sonde)**	**indirekt beheizter Speicher**	**Sole-Wasser (Kollektor)**	**indirekt beheizter Speicher**
Heizung	TWE	Heizung	TWE	Heizung	TWE	Heizung	TWE
155,77		155,77		155,77		155,77	
157,84	12,5	157,84	12,5	157,84	12,5	157,84	12,5
	1,1		2,4		2,4		2,4
			-5 °C				
	55/45		55/45		55/45		55/45
	190,41		**150,14**		**113,34**		**113,34**
	91%		72%		54%		54%
	29.660		23.388		17.654		17.654
308			555		555		555
	8.236		**5.408**		**4.083**		**4.083**
	91%		60%		45%		45%
	1,26		1,17		0,82		0,82
	164,86		61,17		44,39		44,39
	3,77		1,39		2,83		2,83
25.681		9.529		6.915		6.915	
	588		216		441		441
	0,079		0,210		0,210		0,210
	0,288		0,288		0,288		0,288
2.028,80			**2.001,09**		**1.452,15**		**1.452,15**
169,34			**62,21**		**127,01**		**127,01**
2.198,14			**2.063,30**		**1.579,16**		**1.579,16**

FORTSETZUNG / Einfamilienhaus Bestand
Dach, Keller außerhalb thermischer Hülle

Heizlast 12 kW		GAS		ÖL	
		Gas-BW	indirekt beheizter Speicher	Öl-BW	indirekt beheizter Speicher
		Heizung	TWE	Heizung	TWE
Investitionen					
Wärmeerzeuger+Regelung	Euro	4.000,00	1.000,00	5.000,00	1.000,00
Heizflächen+Leitungssystem	Euro		4.000,00		4.000,00
Wärmequelle	Euro		-		-
Schornstein	Euro		1.500,00		1.500,00
Hausanschluss	Euro		-		-
Brennstofflager	Euro		-		500,00
Gas-Öl-/Elektroinstallation/ Heizung	Euro		350,00		350,00
Summe Heizung/TWE	Euro	9.850,00	1.000,00	11.350,00	1.000,00
Summe Heizung + TWE	Euro		**10.850,00**		**12.350,00**
Jahresgesamtkosten					
Wartung/Schornsteinfeger-gebühren	Euro/a		130,00		250,00
Anschlussgebühr/Gaszähler/ WP-Zähler	Euro/a		120,00		-
Summe Heizung+TWE	Euro/a		**2.258,99**		**2.656,34**
Kostenindex	%		85%		100%

ÖL		STROM		STROM		STROM	
Öl-BW	solare TWE, indirekt beheizter Speicher	Luft-Wasser	indirekt beheizter Speicher	Sole-Wasser (Sonde)	indirekt beheizter Speicher	Sole-Wasser (Kollektor)	indirekt beheizter Speicher
Heizung	TWE	Heizung	TWE	Heizung	TWE	Heizung	TWE
5.000,00	6.000,00	13.500,00	1.500,00	9.500,00	1.500,00	9.500,00	1.500,00
	4.000,00		4.000,00		4.000,00		4.000,00
	-		-		10.000,00		5.000,00
	1.500,00		-		-		-
	-		-		-		-
	500,00		-		-		-
	350,00		2.000,00		2.000,00		2.000,00
11.350,00	6.000,00	19.500,00	1.500,00	25.500,00	1.500,00	20.500,00	1.500,00
	17.350,00		**21.000,00**		**27.000,00**		**22.000,00**
	250,00		75,00		75,00		75,00
	-		90,00		90,00		90,00
	2.448,14		**2.228,30**		**1.744,16**		**1.744,16**
	92%		84%		66%		66%

Quelle: Bundesverband Wärmepumpe (BWP)

11 | HOLZHEIZUNGEN PLANEN

Kleine Presslinge mit viel Energie

Ökologisch sind Pelletöfen nahezu unschlagbar. Sie verbrennen aus Holzresten gepresste Minibriketts mit hohen Wirkungsgraden und produzieren dabei kaum schädliche Emissionen. Einziges Manko der vielseitigen Heiztechnik: die hohen Kosten. Doch hier hilft der Staat mit recht üppigen Zuschüssen.

Hersteller von Pelletöfen und Holzheizungen haben in den letzten Jahren einen beachtlichen Entwicklungssprung gemacht. Technische Kinderkrankheiten der Heizanlagen wie verstopfte Zuführungen der Pellets in die Brennkammern sind behoben. Wer die Bedienungsanleitungen befolgt und sich beim Kauf der Pellets an die vorgeschriebene Qualität hält, wird mit einem fast störungsfreien Betrieb und beachtlichen Wirkungsgraden jenseits von 90 Prozent belohnt. Und weil bei der Verbrennung der aus Holzresten und Sägespänen gepressten Minibriketts nur so viel Kohlendioxid freigesetzt wird, wie zuvor bei der Photosynthese der Bäume gebunden wurde, sind Holzheizungen nahezu klimaneutral.

Qualitativ und ökologisch überzeugend – aber teuer

Nicht der einzige ökologische Mehrwert: Denn erstens werden die in Deutschland hergestellten Pellets aus heimischen Holzresten gewonnen. Nach Angaben des Deutschen Energieholz- und Pelletverbandes reichen die allein in Sägewerken anfallenden Reste bei weitem zur Deckung des Bedarfs. Zweitens kommen nur noch sehr geringe Mengen Feinstaub aus dem Abzug. Der Grenzwert liegt aktuell bei 20 Milligramm je

Foto: Kurt Henseler/laif

Kubikmeter bei Nennwärmeleistung. Und drittens ist die benötigte elektrische Hilfsenergie für den Betrieb der Heizanlagen überschaubar.

Bei Schornsteinfegern, Heizungsbauern und Ofensetzern sind Holzheizungen deshalb mittlerweile hoch angesehen. Sie finden eigentlich nur ein Haar in der Suppe: die Investitionskosten beim Kauf der Anlagen. Die modernen Anlagen sind technisch deutlich aufwendiger als klassische Heizungen oder Kaminöfen, weil sie statt Gas oder Flüssigkeiten Stückgut verfeuern, und diese Technik ist samt Förderschnecken und Zündeinrichtungen baubedingt wesentlich teurer. Zum Stand der Technik zählen auch integrierte Software zur bedarfsgerechten Steuerung der Feuerung, benutzerfreundliche Displays, die automatische Zündung sowie Messsonden, die einen effizienten und emissionsarmen Betrieb sicherstellen. Eine neue Gas-Brennwertzentrale kostet für ein Einfamilienhaus rund 8.000 Euro. Wenn der Gasanschluss noch nicht vorhanden ist, kommen noch 2.500 Euro dazu. Ein Pelletkessel schlägt als Heizung dagegen mit 15.000 – 18.000 Euro zu Buche.

Breite Auswahl heißt: Zuerst das Grundsätzliche klären

Angesichts der Fülle unterschiedlicher Anbieter und Anlagentypen ist es ratsam, die eigenen Erwartungen vor der Suche nach einer geeigneten Holzheizung zu konkretisieren. Soll es ein Einzelofen mit Kaminoptik im Wohnbereich, ein Kessel im Heizungskeller oder ein Heizsystem für eine größere Gebäudeeinheit sein? Und ist eine Kombination mit Solarthermie oder Pufferspeichern gewünscht?

Über das BAFA geförderte Holzheizungen

Pelletöfen mit Wassertasche	1.400 Euro bis 3.600 Euro
Pelletkessel	2.400 Euro bis 3.600 Euro
Pelletkessel mit Pufferspeicher (mind. 30 l/kW)	2.900 Euro bis 3.600 Euro
Hackschnitzelkessel mit Pufferspeicher	1.400 Euro
Scheitholzvergaserkessel mit Pufferspeicher	1.400 Euro

Die Förderung von automatisch beschickten Anlagen mit Leistungs- und Feuerungsregelung sowie automatischer Zündung zur Verfeuerung von Holzpellets mit einer installierten Nennwärmeleistung von 5 –100 kW beträgt 36 Euro je Kilowatt installierte Nennwärmeleistung.
Die angegebenen Werte sind die Mindestfördersätze.

Quelle: http://www.bafa.de/bafa/de/energie/erneuerbare_energien/ (abgerufen: Januar 2015)

Schon bei dieser ersten Weichenstellung sollten die Fördermöglichkeiten mit in die Betrachtung einfließen. Das Bundesamt für Wirtschaft und Ausfuhrkontrolle (BAFA) vergibt Zuschüsse. Allerdings müssen Pelletöfen und Heizungen dafür strenge Abgasnormen erfüllen (**siehe Kasten „Schärfere Grenzwerte“**).

In der Broschüre „Erneuerbare Energien. Förderbare – automatisch beschickte – Biomasseanlagen“ listet das BAFA auf 28 Seiten eine Vielzahl förderfähiger Anlagen auf (Abruf unter: www.bafa.de). Ein Blick in die jeweils aktuelle Aufstellung ist auch deshalb geboten, weil ab 2015 schärfere Grenzwerte für die Feinstaub- und Kohlendioxidemissionen gelten. Sie betreffen sowohl Neuanlagen als auch alte Holzöfen. Verfehlen letztere die Vorgaben, ist eine Nachrüstung fällig oder sie müssen stillgelegt werden.

Geld vom Staat

Von 2000 bis zum September 2014 hat das BAFA über 52.000 Pelletöfen und 175.000 Pelletheizungen in Neu- und Altbauten bezuschusst.

- Für **Pelletöfen mit Wassertasche** gibt es mindestens 1.400 Euro. Ab 38,9 Kilowatt Leistung sind es bis zu 3.600 Euro.

- **Pelletkessel bis 66,7 Kilowatt** bezuschusst das BAFA mit 2.400 Euro. Bis 100 Kilowatt sind es bis zu 3.600 Euro. Aufstocken und kombinieren lassen sich die Zuschüsse, wenn auch in Pufferspeicher und Solarthermie investiert wird. **Wichtig: Anträge müssen vor Kauf und Installation gestellt werden!!!**

Wirtschaftlichkeit ist auch eine Frage der Brennstoffkosten

Für die Wirtschaftlichkeit der Holzheizungen sind natürlich nicht nur staatliche Fördergelder wichtig, sondern auch die Brennstoffkosten. Im Mittel lagen die Kosten des Pelletbrennstoffes in den letzten zehn Jahren um gut ein Viertel unter denen von Öl und Gas.

Da die Produktion der Pellets europäischen Normen folgt, haben diese einen konstanten Heizwert von 4,9 Kilowattstunden pro Kilogramm. Das entspricht etwa 0,5 Liter Heizöl oder auch 0,5 Kubikmeter Erdgas. Auch die Schüttdichte von rund 650 Kilogramm pro Kubikmeter ist eine verlässliche Größe. Um das Äquivalent von 1.000 Liter Heizöl zu lagern, braucht es also 3 Kubikmeter Lagerraum.

Recht stabil waren in den letzten Jahren auch die Bezugskosten. Allerdings gibt es im Bundesgebiet ein leichtes Preisgefälle: In den waldreichen Pellet-Hochburgen im Süden Deutschlands ist der Bezug naturgemäß etwas günstiger als im Norden. Im Mittel sollten sich Pelletheizer auf Kosten von 3,5 – 4,5 Cent je Kilowattstunde einrichten. Gas liegt etwa bei 6 Cent.

Schärfere Grenzwerte für Holzheizer

Um die Feinstaubemissionen zu senken, schreibt die Bundes-Immissionsschutzverordnung seit dem 1. Januar 2015 strengere Grenzwerte für Öfen vor, die mit Holz betrieben werden. Betroffen sind alle Öfen, die vor dem 1. Januar 1975 in Betrieb gegangen sind. Für Öfen, die bis zum 21. März 2010 errichtet wurden, gibt es Übergangsregelungen. Das gilt auch für Heizkessel, die zwischen dem 1. Januar 1995 und März 2010 eingebaut wurden. Ausnahme: historische Feuerstätten, offene Kamine und vor Ort gesetzte Grundöfen.

Schornsteinfeger frühzeitig in Planung einbinden

Sind die finanziellen Vorüberlegungen abgeschlossen und ist die grobe Richtung der Planung festgelegt, beginnt die eigentliche Vorplanung. Schon hier sollte der örtliche Schornsteinfeger auf jeden Fall einbezogen werden. Er prüft, ob sich der vorhandene Abzug eignet oder ob bauliche Veränderungen notwendig sind. Auch weiß er, welche Bestimmungen für einen neuen Abzug gelten. Mit diesem Expertenbefund steht und fällt die bisherige Finanzplanung. Fällt er positiv aus, bedeutet das ein gutes Stück Planungssicherheit.

Die Wahl der richtigen Anlage

Bei der Auswahl der richtigen Biomasseheizung kommt es zuvorderst darauf an, was diese leisten soll. Mit kleinen Pelletöfen und Kaminen sowie mit vollwertigen Heizlösungen gibt es zwei technische Grundrichtungen, die sich in einer Vielzahl von Lösungen verästeln.

VARIANTE 1: Kaminofen für Gemütlichkeit

Wer die Gemütlichkeit lodernder Flammen im Wohnzimmer mit effizienter Wärmeerzeugung kombinieren möchte, findet im Markt Öfen oder Kamine, die mit Pellets befeuert werden. Ihre Heizleistung liegt zumeist bei 4 – 15 Kilowatt. Die Einstiegspreise betragen ca. 1.000 Euro. Neben dem Preis sollten auch Funktionsumfang und Komfort geprüft werden. In diesem Segment gibt es Öfen, die über zusätzliche Gebläse und Luftkanäle die Wärme optimal verteilen, sowie Ausführungen, die wassergeführt sind. Die Wasserführung ist eine Voraussetzung für eine BAFA-Förderung. Denn bei dieser hocheffizienten Variante gehen 80 Prozent der Wärmeleistung in den Heizkreislauf und der Rest wird in den jeweiligen Raum abgegeben. Dafür werden sogenannte Wassertaschen eingebaut, deren Volumen die Hersteller vorgeben und die von der Kesselleistung abhängen.

In diesem Segment bestechen vor allem italienische Ofenbauer wie MCZ oder Edilkamin, die es verstehen, Technik stilvoll zu verpacken. Ein gutes Beispiel ist auch die Firma Palazetti, die gleich mit fünf Ofenfamilien sowie deutschen Vertriebspartnern aufwarten kann – darunter wassergeführte Lösungen, Gebläseöfen und echte Raumsparwunder, die sich mit nicht einmal 27 Zentimeter Tiefe an Wände schmiegen. Wie bei der Konkurrenz werden die halbautomatischen Einzelöfen elektrisch gezündet. „Halbautomatisch“ heißt in diesem Fall, dass die integrierten Pelletbehälter ein begrenztes Fassungsvermögen haben und je nach Einstellung der Heizung und Behältergröße mehr oder minder oft von Hand nachgefüllt werden müssen. Die Behälter befinden sich im hinteren Teil des Ofens und werden mit Sackware bequem von oben befüllt. Der Turnus hängt von der gewünschten Heizleistung – also dem Verbrauch in Kilogramm pro Stunde – und der Größe des Ofens ab. Pelletheizer, die nur 16 oder 18 Kilogramm aufnehmen können, müssen für sehr warme Temperaturen täglich befüllt werden. Ofenbauer wie RIKA bieten aber auch Tanks mit einem komfortablen Fassungsvermögen von 70 Kilogramm an. Dieser Vorrat soll laut Hersteller bis zu 85 Stunden halten.

Den Weg der Pellets in die Brennkammer hat jeder Hersteller individuell, aber generell auf hohem Sicherheitsniveau gelöst. Eine häufige Methode ist das Zellradschleusensystem: Sternförmig am Rad angeordnete Kammern dosieren den Pelletnachschub automatisch und sorgen so für eine dauerhafte, homogene Verbrennung. Weil stets nur eine Kammer in Richtung Brennraum offen ist, kommt dem Zellrad auch die Funktion einer Brandschutztür zu, die verhindert, dass Fremdluft eindringen kann.

Foto: Westfeuer GmbH & Co. KG

Schnell geschehen: Ein Fachhandwerker füllt Pellets nach.

Moderne Pelletbrenner bieten im Gegensatz zu klassischen Feuerstätten, die mit Holzscheiten oder Briketts geheizt werden, hohen Bedienkomfort. So lässt sich über ein Display programmieren, bei welchen Wassertemperaturen im Speicherkessel die automatische Zündung starten und wann sich der Ofen wieder abschalten soll. Den eingestellten Temperaturwert ermittelt die Software entweder über eine Sonde am Ofen oder durch Kopplung an den Raumthermostaten. Das Charmante an der Technologie ist, dass sich der Ofen sehr energiesparend entsprechend dem realen Wärmebedarf betreiben lässt.

Um das volle Potenzial zu nutzen, kann es durchaus sinnvoll sein, zusätzlich in einen größeren Pufferspeicher für warmes Wasser zu investieren. Dieser übernimmt quasi die Funktion einer Batterie. So kann ein Haus über einen längeren Zeitraum mit Wärme versorgt werden, ohne dass der Ofen anspringen muss. Eine solche Option muss beispielsweise in die Planung von Neubauten mit sehr geringen Energieverbrauchskennwerten einfließen, in denen selbst die Leistung eines kleinen Pelletofens über dem eigentlichen Wärmebedarf liegt. Denn dieser hätte ohne Pufferspeicher keine ausreichende Abnahme für die Wärme, weil sich die Heizleistung nicht beliebig abregeln lässt.

Zudem wirken sich längere Betriebszeiten positiv auf Verbrauch und Effizienz aus, weil jeder Start Zündenergie und Brennstoff zum Hochfahren der Anlage benötigt. Anders als bei Gas- oder Ölbrennern brauchen Pelletheizer grundsätzlich eine längere Aufwärmphase, um die biogenen Festbrennstoffe bei Temperaturen von mindestens 1.200 Grad Celsius fast rückstandsfrei zu verbrennen. Daher würden kurze Heizphasen von nur wenigen Minuten zu einer schlechteren Verbrennung und somit zu höheren Schadstoffemissionen führen.

Foto: Riegg und Partner/Intelligent heizen

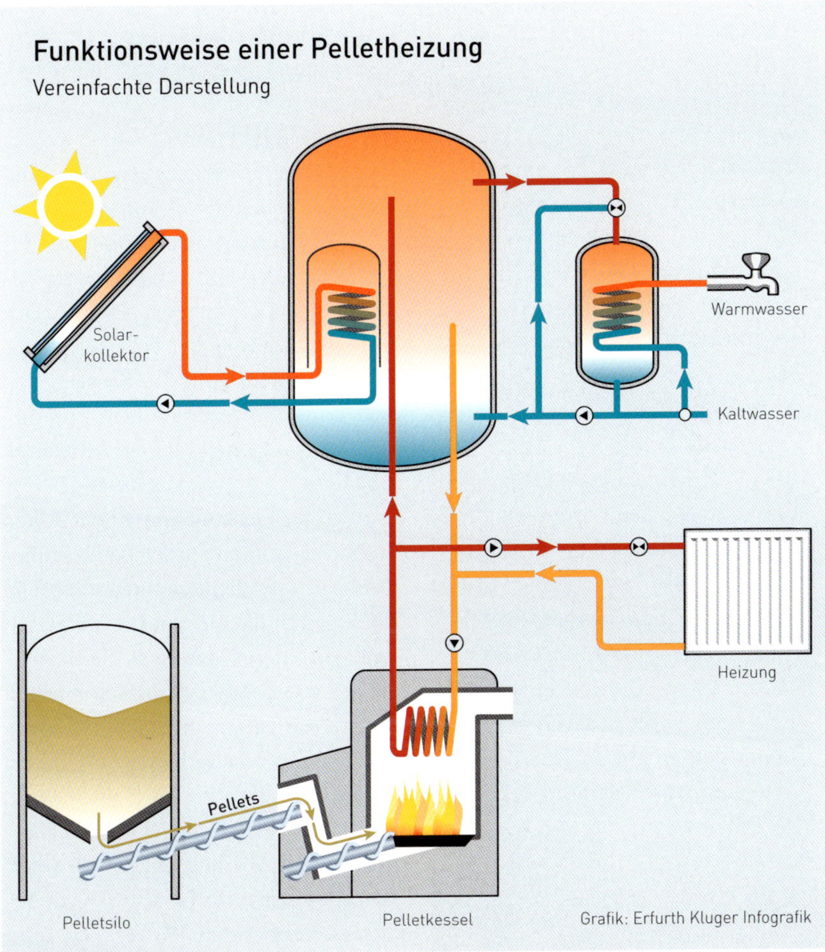

VARIANTE 2: Holzheizung mit Pufferspeicher im Heizungskeller

Zwingend erforderlich sind Pufferspeicher immer dann, wenn die Holzheizung in Ein- oder Mehrfamilienhäusern den alten Kessel ersetzen soll. Hier sind vor allem gasbefeuerte Brennwertkessel ernsthafte Konkurrenten im Heizungskeller, die fast 100 Prozent der gewinnbaren Wärmeenergie aus dem Brennstoff herausholen. Diese hohen Wirkungsgrade werden erreicht, weil der im Kessel auftretende Wasserdampf kondensiert und so als zusätzlicher Heizwert nutzbar wird. Während diese Brennwertthermen fast nur in Kombination mit einer solarthermischen Anlage einen Pufferspeicher brauchen, spielt bei Pelletheizungen genau hier die Musik: So steht durch

Pelletqualität

Der Produktion von Holzpellets liegt die EU-Norm EN 14961-2 zugrunde. Diese regelt Durchmesser, Länge, Staubanteil sowie den Wasser- und Aschegehalt der Pellets – und natürlich ihren Heizwert. In Deutschland gibt es zudem die DIN EN 14961-2 und das ENplus-Siegel, das auch Handel und Transport sowie das Einblasen in den Tank zertifiziert.

Ofen- und Kesselhersteller schreiben eine hohe Qualität vor, da diese der Garant für einen reibungslosen Betrieb ist. Gute Pellets verbrennen erst bei Temperaturen jenseits 1.200 Grad Celsius nahezu rückstandsfrei. Schlechte Pellets schmelzen hingegen bei geringeren Temperaturen und sorgen für extrem harte, problematische Ascheverglasungen.

Foto: Deutsches Pelletinstitut GmbH

den Wärmespeicher zunächst ein reduzierter Einsatz der Pelletheizung auf der Habenseite, weil der Kessel nicht ständig hoch- und heruntergefahren werden muss. Diese Fahrweise schlägt sich dann in einem geringeren Brennstoff- sowie einem geringeren Stromverbrauch für die Startphasen nieder. Gleichzeitig sorgen längere Brennphasen für eine optimale Verbrennung der Pellets und eine höhere Lebensdauer des Kessels, weil sich keine Schwelgase bilden und diese in der Folge nicht die Kesseltechnik schädigen.

Auch für Gebäude mit einem hohen Wärmebedarf können solche Heizungslösungen wirtschaftlich interessant sein. Hier warten die kleinen Presslinge mit dem Vorteil auf, dass sich die Bezugspreise im Gegensatz zu fossilen Energieträgern seit Jahren auf einem niedrigen und stabilen Niveau bewegen. Und die Puffermöglichkeit hat noch einen weiteren Vorteil: Sie ermöglicht das Einbinden weiterer Wärmequellen – ob Solarthermie oder mit überschüssigem Solarstrom erwärmtes Wasser. Das spart zusätzlich Brennstoff und entlastet die Heizungsanlage. Pelletkessel mit Brennwerttechnik bieten beispielsweise die Hersteller ÖkoFEN und Fröling an.

Die Unterschiede zum Pelletofen im Wohnzimmer sind aber gravierend. So steckt in den vollwertigen Biomasseheizungen wesentlich mehr Technik, was sich in Anschaffungskosten für den Kessel ohne Nebenanlagen ab etwa 9.000 Euro widerspiegelt. Darüber hinaus erfordert der automatisierte Betrieb neben einem Keller oder Heizungsraum zudem ein zusätzliches Pelletlager. Dessen Größe hängt von der benötigten Heizleistung ab, und es sollte für die Befüllung per Pellet-Tankwagen praktischerweise an einer Außenwand liegen. In vielen Fällen reicht aber der Platz, den vor der Umstellung der alte Öltank eingenommen hat.

Automatischer Betrieb braucht Platz

Für den Raumbedarf gilt die Faustformel, dass je Kilowatt Heizwert etwa 0,9 Kubikmeter umbauter Raum notwendig ist. Steht so ein Raum in der Nähe der Heizung zur Verfügung, kann ein Schneckensystem die Pellets automatisiert in den Ofen transportieren. Voraussetzung: ein Schrägboden mit einem Winkel von bis zu 40 Grad, auf dem die Pellets in die unten liegende Förderschnecke rutschen. Ist das aus baulichen Gründen nicht realisierbar, helfen sogenannte Vakuumabsaugsysteme. Mit Schläuchen überbrücken solche sensorgestützten Saugsysteme Distanzen von bis zu 35 Metern. Das kann auch Hausbesitzern weiterhelfen, die keinen trockenen Lagerraum für die Pellets zur Verfügung haben. Sie können stattdessen separate Pelletboxen aufstellen, die im Heizungsraum als optionales Modul direkt neben dem Kessel stehen. Diese Vorratsbehälter haben ein Volumen von mehreren 100 Litern und sind mit Saug- oder Förderschneckensystemen ausgerüstet. Allerdings gilt auch hier, dass sie regelmäßig per Hand nachgefüllt werden müssen.

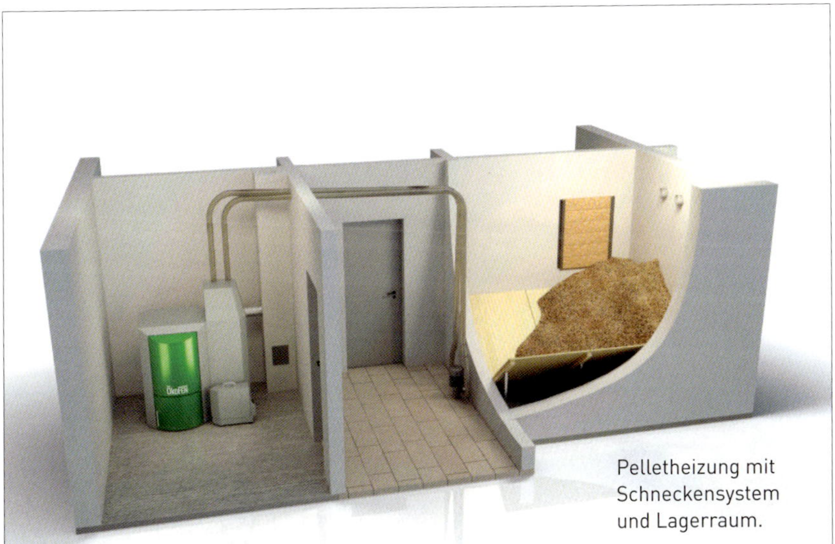

Pelletheizung mit Schneckensystem und Lagerraum.

Foto: ÖkoFEN

Intelligente Steuerung je nach Wetterlage

Solarfocus bietet eine der ersten Lösungen im Markt, die via Internet aktuelle Wetterdaten nutzt und so das Zusammenspiel von Pelletkessel und Solarthermie zu optimieren versucht. Wenn der Wetterbericht zum Beispiel trotz kalter Temperaturen im Laufe des Tages Sonnenschein verspricht, heizt der Pelletkessel den Pufferspeicher nicht komplett, sondern nur teilweise auf. Den Rest übernimmt dann der Röhrenkollektor auf dem Dach, der sonst arbeitslos wäre. Auch für den Fall, dass die Wetterfrösche komplett versagen, ist laut Hersteller vorgesorgt. Hier lässt sich über Komfort- und Eco-Programme genau einstellen, zu welchen Zeiten der Speicher mit Wärme aufgeheizt sein soll. Reicht die Sonnenenergie dafür nicht aus, springt automatisch der Brenner an.

Durchaus sinnvoll kann zudem ein sogenanntes Frischwassermodul sein. Wie ein Durchlauferhitzer bringt es zum Duschen oder Spülen benötigtes Trinkwasser auf hohe Temperaturen und tötet mögliche Bakterien wie etwa Legionellen ab. Gekoppelt wird dieses Modul an einen Wärmetauscher, der in den Pufferspeicher integriert ist.

Foto: Deutsches Pelletinstitut GmbH

Im sogenannten Hybridkessel lassen sich sowohl Pellets, als auch Holzscheite verbrennen.

Pellets und Holzscheite

Da mancher traditionsbewusste oder sportliche Kunde trotz der Effizienz, der technischen Finessen und ökologischen Vorteile von Pelletheizungen weiterhin auch Scheitholz hacken und verbrennen will, bieten immer mehr Ofenbauer sogenannte Hybridkessel an. Diese können Pellets und Holzscheite in einem Brennraum verarbeiten. Eine andere Option mit zwei getrennten Brennkammern ist der Hybridkessel „DuoWin" von Windhager. Weil es sich hier um eine Heizung, aber zwei voneinander getrennte Systeme handelt, liegt die BAFA-Förderung bei beachtlichen 4.300 Euro. Voraussetzung ist, dass der Pufferspeicher mindestens 55 Liter pro Kilowatt Heizleistung fasst. Allerdings sind diese Lösungen ziemlich teuer, denn Betreiber halten die doppelte Heizleistung vor. In der Basisvariante kostet der „DuoWin" 15.800 Euro. Dafür liefert die Holzbrennkammer maximal 18 Kilowatt und die Pelleteinheit 15 Kilowatt Heizleistung. Hinzu kommen weitere Kosten für die Anschlüsse, den Speicher oder ein Pelletlager. Von der Fahrweise her kann der Pelletofen als Reserve- oder Spitzenlastkessel betrieben und die Scheitholzeinheit als Hauptheizung genutzt werden. Hier erkennt die Steuerung dann in Eigenregie, ob sich die Scheitholzkammer im Ausbrand befindet, und schaltet den Pelletkessel eigenständig ein. Es ist aber auch die umgekehrte Variante möglich. Nach Angaben des Herstellers brennt der Scheitholzofen fünf bis sechs Stunden mit einer Ladung Holz und muss danach wieder per Hand aufgefüllt werden. Das sind aber nur grobe Richtwerte. Interessant dürften diese Kombinationen vor allem für Betreiber sein, die sehr günstig Holz beziehen oder ihren Brennstoff im eigenen Wald sägen und hacken. ■

Foto: Windhager Zentralheizung GmbH

Das Biodorf Schlöben in Thüringen:
Gewinner des Bioenergiedorf Wettbewerbs 2012.

Foto: Jan Zappner

12 | EIN WÄRMENETZ FÜR DORF UND STADT

Gemeinsam wird uns warm

Nahwärmenetze sorgen für eine dauerhaft günstige und ökologische Wärmeversorgung. Doch ihr Aufbau erfordert viel persönliches Engagement. Und einen professionellen Planer.

„In der Nahwärme gibt es keine Zwillinge, jedes Netz ist anders." Hans-Peter Perschke weiß, wovon er spricht. Er war als Bürgermeister am Bau des Nahwärmenetzes in Schlöben beteiligt, das 5,9 Kilometer lang ist und heute 143 Haushalte in 94 Gebäuden mit Wärme versorgt. Hinzu kommen der Kindergarten, die Feuerwehr und das Vereinshaus. Die Wärme stammt aus zwei Blockheizkraftwerken (BHKW), die die Biogasanlage des örtlichen Agrarbetriebes mit Gas versorgen. Für Spitzenlasten steht zusätzlich eine 550-kW-Holzhackschnitzel-Heizanlage bereit. Für das Projekt gründete die 900-Seelen-Gemeinde im thüringischen Saale-Holzland-Kreis 2009 eine Genossenschaft, über Details der Anlage debattierte und stritt man in endlosen Sitzungen, wie Perschke erzählt. Seit Ende 2012 fließt warmes Wasser durch die Rohre. Seitdem haben Delegationen aus Südkorea, Japan, Kuba und Norwegen Hans-Peter Perschke die Aufwartung gemacht. Und Studenten besuchen Schlöben, um ihre Masterarbeit über das Netz zu schreiben. Es ist Teil eines Gesamtkonzepts: Das Bioenergiedorf setzt auf Ökotourismus.

Ob 142 Häuser oder 18: Nahwärme ist basisdemokratisch

400 Kilometer nördlich von Schlöben liegt Nechlin, ein Ortsteil der Gemeinde Uckerland. Das Nahwärmenetz dort ist mit 1,1 Kilometern deutlich kleiner. Die Wärme für das Netz stammt aus einem 320-kW-Hackgutkessel und einer Solarthermieanlage, das Netz versorgt 18 Einfamilienhäuser, eine Gaststätte, die Feuerwehr und ein Mehrfamilienhaus mit 10 Wohnungen. Geschäftsführer der eigens gegründeten „Wärme für Nechlin GmbH & Co. KG" ist Jörg Müller, Gründer und Vorstandsvorsitzender des Windkraftunternehmens Enertrag. Schon 2005 haben Jörg und seine Frau Ute Müller ein kleines Nahwärmenetz für die eigenen Privatgebäude und zwei direkte Nachbarn gebaut. 2008 – Ute Müller war zu dieser Zeit Gemeindevertreterin – trat die Gemeinde mit der Anfrage an die Müllers heran, auch die übrigen Häuser im Dorf an so ein Netz anzuschließen. 2009 gründete das Ehepaar dann die GmbH, seit Oktober 2013 ist die Anlage in Betrieb. „Man muss sich darauf einstellen, dass man nicht nur ein Jahr für ein solches Projekt braucht", resümiert Jörg Müller.

Nah- oder Fernwärme? Praktisch macht das keinen Unterschied

Die Abgrenzung von der Nah- zur Fernwärme ist fließend. Wikipedia rechnet dezentrale Netze mit einer thermischen Leistung zwischen 50 Kilowatt und einigen Megawatt zur Nahwärme. In der Praxis taucht der Unterschied oft gar nicht auf – technisch gibt es nur Fernwärme. Die Voraussetzungen für die einzelnen Netze sind jedoch denkbar vielfältig:

- Gibt es eine Wärmequelle, die günstig erschlossen werden kann?
- Wie hoch ist der Wärmebedarf im Netzgebiet?
- Wie sind die sozialen Voraussetzungen für das Gemeinschaftsprojekt?

Welche Wärmequellen bieten sich an?

Im Idealfall kann eine bestehende Wärmequelle für ein Nahwärmenetz genutzt werden, etwa die Abwärme einer Industrieanlage oder eines (Strom-) Kraftwerkes: Dabei bietet sich Kraft-Wärme-Kopplung für Nahwärme an. Im ländlichen Raum liefern häufig Biogasanlagen die Energie. Sie stehen dezentral über das Land verteilt und befinden sich zumeist in relativer Nähe zu potenziellen Verbrauchern. So wie in Schlöben: Dort bringt eine 1,6 Kilometer lange Leitung das Gas von der Biogasanlage zu den zwei Satelliten-BHKWs, die ihrerseits am Ortsrand stehen.

„Durch die letzte EEG-Novelle sind neue Biogasprojekte zwar erschwert", erklärt Thomas Winkelmann von der Bioenergieregion Jena-Saale-Holzland. „Es gibt jedoch noch viele bestehende Biogasanlagen, die für Nahwärmenetze genutzt werden könnten." Auch der Fachverband Biogas e.V. schätzt, dass bisher erst bei einem

Drittel der Biogasanlagen die anfallende Wärmeenergie ausreichend genutzt wird. Holz und die Sonne sind weitere Energiequellen. Pellets und holzartige Biomasse lassen sich lagern – das ist ein Vorteil. Auch kann im Heizkessel die Wärmeerzeugung je nach Bedarf reguliert werden. Stammen Äste und Zweige dann noch aus regionaler Landschaftspflege, so gibt es auch wenig konkurrierende Nutzung für den Rohstoff. Die Solarthermie hat dagegen einen schwerwiegenden Nachteil: Sie heizt am stärksten im Sommer, wenn Wärme am wenigsten benötigt wird. In Nechlin hat man daher Holz und Solarthermie kombiniert: Die in ihren Wärmeerzeugungskosten günstigere Solarthermieanlage deckt die Grundlast, der variable Hackgutkessel wird bei Bedarf zugeschaltet.

> **Es gibt […] noch viele bestehende Biogasanlagen, die für Nahwärmenetze genutzt werden könnten.**
>
> Thomas Winkelmann

Entscheidend für die Wirtschaftlichkeit: der Wärmebedarf je Trassenmeter

Die Koordinierungsstelle für Nachwachsende Rohstoffe in Bayern, Carmen e.V., evaluiert seit über zehn Jahren die Wirtschaftlichkeit von Nahwärmenetzen, die mit einer Biogasanlage oder mit biogenen Festbrennstoffen betrieben werden. Erfahrungsgemäß, so der Verein, kostet jeder Trassenmeter, der in der Erde verlegt wird, zwischen 200 Euro und 400 Euro. In der Kostenkalkulation muss auch berücksichtigt werden, dass selbst bei guter Dämmung immer ein wenig Wärme in das umliegende Erdreich verlorengeht: Carmen geht bei ganzjährig betriebenen Netzen pro Jahr und Trassenmeter von 219 kWh Verlust aus. Das entspricht dem Energiegehalt von ca. 22 Litern Heizöl. Für die Berechnung der Wirtschaftlichkeit ist daher neben den Kosten für die Energiequelle auch die Frage entscheidend, wie hoch der Wärmebedarf im Verhältnis zur Netzlänge ist.

Carmen empfiehlt, dass für jeden Meter neu errichteter Wärmetrasse mindestens 1,5 MWh pro Jahr beim Verbrauch zu Buche schlagen. Als Ziel sollte ein Netzverlust von unter 10 Prozent angestrebt werden. Der Wärmeverlust ist vor allem entscheidend, wenn die Wärme teuer erzeugt werden muss. Steht sie als Abwärme sowieso und ungenutzt zur Verfügung, so kann auch ein Gebiet mit geringerer Wärmebelegungsdichte wirtschaftlich erschlossen werden. Die Kreditanstalt für Wiederaufbau (KfW) etwa fördert KWK-Anlagen schon ab einer Wärmebelegungsdichte von 0,5 MWh/(m*a). Nach Angaben von Carmen ist dann mit Wärmeverlusten von 20 bis 40 Prozent zu rechnen.

Auslegung des Nahwärmenetzes ist nur etwas für Profis

Ist die Wärmequelle gefunden und der Verbrauch gesichert, so sollte die Auslegung des Nahwärmenetzes ein erfahrenes Ingenieurbüro übernehmen. Wärmenetze können in einer Ringstruktur oder als Strahlennetz mit baumförmiger Struktur angelegt werden. Ringstrukturen erleichtern die Einbindung weiterer Abnehmer und erhöhen die Versorgungssicherheit. Sie erfordern aber in der Summe größere Leitungsquerschnitte und längere Leitungen. Strahlennetze sind einfacher umzusetzen und in der Regel auch kostengünstiger: Von der Hauptleitung mit großem Querschnitt zweigen Neben- und zuletzt Hausanschlussleitungen mit immer geringeren Querschnitten ab. Für welche Struktur man sich auch entscheidet: In dem Haus, das am weitesten von der Wärmequelle entfernt ist, muss es noch wohlig warm werden. Danach richtet sich die Leistung des Netzes.

Foto: Jan Zappner

Beispielhafte Kostenberechnung von CARMEN

Beispielhafte Berechnung der kapital- und betriebsgebundenen Kosten eines Wärmenetzes mit fünf Anschließern mit einer gemeinsamen Anschlussleistung von 1.000 kW, einem Jahresenergiebedarf von 1.800 MWh/a und einer Länge des Wärmenetzes von 1.200 m, was der empfohlenen Mindest-Wärmebelegungsdichte von 1,5 MWh/(m*a) entspricht.

	Investitionskosten (Euro)	**Nutzungsdauer (VDI 2067 Tab.5)** (a)	**Kapitalzinssatz** (%)	**Annuität** (%)	**Instandsetzung (VDI 2067 Tab.5)** (%)
Netzleitung inkl. Montage	110.000	40	6,0	6,65	1,0
HÜS inkl. Montage	21.100	15	6,0	10,30	1,5
Grabungskosten	82.900	40	6,0	6,65	0,0
Netzpumpen	6.500	15	6,0	10,30	1,5
Visualisierung Nahwärmenetz	3.200	15	6,0	10,30	1,0
Netzregelung über SPS	6.500	15	6,0	10,30	1,0
Planung 5%	11.500	40	6,0	6,65	0,0
Summen	**241.900**				

Quelle: C.A.R.M.E.N e.V., Merkblatt: „Nahwärmenetze und Bioenergieanlagen. Ein Beitrag zur effizienten Wärmenutzung und zum Klimaschutz", S. 4.

Kapitalkosten (Euro/a)	Instandsetzungskosten (Euro/a)	Kapitalgebundene Kosten (Euro/a)
7.324	1.102	8.426
2.173	317	2.490
5.510	0	5.510
669	98	767
329	32	361
669	65	734
764	0	764
17.438	**1.614**	**19.052**

Bürgermeister Hans-Peter Perschke und Thomas Winkelmann von der Bioenergieregion Jena Saale im Biomasseheizwerk.

Technologievergleich Nahwärmenetze – drei Beispiele

	Nechlin
Energiequelle	Holzpellets und Sonne
Wärmeerzeuger	1. Hackgutkessel: 320 kW Leistung 2. Solarthermieanlage: 172,8 m² Vakuum-Röhrenkollektoren 3. Holzvergaserkessel: 720 kW Leistung Im Bau: PV-Lastbank, mit der überschüssiger PV-Strom vom Dach des Nebengebäudes verheizt werden kann.
Trassenlänge	1,1 km
Speicher	23.000 Liter Pufferspeicher
Wärmenutzung im Sommer?	Im Sommer heizt nur die Solarhermie-Anlage und deckt damit die Grundlast zur Warmwasserbereitung.
Betriebstemperatur	Vorlauf: 75 °C Rücklauf: 55 °C Sommerbetrieb: 60/50 °C
Angeschlossene Häuser	18 Einfamilienhäuser, Gaststätte, Feuerwehr, ein Wohnblock mit 10 Wohneinheiten Über den Rücklauf: Radlerpension
Träger	Wärme für Nechlin GmbH
Ausfallversicherung	Backup-Vertrag mit Verleiher mobiler Heizgeräte
Investitionskosten	Netz: 189.399 Euro (zu 70 % durch das ILE/Leader-Programm gefördert Heizhaus: 366.820 Euro (zu 40 % gefördert)
Wärmepreis	Die Wärme für Nechlin GmbH sichert zu, dass der Preis immer leicht unter der Vergleichsheizung mit Öl liegt. Die Kosten für die Übergabestation trägt der Kunde.

Schlöben	Adlershof
Biogasanlage	**Energiemix aus dem Fernwärmenetz**
1. BHKW mit einer Leistung von 265 kW zur Eigenversorgung des Agrarunternehmens an der Biogasanlage 2. Zwei Satelliten-BHKW mit jeweils 265 kW Leistung am Ort. Mit der Biogasanlage durch Biogasleitung verbunden. 3. Holzhackschnitzel-Anlage (HHS-Kessel) mit 550 kW Leistung für Spitzenlasten im Winter	Wärmetauscher mit dem Rücklauf des Fernwärmenetzes Zusätzlich: Einspritzung aus dem Vorlauf des Fernwärmenetzes, um bei Bedarf Temperaturen über 60 °C zur Verfügung zu stellen.
5,9 km	2 km
2 x 15.000 Liter Pufferspeicher	Kein Speicher nötig
Zwei Trockensilos (400 kW und 300 kW Leistung). In den Silos trocknet das Agrarunternehmen Futterpflanzen, Getreide, Mais und holzartiges Biomaterial für den HHS-Kessel.	Keine gesonderte Wärmenutzung für den Sommerbetrieb.
Vorlauf: 85–90 °C Rücklauf: 65 °C Sommerbetrieb: 85/65 °C	Vorlauf: 60–70 °C Rücklauf: 50 °C Sommerbetrieb: identisch
- Verschiedene Gebäude im Agrarbetrieb - Im Ort: 94 Gebäude mit 143 Haushalten, Kindergarten, Feuerwehr, zwei Gebäude der Gemeinde	50 Gebäude mit ca. 1.000 Wohneinheiten
Bioenergiedorf Schlöben eG	Blockheizkraftwerks-Träger- und Betreibergesellschaft mbH Berlin (BTB)
-	-
Gesamtinvestition inkl. Biogasanlage, Biogasleitung, Nahwärmenetz und Heizhaus mit Heiztechnik ca. 5 Mio. Euro	500.000 – 600.000 Euro
6,68 Cent/kWh Genossenschaftsmitglieder zahlen einmalig eine Mindesteinlage von 2.000 Euro.	Keine Angabe

Quelle: eigene Recherche auf Basis von Betreiberangaben

Mobile Software zum Warten der Biogasanlage.

In Nechlin hat man sich für gedämmte Fernwärmeleitungen aus flexiblen PE-Rohren entschieden. „PE-Rohre lassen sich schneller verlegen als geschweißte Stahlrohre. Außerdem konnten wir sie mit der Horizontalbohrtechnik verlegen, ohne die Straße aufreißen zu müssen", erklärt Axel Thiemann vom Ingenieurbüro ergo sun, der das Netz geplant hat. Bei größeren Anlagen können Stahlrohre günstiger sein – so wie in Schlöben: „Wir haben Vorlauftemperaturen im Netz von über 85 °C und müssen einen Höhenunterschied überwinden, da sind Stahlrohre vorteilhafter", erläutert Thomas Winkelmann. „Außerdem wollten wir uns die Möglichkeit offenhalten, das Netz zu erweitern. Das geht nur mit höherem Druck im Gesamtsystem."

Nahwärmenetze arbeiten mit üblichen Vorlauftemperaturen

Die Temperatur des Vorlaufs in einem Nahwärmenetz bewegt sich zwischen 70 °C und 95 °C. Wärmeverluste des Netzes werden zwar über die Dämmung der Wärmeleitung so weit wie möglich reduziert, allerdings müssen der Dämmaufwand und die dadurch entstehenden Kosten in einem vernünftigen Verhältnis zum erreichbaren Nutzen stehen. Lässt sich die Wärmeerzeugung nicht direkt regulieren – was bei der Verwendung von Abwärme oft der Fall ist –, muss ein ausreichend großer Wärmespeicher im System eingebaut werden. „Je größer der Speicher, desto besser", so Winkelmann. „Speicher ermöglichen es, die Spitzenlasten aufzufangen, und man muss die Anlage nicht so groß auslegen."

Foto: Jan Zappner

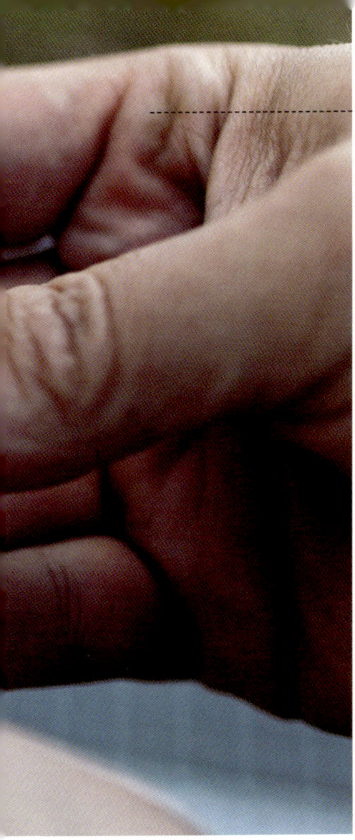

Das Wärmenetz endet am Wärmetauscher im Haus des Kunden. Je nach Vereinbarung zwischen Netzbetreiber und Kunde muss der Hauseigentümer die Übergabestation selber einrichten oder sie gehört dem Netzbetreiber und wird mit den Wärmekosten verrechnet. Winkelmann empfiehlt nachdrücklich, dass der Netzbetreiber auch Eigentümer der Wärmetauscher im Haus sein sollte. Denn es sei besser, wenn die Wartung der Geräte in einer Hand liege. Für alles hinter der Übergabestation ist dann jeder Hausbesitzer selbst verantwortlich.

Viel Abstimmungsbedarf, denn nur gemeinsam wird uns warm

Jedes Nahwärmenetz steht und fällt mit der Anschlussquote, also der Zahl der Häuser, die ihre Wärme aus der gemeinsamen Leitung beziehen: Ein Projekt lohnt sich erst, wenn genügend Anwohner mitmachen. „Das Wichtigste ist der Rückhalt in der Bevölkerung", so bringt es Winkelmann auf den Punkt. Voraussetzung dafür sind das Vertrauen in die Zuverlässigkeit der

Nahwärme geht auch in der Stadt

Die meisten Wärmequellen in der Stadt sind schon erschlossen: Gas- und Kohlekraftwerke erzeugen Wärme für die großen Fernwärmenetze der Stadtwerke. Wenn Nahwärmenetze in städtischen Neubaugebieten entstehen, dann meistens, wenn Planung und Bau für ein ganzes Areal in der Hand eines einzelnen Bauherren liegen. Häuser im Verbund zu heizen ist dann in der Summe effizienter, als in jedes Haus eine eigene Heizeinheit einzubauen. Trotzdem würden sich private Bauherren in der Stadt selten zu Wärmenetzen zusammenschließen, berichtet Andreas Reinholz von der Blockheizkraftwerks-Träger- und Betreibergesellschaft mbH Berlin (BTB). Den Grund dafür sieht er darin, dass jeder Bauherr von einer anderen Technologie überzeugt ist, seien es Pelletheizungen, Grundwasserwärmepumpen oder Solarthermieanlagen. „Es gibt nicht den einen Königsweg. Weder bei der Entwicklung der Technologien noch bei den Förderungen kann man wirklich einschätzen, wie die Situation in fünf Jahren aussieht", erklärt Reinholz die Situation der angehenden Eigenheimbesitzer.

Anlage und der Preis für die Wärme. In Nechlin betrug der Preis für 1 kWh 2013 und 2014 10 Cent. Für die Kunden im Ort ein Gewinn, weil es in Nechlin keinen Anschluss an das Erdgasnetz gibt und die bestehenden Heizungen zuvor mit dem im Vergleich teuren Öl oder mit Flüssiggas betrieben wurden. Für die Folgejahre gilt eine Preisgleitklausel: Die „Wärme für Nechlin GmbH" berechnet den Preis so, dass er immer etwas unter dem der Vergleichsheizung mit Öl liegt. Um den Kunden ein zusätzliches Gefühl der Sicherheit zu geben, garantiert ein Vertrag mit einem Verleiher mobiler Heizgeräte, dass innerhalb von sechs Stunden eine alternative Wärmequelle bereitsteht, sollte das Nahwärmenetz einmal ausfallen.

Das Henne-Ei-Dilemma der Nahwärme

Die große Herausforderung, so Ute Müller, lag allerdings weniger in technischen oder rechtlichen Fragen, sondern in den Abstimmungsprozessen: Um Fördermittel zu beantragen, mussten ausreichend Vorverträge mit Kunden abgeschlossen sein. Die Ausgestaltung der Vorverträge ergab sich jedoch erst im Prozess und war unter anderem davon abhängig, welche Fördermittel zur Verfügung standen. „Wir brauchten einen Vertrag, der für alle einheitlich und zugleich leicht verständlich ist. Das erforderte einen hohen Abstimmungsbedarf", erinnert sich Müller. „Man braucht jemanden im Dorf, der das mit jedem Einzelnen bespricht."

„Man braucht jemanden im Dorf, der das mit jedem Einzelnen bespricht.

Ute Müller, Wärme für Nechlin GmbH & Co. KG

Was tun mit zu viel Wärme?

Wärme wird vor allem im Winter gebraucht, wenn Heizungen für wohlige Temperaturen im Haus sorgen sollen. Im Sommer dient das Netz nur der Warmwasserbereitung. Lässt sich die Wärmeerzeugung nicht flexibel regeln, wie etwa bei einer Pelletheizung, so ist für Nahwärmenetze oft die Verwendung der überschüssigen Energie im Sommer ein großes Problem. In Schlöben trocknet der örtliche Agrarbetrieb in zwei eigens errichteten Wärmesilos ab März Futterpflanzen, im Sommer und Herbst dann Getreide und Mais. Zwischen Juli und August habe man bisher noch zu viel Wärme, so Perschke. Möglicherweise wird der Stall der Milchkühe ans Netz angeschlossen, Wärme kann dort genutzt werden, um Waschwasser für die Kühe aufzuwärmen. Aber auch die Idee eines kleinen Schwimmbades lebt im Dorf.

Fördermittel für Nahwärmenetze

Die KfW vergibt beim Bau von Nahwärmenetzen zinsgünstige Kredite und zusätzliche Tilgungszuschüsse. Der Zuschuss beträgt bis zu 60 Euro je Meter Trasse, eine Hausübergabestation kann mit bis zu 1.800 Euro bezuschusst werden. Auch das KWK-Gesetz sieht einen Zuschuss vor: Möglich ist eine Förderung durch das Bundesamt für Wirtschaft und Ausfuhrkontrolle (BAFA) von 100 Euro je Meter Trasse. Die Förderungen durch KfW und BAFA schließen sich allerdings gegenseitig aus. Daneben gibt es etwa in Hessen und Bayern eigene Förderprogramme auf Länderebene.

Wer ein Nahwärmenetz bauen will, für den lohnt sich aber auch ein Blick über den Tellerrand. In Nechlin gab es für das Netz eine Förderung aus dem ILE/LEADER-Programm, das in der Europäischen Union innovative Projekte im ländlichen Raum unterstützt. Die Gemeinde Nechlin, die die Wärmeleitungen im Dorf verlegt hat, bekam 56 Prozent der Nettoinvestitionssumme von knapp 200.000 Euro aus dem Förderprogramm. Das Heizhaus mit den Wärmeerzeugungsanlagen hat die „Wärme für Nechlin GmbH & Co. KG" mit 36 Prozent der Nettokosten (380.000 Euro) gebaut. Jörg und Ute Müller haben zusätzlich fast 250.000 Euro aus privaten Mitteln investiert. „Wenn die Ölpreise nicht sinken, dann wird sich die Anlage refinanzieren", so Jörg Müller.

Die Schlöbener haben gemeinsam mit dem Nahwärmenetz ein Glasfaser-Breitbandnetz für Datenraten von 100 Megabit pro Sekunde verlegt – ein von der EU gefördertes Programm. So konnten die Investitionskosten verringert werden. „Wir bieten unseren Genossenschaftsmitgliedern Wärme für einen konstanten Preis von 6,68 Cent pro Kilowattstunde. Diesen Preis können wir dauerhaft halten", so Perschke. Der Bürgermeister betont jedoch nicht nur den günstigen Wärmepreis, sondern auch, dass die Wertschöpfung in der Region bleibt: Die gesamte Anlage produziert jährlich Strom im Wert von 1 Million Euro und Wärmeenergie im Wert von rund 200.000 Euro.

Auch in Schlöben hat es mehrere Jahre gedauert, bis aus der Idee ein Netz wurde. Man hört Perschke jedoch noch immer die Begeisterung für das Projekt an: „Das Nahwärmenetz hat den Gemeinschaftsgeist im Ort gestärkt", so der Bürgermeister. Heute würden die Schlöbener an den Stammtischen darüber diskutieren, wie die überschüssige Wärme im Sommer genutzt werden kann oder wie der Ausbau des Netzes organisiert wird.

Die Schlöbener Biogasanlage aus der Luftperspektive.

Kunden speisen Wärme ins Netz

„Wir konnten die Bauherren nur für das Nahwärmenetz gewinnen, weil wir ihnen die Möglichkeit gegeben haben, auch ihre eigenen Ideen umzusetzen.

Andreas Reinholz, Ingenieur bei BTB und zuständiger Projektleiter

In dem Berliner Stadtteil Adlershof baut die BTB daher derzeit ein Nahwärmenetz, das es den Kunden ermöglicht, sowohl Wärme aus dem Netz zu beziehen als auch selber Wärmeenergie zu erzeugen und diese in das Netz einzuspeisen. Möglich macht das ein neuer Wärmetauscher, der die Fließrichtung wechseln und die Wärme in beide Richtungen abgeben kann. „Wir konnten die Bauherren nur für das Nahwärmenetz gewinnen, weil wir ihnen die Möglichkeit gegeben haben, auch ihre eigenen Ideen umzusetzen", so Reinholz. Das Pilotprojekt in Adlershof wird vom Bund gefördert, anders wären die hohen Entwicklungskosten für die neue Technologie nicht finanzierbar gewesen. Die Wirtschaftlichkeit von Nahwärmenetzen in Neubaugebieten ist sowieso problematisch: Moderne Häuser sind so gut isoliert, dass sie einen viel geringeren Wärmebedarf haben als alte Bausubstanz. Für wohlige Zimmertemperatur reicht bei Neubauten eine Vorlauftemperatur von unter 60 °C im Netz. In Adlershof hat man eine günstige Lösung gefunden: Energiequelle des Nahwärmenetzes ist der Rücklauf des Fernwärmenetzes. ■

Im Internet: Förderung von Nahwärmenetzen

Die KfW fördert Nahwärmenetze, sofern sie aus Erneuerbaren Energien gespeist werden. Eine Übersicht über die Förderkriterien bietet die Bank in ihrem Merkblatt „KfW-Programm Erneuerbare Energien Premium".
Download unter: www.kfw.de/Download-Center/Förderprogramme-(Inlandsförderung)/PDF-Dokumente/6000002410-Merkblatt-271-281-272-282.pdf

Auch das Bundesamt für Wirtschaft und Ausfuhrkontrolle (BAFA) unterstützt den Bau von Wärmenetzen. Für Antragsteller bietet das Amt das „Merkblatt Wärme- und Kältenetze" im Internet an. In dem Dokument sind die wichtigsten Modalitäten zur Förderung zusammengefasst.
Download unter: www.bafa.de/bafa/de/energie/kraft_waerme_kopplung/waerme_und_kaeltenetze/downloads/merkblatt_waermenetze.pdf

Foto: Thüringer Bioenergieregion

Übersicht Energieträger von Wärmenetzen

Die Daten stammen aus der Trafo-Studie, die das Potenzial verschiedener Erneuerbarer Energien als zusätzliche Energiequelle für bestehende Wärmenetze untersucht hat.

Parameter/Kategorie Ausprägung	**Holzartige Biomasse**			**Biomasse-Mitverbrennung**		**Biogas**		
Ausreichende Verfügbarkeit des EE	Biomasse in welcher Menge beschaffbar? Feinstaubvorbelastung am Standort?					Biomasse in welcher Menge beschaffbar? Feinstaubvorbelastung am Standort?		
Erzeugertyp	Kessel	KWK		Kessel	KWK	Kessel	KWK	
		Dampf-kraft-Prozess	ORC/KC	in Kohle-kesseln	Kohle Dampf-kraft-Proz.		BHKW	Mikro-gas-turbine
therm. Leistungsklasse								
bis 1 MW	•	--	•	--	--	(•)1)	•	•
1 bis 5 MW	•	--	•	--	--	(•)1)	•	•
5 bis 10 MW	•	--	•	--	--	(•)1)	•	--
elektr. Leistungsklasse								
bis 1 MW		--	•		--		•	•
1 bis 5 MW		--	•		--		•	•
5 bis 10 MW		•	--		•		•	--
Lasttyp								
Spitzenlast	(•)8)	3)	3)	(•)8)	3)	(•)8)	3)	3)
Grundlast	•	•	•	•	•	(•)1)	•	•
Sommerlast								
Temperaturniveau								
110 °C > TVL > 90 ° C	•	•	--	•	•	(•)1)	•2)	•

1) Biogas in Kesseln zu verbrennen ist technisch möglich, aber in der Praxis nicht verbreitet, da die Nutzung in KWK-Anlagen durch das EEG ökonomisch attraktiver ist.
2) Heißgekühlte BHKW oder Mikrogasturbinen
3) Technisch ist der Einsatz von KWK-Anlagen auch in der Spitzenlast möglich. In der Praxis werden KWK-Anlagen in der Regel in der Grundlast betrieben, besonders Anlagen, die nach EEG Stromvergütung erhalten.
4) Technisch sind Geothermie und Wärmepumpen auch zur Spitzenlastdeckung einsetzbar, in der Praxis herrscht aber Grundlasteinsatz vor.
5) In hydrothermalen Geothermieprojekten in Deutschland sind bisher elektr. Leistungen < 5 MW realisiert.

Biomethan		Hydrothermale Tiefengeothermie		Solarthermie		Wärmepumpe (Abwasser)
Biomethan in welcher Menge beschaffbar?		Geothermie regional verfügbar		für Großanlagen Aufstellungsfläche 1.500 m² oder größer		gerader Kanalabschnitt mit > 1 m Durchmesser, Fließrate 15 l/s bei trock. Wetter (Tagesmittelwert)
Kessel	KWK	reine Wärmenutzung	KWK	Flach-Kollektor	Vakuumröhren-Kollektor	
	alle Erdgas-KWK-Anlagen möglich		ORC/KC			
•	•	Leistungsklassen standortspezifisch (abhängig von Temperaturniveau, Förderrate)		(•) flukt.	(•) flukt.	•7)
•	•			(•) flukt.	(•) flukt.	•7)
•	•			(•) flukt.	(•) flukt.	•7)
	•		•5)			
	•		•5)			
	•		--			
•	3)	4)	3)	--	--	4)
•	•	•	•	--	--	•
				•	•	
•	•			•6)	•6)	--

• = verfügbar -- = nicht verfügbar/nicht sinnvoll leeres Feld = nicht zutreffend

6) Für solarthermische Anlagen sind die Temperaturen im Sommerbetrieb ausschlaggebend (VL 70-80 °C, RL 50-60 °C, je niedriger, desto besser)

7) Die Netzeinspeiseleistung ist abhängig von Temperaturniveau und Fließrate des Abwassers, Größe des Wärmetauschers sowie der Netzvorlauf- und Rücklauftemperatur. Realisierte Projekte in der Schweiz liegen im kleinen Leistungsbereich.

8) Biomasse-Kessel können – analog zu Kohleheizwerken – Teile der Spitzenlast während der Heizperiode bedienen, aber keine kurzfristigen Lastspitzen abfahren.

Quelle: ifeu, AGFW, GEF Ingenieur AG

Im Zuge der energetischen Sanierung wurde das Gebäude mit Solarthermie ausgestattet.

13 | SOLARE WÄRME IM PRIVATEN BEREICH

Auch für Warmduscher eine gute Option

Alle reden von Strom, nur wenige von Wärme. Dabei weiß doch jeder, dass sich in unseren Breiten ohne ausreichende Wärme nicht gut wohnen lässt. Was läge da näher, auf dem eigenen Dach Sonnenlicht einzufangen, um damit Duschwasser zu erwärmen und bestenfalls noch zu heizen. Eine kurze Anleitung, wie man die passende solarthermische Anlage fürs eigene Heim findet.

„Wir sparen mit der Solarthermie jährlich rund 500 Liter Heizöl", sagt Dethlef Dethlefsen. Seine Frau Maike und er betreiben auf der Nordseeinsel Pellworm auf dem Dach ihres Resthofes seit 1997 eine kleine solarthermische Anlage mit einer Größe von 12,5 Quadratmetern. Über die Warmwasseraufbereitung hinaus unterstützt sie die Holzkessel-Heizung der Familie. Diese stellt in der Heizperiode mit einer Brennerleistung von 40 Kilowatt (kW) den Löwenanteil der benötigten Wärme für Haus und Ferienwohnungen bereit. Im Sommer ist der Holzkessel außer Betrieb, weil dann die Solarkollektoren ausreichend Wärme fürs Duschen und Waschen liefern. Die Dethlefsens sind zufrieden: „Außer einem kleinen Leck am abführenden Wärmerohr haben wir noch keine Probleme zu beklagen gehabt", blickt Dethlef Dethlefsen auf 18 Jahre Betrieb zurück. „Ohne alles haargenau durchgerechnet zu haben", so der 49-Jährige, „passt die Solaranlage in unser umweltfreundliches Wärmekonzept. Wahrscheinlich haben wir die knapp 7.000 Euro, die wir damals für die mit viel Eigenarbeit erfolgte Installation investiert haben, schon wieder eingespart."

Foto: Rainer Weisflog

Das Beispiel Dethlefsen zeigt zweierlei: Erstens, die Technik der Solarthermie ist seit Langem ausgereift und funktioniert in der Regel reibungslos. Zweitens, mit solarthermischen Anlagen wird man keinesfalls reich. Die Investitionen amortisieren sich zwar über einen längeren Zeitraum, doch es darf keiner auf hohe Renditen hoffen.

Erster Ansprechpartner: der Energieberater

Aber der Reihe nach. Wer sich für solare Wärme fürs eigene Heim oder fürs Bauprojekt interessiert – nicht zuletzt, um sich von den fossilen Brennstoffen zu emanzipieren –, dem sei ein Gespräch mit dem Energieberater empfohlen. Auch die Verbraucherzentralen bieten in ihren jeweiligen Länderorganisationen bundesweit Beratungen zu diesem Thema an. Wenn beispielsweise bei Hans Weinreuter von der Verbraucherzentrale Rheinland-Pfalz e.V. in Mainz das Telefon klingelt und jemand Auskunft über den Bau einer Solaranlage haben möchte, versucht er zunächst, „die Ausgangssituation zu erfassen“. Was meint er damit genau? „Ich muss als Energieberater die finanzielle und wohnliche Situation des Fragenden kennen, und ich muss dessen Motive nachvollziehen können, damit ich die

> **»Ich muss als Energieberater die finanzielle und wohnliche Situation des Fragenden kennen, und ich muss dessen Motive nachvollziehen können.**
>
> Hans Weinreuter, Energiereferent

Solarthermieanlage auf einem Mietshaus in Berlin-Reinickendorf.

Foto: BSW-Solar/Upmann

Das kleine 1 x 1 der Solarthermie

- Die **mittleren Strahlungswerte** in Deutschland liegen bei 900 – 1.200 kWh/m². Dabei sind in Bayern ungefähr 20 Prozent höhere Solarerträge zu erwarten als in Norddeutschland, obgleich lokale Witterungsverhältnisse diese Generalaussage relativieren. Der **jährliche Solarertrag** pro Quadratmeter Kollektorfläche liegt bundesweit bei etwa 200 – 600 kWh.
- Pro Hausbewohner empfehlen Energieberater zur **Warmwasseraufbereitung** 1,2 bis 1,5 Quadratmeter Flachkollektorfläche. Bei **heizunterstützenden Systemen** geht man von 4 bis 5 Quadratmeter Flachkollektorfläche aus oder auch von 0,8 bis 1,1 Quadratmeter pro 10 Quadratmeter beheizbare Wohnfläche.
- Die optimale **Dachneigung** liegt bei 30 – 40 Grad.
- Bei Südausrichtung ist die größte **Solarernte** zu erwarten, bei abweichenden **Positionierungen** ist mit weniger Ertrag zu kalkulieren, aber auch die Wände können genutzt werden.
- 50 – 90 Prozent der Energie zur **Warmwasseraufbereitung** kann in unseren Breiten durch Solarenergie abgedeckt werden (solare Deckungsrate). Im **Heizbereich** liegt die Deckungsrate bei bis zu 30 Prozent.
- **Ein Drei-Personen-Haushalt verbraucht im Durchschnitt jährlich rund 3.000 Kilowattstunden für die Erwärmung von Warmwasser.** Da 1 Liter Heizöl einen Heizwert von etwa 10 kWh hat, würde eine Solarthermieanlage (mit 50 Prozent solarer Deckung) eine **Ersparnis von 150 Litern Heizöl** bedeuten. Bei einem angenommenen Heizölpreis von 75 Cent/Liter wären dies immerhin 112,50 Euro geringere Energiekosten.
- Eine **Solarthermieanlage** für einen Drei-Personen-Haushalt, die nur der **Warmwasseraufbereitung** dienen soll, kostet derzeit **5.000 – 6.000 Euro.**
- Eine **Solarthermieanlage** für einen Drei-Personen-Haushalt, die neben der **Warmwasseraufbereitung** zudem die **Heizung** unterstützen soll, kostet derzeit **rund 12.000 Euro**. Die höheren Kosten entstehen durch größere **Kollektorflächen** sowie durch den Einsatz eines **Pufferspeichers**, der als Speichermodul zwischen Solaranlage und Heizung notwendig ist, um die **Schwankungen** von Angebot und Bedarf auszugleichen.
- Es gibt **zwei Typen von Kollektoren**: Entweder sogenannte **Flachkollektoren**, die billiger sind, aber aufgrund ihrer geringeren Effizienz größere Flächen in Anspruch nehmen. Oder **Röhrenkollektoren**, die technisch anspruchsvoller und daher teurer sind, aber auf kleinerem Raum mehr Solarwärme aufnehmen können.

richtigen Maßnahmen zum richtigen Zeitpunkt vorschlagen kann." So verfüge ein pensionierter Akademiker meist über ein anderes Budget als eine junge Familie mit Kindern und plane eine ortsunabhängige Freiberuflerin in der Regel in ganz anderen Zeitläufen als ein Angestellter oder Beamter mit konstantem Arbeitsverhältnis.

Wenn der Energiereferent sich einen Überblick verschafft hat, taucht er tiefer ein. Dann hinterfragt er bauliche Details: Wie alt ist das Haus? Wie viel Wohnfläche gibt es? Welche Heizung ist vorhanden, wie alt ist sie und wann ist sie das letzte Mal modernisiert worden? Wird der Heizkessel mit einem Warmwasserspeicher kombiniert? Wie steht es mit der Dämmung von Wand, Keller und Dach? Welche Fenster sind vorhanden, welche Türen? Hat Weinreuter so die baulichen Eckdaten in Erfahrung gebracht, analysiert er die Energieverbräuche im bewohnten Haus: Wie hoch ist der Heizenergieverbrauch pro Quadratmeter Wohnfläche? „Das wissen viele Hausbewohner bemerkenswerterweise gar nicht", verrät der Energieberater, „dafür wissen sie schon eher, wie viel Heizöl sie pro Jahr einkaufen, oder sie können ihrer Gasrechnung den letzten Jahresverbrauch entnehmen". Auch auf die Frage nach dem Wasserverbrauch im Haus gibt es häufig nur Kopfschütteln. „Diese Zahl braucht der Energieberater aber unbedingt, um die Einsparungen für eine etwaige Solaranlage genau zu bestimmen. Hinzu kommen noch Fragen zum zukünftigen Standort einer Solaranlage: Welche Neigung hat das Dach? Welches Dachmaterial ist verbaut worden? Gibt es genügend zusammenhängende Dachflächen? Ist das Dach verschattet von Nachbarhäusern und/oder Bäumen? Welche Ausrichtung hat das Haus – gen Süden, gen Westen?

> **Während bei der Photovoltaik die Anlagenpreise dramatisch gefallen sind, stagnieren die Kosten für Solarthermieanlagen seit vielen Jahren.**
>
> Hans Weinreuter, Energiereferent

„Wenn ich zu all diesen Grundsatzfragen genaue Antworten bekomme, dann weiß ich als Experte schon, ob es sich baulich und energetisch lohnt, Solarthermie für die Warmwasseraufbereitung bzw. kombiniert für Warmwasser und Heizungsunterstützung einzusetzen, oder ob es aus Gründen der Ökonomie und Energieeffizienz mehr Sinn macht, andere Optionen wie Wärmepumpe und Pelletheizung vorzuziehen." Manchmal reiche es auch schon, einfach nur die Dämmung zu verbessern. Falls aber alle Angaben auf den Einbau einer Solarthermieanlage hinausliefen, gebe er dem Klienten immer die Empfehlung, sich auf Basis der ermittelten Werte von mindestens drei Handwerksbetrieben Angebote einzuholen.

Energiereferent Weinreuter mag hier nichts schönreden: „In manchen Fällen kann ich eine solarthermische Anlage aus ökonomischen und baulichen Gründen nicht empfehlen", sagt er, „insbesondere dann nicht, wenn es passendere und ebenso umweltfreundliche Alternativen gibt". Zum Beispiel wenn ein Hausbesitzer auf ihn zukomme, der vor Kurzem erst seinen Heizkessel für mehrere Tausend Euro modernisiert habe, der darüber hinaus über keine südlich ausgerichteten Dächer verfüge und in einem sehr schlecht gedämmten Haus wohne. „Wenn ein älteres Haus bisher nicht oder kaum modernisiert wurde, bringen neue Fenster und die Dämmung von Wänden, Kellerdecke und Dach enorme Einsparungen – teils sogar bis zu 50 Prozent", weiß der Energieberater. Damit lässt sich dann weit mehr sparen. Dennoch sieht Weinreuter für die Solarthermie noch viel Luft nach oben. „Während bei der Photovoltaik die Anlagenpreise dramatisch gefallen sind, stagnieren die Kosten für Solarthermieanlagen seit vielen Jahren", stellt er fest. Er hofft daher auf baldig sinken-

Hohe Förderungen und günstige Kredite

Die Förderlandschaft besteht aus der Kreditanstalt für Wiederaufbau (KfW), die zinsgünstige Kredite anbietet, sowie dem Bundesamt für Wirtschaft und Ausfuhrkontrolle (BAFA), das Zuschüsse gewährt. Hinzu gesellen sich noch unterschiedlich ausgestaltete Förderprogramme des jeweiligen Bundeslandes (siehe auch Seite 359 „Förderprogramme").

Die KfW fördert Solarthermieanlagen über Programme wie „Energieeffizient Sanieren", „Energieeffizient Bauen" und „Erneuerbare Energien". Wird ein Haus über eine Solarthermieanlage zum KfW-Effizienzhaus saniert oder ein Neubau (mindestens KfW-Effizienzhaus Standard 70) mit Solarthermie ausgestattet, so wird ein zinsgünstiger Kredit in Höhe von maximal 50.000 Euro inklusive eines Tilgungszuschusses gewährt. Ergänzungskredite greifen bei Modernisierungen der Heiztechnik, wenn dabei Erneuerbare Energien verstärkt eingesetzt werden.

Die BAFA-Basisförderung kann nur dann in Anspruch genommen werden, wenn die Solarthermieanlage Wärme für die Heizung oder kombiniert für Warmwasseraufbereitung und Heizung („bivalent") bereitstellt oder bei der Kühlung von Gebäuden mitarbeitet. Für reine Warmwasseranlagen – ebenso wie für Solaranlagen in Neubauten – gibt es keine Förderung mehr. Für die betreffenden Gebäude muss vor dem 1. Januar 2009 ein Bauantrag gestellt oder eine Bauanzeige erstattet worden sein, auch ein Heizungssystem muss es bis zu diesem Datum bereits gegeben haben.

de Preise, damit die solare Wärmeversorgung im Privatbereich in Zukunft eine noch größere Bedeutung erlangt.

Zufriedene Nutzer: Technisch ist die Solarthermie ausgereift

Zumal die Technologie von solarthermischen Anlagen schon seit Jahrzehnten in Deutschland etabliert ist. Sie ist technisch kaum anfällig und wird vom Heizungsbau-Handwerk solide beherrscht. Zudem ist die solare Wärme mit allen gängigen Heizsystemen von Öl über Gas bis zur Pelletheizung kombinierbar.

Der Bundesverband Solarwirtschaft (BSW) verzeichnete für das Jahr 2013 eine neu installierte Solarkollektorfläche von über 1 Million Quadratmeter mit einer thermischen Leistung von 714 Megawatt. „Rund 90 Prozent der Hausbesitzer sind nach einer Umfrage mit ihrer Anlage und deren Leistung zufrieden", konstatiert Christian Hallerberg, stellvertretender Pressesprecher des BSW. Und er führt weiter aus: „Mit der im Dezember 2014 vom Bundeskabinett beschlossenen Einführung steuerlicher Vergünstigungen für Maßnahmen zum Einsatz erneuerbarer Wärme in Wohngebäuden sowie zur Steigerung der Energieeffizienz rechnen wir mit einer weiteren Erhöhung der Attraktivität der Solarthermie. CO_2 einsparen und dafür weniger Steuern zahlen, das ist ein wichtiger Anreiz, damit sich der längst überfällige Modernisierungsstau in deutschen Heizungskellern auflöst." Hallerberg sieht nun den Bundesrat am Zug, die Gesetzesvor-

Steuerliche Anreize

Im Dezember 2014 hat die Bundesregierung steuerliche Erleichterungen für energetische Sanierungen beschlossen. Gefördert werden künftig Maßnahmen zur Steigerung der Energieeffizienz sowie der Einsatz Erneuerbarer Energien in Wohngebäuden.

Das Fördervolumen soll rund 1 Milliarde Euro pro Jahr betragen und selbstgenutztes Wohneigentum (auch im Altbaubestand) betreffen. Sowohl Einzel- als auch Gesamtmaßnahmen von Mehrfamilienhäusern können nach Inkrafttreten des Gesetzes von der Steuerschuld abgezogen werden. Die für Eigentümer von Wohngebäuden und Wohnungen überaus positive Neuerung ist Teil des „Nationalen Aktionsplans Energieeffizienz (NAPE)" sowie des „Aktionsprogramms Klimaschutz 2020".

Im Dezember 2012 war ein erster Versuch, den Steuerbonus einzuführen, an den Bundesländern gescheitert. Der Bundesindustrieverband Deutschland Haus-, Energie- und Umwelttechnik e.V. (BDH) bezeichnet den NAPE-Entwurf als große Chance „für die überfällige Umsetzung der Wärmewende".

lage zu beschließen. „Nicht zuletzt auch, um für die bisher bei der Solarthermie unterrepräsentierten Mehrfamilienhäuser neue Impulse zu setzen" (**siehe Kasten: Steuerliche Anreize**).

Photovoltaik und Solarthermie friedlich vereint auf dem Dach einer Pension.

Dennoch: Solarthermie ist immer nur eine Ergänzung

Nicht nur Verbraucherzentralen bieten Beratungsleistungen für die richtige Solaranlage an. Auch freiberufliche Ingenieure und Energieberater wie Carsten Heidrich aus dem schleswig-holsteinischen Hartenholm stehen bereit, um die Energiewende im eigenen Haus voranzubringen. Wenn er von Eigentümern für eine energetische Sanierung beauftragt wird, dann ist er manchmal allein drei Tage damit beschäftigt, um Außenwände, Dach, Geschoss- und Kellerdecken, die Fenstergüte sowie die Qualität der Heizungsanlage, der Pumpe, der Verrohrung und Hydraulik zu prüfen und aufzunehmen. Erst mit diesen Daten ist er in der Lage, einen energetischen Ist-Zustand des gesamten Gebäudes zu erarbeiten. Auf dieser Basis erfolgen dann die schrittweise Bestimmung von etwaigen Sanierungsmaßnahmen und die Wirtschaftlichkeitsberechnung. Heidrich unterstreicht, dass es bei der Solarthermie immer nur um eine Unterstützung und nicht um den weitgehenden Ersatz der Heizungsanlage geht: „Ein häufiger Fehler von Bauherren ist die Betrachtung von Energieeinsparungsmaßnahmen als Insellösung, die durch eine nicht vollständige Erfassung aller relevanten Daten die Tragfähigkeit der Wirtschaftlichkeitsberechnung gefährdet. Außerdem sollte sich der künftige Solarthermie-Nutzer zum Beispiel mit Anlagebetreibern in der Nachbarschaft unterhalten – deren Erfahrungen können eine gute Hilfe für die eigenen Planungen sein."

> ››
> **Ein häufiger Fehler von Bauherren ist die Betrachtung von Energieeinsparungsmaßnahmen als Insellösung.**
>
> Carsten Heidrich, Energieberater

Auch das Ingenieurbüro Junge aus München bietet nach detaillierter Erfassung aller Daten zu Bau, Lage und Energieverbrauch entsprechende Wirtschaftlichkeitsberechnungen an: „Hierfür bieten sich Simulationen für Anlagen mit Heizungsunterstützung an", so Uwe Junge, „die ausgehend von Faustregeln wie der erforderlichen

Foto: Paul Langrock / Agentur Zenit

Kollektorfläche pro Quadratmeter Wohnfläche (0,07 – 0,1 Quadratmeter bei Flachkollektoren und 0,05 – 0,08 Quadratmeter bei Vakuumröhren) und einem Pufferspeichervolumen von 60 bis 70 Litern pro Quadratmeter Kollektorfläche variiert werden, um den Investitionskosten für Kauf und Montage eine attraktive solare Deckungsrate entgegenzusetzen." Da im Münchner Raum eine höhere solare Einstrahlung vorliegt, geht Junge im Gegensatz zum Mainzer Energieberater Weinreuter auch von einer höheren solaren Deckungsrate aus. Seinen Angaben zufolge liege sie bei der Warmwasseraufbereitung zumeist bei 70 – 90 Prozent und bei der Heizung bei ca. 30 Prozent.

Solarthermie rechnet sich – aber frühestens nach zwölf Jahren

Uwe Junge gibt ein Beispiel für ein durchschnittliches Einfamilienhaus: „Bei einer Dachneigung von 35 Grad, einer Südabweichung von 20 Grad und bei der Verwendung von Vakuumröhren auf einer Bruttokollektorfläche von 11,4 Quadratmetern sowie eines Pufferspeichers von 800 Litern benötigt es eine Investitionssumme von über 10.000 Euro." Nach Einrechnung der örtlichen Sonneneinstrahlung und der hoffentlich guten Dämmung des Hauses lässt sich der Anteil berechnen, zu dem die Solaranlage zur Wärmeversorgung des Hauses beiträgt, die solare Deckungsrate.

„Über die vorangegangenen Energiekosten sowie den Einbezug von Betriebskosten

Zertifizierte Kollektoren und Anlagensets

Vor dem Hintergrund dutzender Hersteller mit unzähligen Produkten, der individuellen Anforderungen und der erst nach Jahren tatsächlich zu beziffernden Erträge ist ein aussagekräftiger Vergleich von Anlagen kaum möglich. Ein relativ hohes Qualitäts- und Leistungsniveau von Kollektoren ist bereits dadurch gegeben, dass die nach der sogenannten „Solar Keymark" zertifizierten Modelle vom BAFA als förderungswürdig anerkannt werden. Diese genormte Prüfung umfasst die Qualitätssicherung beim Hersteller, die thermische Leistung des jeweiligen Kollektors sowie seine Gebrauchstauglichkeit und Langlebigkeit. Für Anlagen, die keine besonderen Anforderungen stellen, empfiehlt sich ein Blick auf preisgünstige Komplettpakete, die von vielen Herstellern oder Installationsbetrieben angeboten werden. Letztere bevorzugen meist bestimmte Hersteller – was aber nicht zum Nachteil des Kunden sein muss. Denn immerhin verbauen die Betriebe diese Anlagen öfter und haben entsprechende Erfahrungswerte, mit denen sie selbst und im eigenen Interesse ein gewisses Qualitätsniveau anbieten können.

und Fördermitteln ergeben sich realistische Zahlen zu konkreten Einsparungen, und somit lässt sich dann auch der Amortisationszeitraum berechnen." Junge zufolge liegt die Amortisationszeit bestenfalls bei etwa zwölf Jahren, andere Experten halten dies aber für zu optimistisch gerechnet. Sicher ist auf jeden Fall, dass die Amortisierung einen langen Atem braucht. Versöhnlich stimmt da allerdings die Tatsache, dass die Anlagen ohne große Wartungskosten über 30 Jahre alt werden können.

90 Euro je Quadratmeter Kollektorfläche im Altbau

Da aber in den meisten Fällen ein bivalenter Betrieb sinnvoll ist, erwartet den Bauwilligen im Altbau ein Zuschuss von aktuell 90 Euro pro Quadratmeter Solarkollektor bis zu einer Gesamtfläche von 40 Quadratmetern. Für Flächen über 40 Quadratmeter werden 45 Euro je angefangenem Quadratmeter bezuschusst. Die Mindestfördersumme liegt bei 1.500 Euro, die bezuschussungsfähige Mindestfläche bei Vakuumröhrenkollektoren bei 7 Quadratmetern und einem Speichervolumen von 50 Litern je Quadratmeter Kollektorfläche, bei Flachkollektoren bei 9 Quadratmetern und einem Speichervolumen von mindestens 40 Litern pro Quadratmeter Kollektorfläche. Zudem gibt es einen Bonus in Höhe von 500 Euro, wenn bei der Errichtung der Solaranlage zugleich der Kessel ausgetauscht oder sie mit einer Biomasseheizung oder einer Wärmepumpe kombiniert wird. Darüber hinaus wird ein Effizienzbonus bei Häusern mit einem sehr geringen Energieverbrauch gewährt. Effizienz- und Kesseltauschbonus sind allerdings nicht kombinierbar. Aber nicht genug: Der Pumpenbonus bringt für jede effiziente Pumpe weitere 50 Euro auf das Förderkonto. Und

Schont die Umwelt und den Geldbeutel: Einfamilienhaus bestückt mit Kollektoren zur Warmwasserbereitung und Stromgewinnung.

Foto: KfW

schließlich gibt es einen Wärmenetzbonus in Höhe von 500 Euro, der dann zum Tragen kommt, wenn die Solaranlage an ein Wärmenetz angeschlossen ist und mindestens ein weiteres Haus mit Wärme versorgt.

Zu differenzieren ist bei der Antragstellung zwischen Privatpersonen, kommunalen Trägern und gemeinnützigen Organisationen sowie kleinen und mittleren Unternehmen, Freiberuflern und der Land- und Forstwirtschaft. Privatleute, Kommunen und Organisationen können den Antrag innerhalb von sechs Monaten nach Inbetriebnahme der Anlage stellen. Die zweite Gruppe hat den Antrag zu stellen, wenn entsprechende Lieferungs- und Leistungsverträge abgeschlossen oder Auftragsvergaben erteilt wurden. Nach Erteilung des Zuwendungsbescheides bleibt dann eine Frist von neun Monaten bis zur Inbetriebnahme.

Eine Liste von förderfähigen Kollektoren und Solaranlagen kann auf der Website der BAFA eingesehen werden. Generell ist festzuhalten: Dank seiner technischen Konstruktion liefert ein Vakuumröhrenkollektor besonders bei nicht optimalen Einstrahlungsverhältnissen deutlich mehr Leistung als ein Flachkollektor. Allerdings ist letzterer aufgrund seiner einfacheren Bauweise wesentlich günstiger als das Vakuum-Modell. So gilt auch hier: Nur die individuelle Berechnung zu der gegebenen Situation kann die Frage nach der geeigneten Technik beantworten. ■

Die Planung einer Solarthermieanlage im Schnelldurchlauf

Die ganzheitliche Betrachtung des Gebäudes ist das Geheimrezept für eine erfolgreiche persönliche Wärmewende. Nachfolgend sind die wichtigsten drei Schritte bei der Vorplanung einer Solarthermieanlage aufgeführt.

1. Check der baulichen Ausgangssituation

Schräg- oder Flachdach? Wie steht es mit der Fassade, einer freien Aufstellung, Verschattungen, der Dachstatik? Ist das Dach ausreichend gedämmt? – ansonsten muss nämlich bei nachträglich erforderlicher Dämmung wieder die komplette Solarthermie demontiert werden. Existieren Anzeige- oder Genehmigungspflichten?

Neben der Beantwortung dieser Fragen bedarf es gleichfalls einer gründlichen Prüfung der gesamten Gebäudehülle, der Effizienz und Kompatibilität der vorhandenen Heiztechnik sowie des Verbrauchsverhaltens der Bewohner. Alle Angaben fließen anschließend in die Konzeption der Solarthermieanlage ein. Auch Blitzschutz, Wind- und Schneelasten dürfen dabei nicht vergessen werden.

2. Berechnung der Wirtschaftlichkeit

Grundlage für eine Einschätzung der Wirtschaftlichkeit des Projektes sind Berechnungen zum solaren Strahlungsangebot am Standort, zu Größe und Ausführung der Anlage und zur solaren Deckungsrate. Ein gründlicher Check etwaiger K.o.-Kriterien, wie beispielsweise zu viel Verschattung, zu hoher Primärenergiebedarf durch alte Heizungsanlagen oder schlechte Dämmwerte oder etwa eine ungünstige Kombination von Dachneigung und -ausrichtung, ist unabdingbar.

Sämtliche möglichen Förderungen sollten vorab geklärt werden und somit als verlässlicher Faktor in die Finanzplanung einfließen. Eine umfassende Sach-, Haftpflicht- und Ausfallversicherung fungiert zudem als Investitionsschutz und ist für etwa 100 – 150 Euro abzuschließen.

Ohne eine generelle Senkung des Primärenergiebedarfs durch Dämmung und eine Modernisierung der Heizung bei älteren Häusern ist in der Regel keine lohnenswerte solare Deckungsrate zu erzielen.

3. Suche nach geeigneten Installationsbetrieben

Da es sich beim Betrieb der Anlage um ein langfristiges Projekt handelt und viele einzelne Punkte bei der Planung zu beachten sind, ist die Beratungsqualität des ausführenden Fachbetriebs mindestens genauso wichtig wie dessen handwerkliche Fähigkeiten. Auf jeden Fall sollte der Betrieb auf entsprechende Erfahrungen und Referenzprojekte verweisen können. Fragen Sie Freunde, Bekannte und regionale Organisationen nach guten Kontakten, sprechen Sie mit Betreibern von Anlagen und achten Sie auf umfassende Serviceleistungen wie Wartungsverträge.

Die Installationsbetriebe sollten Vor- und Nachteile verschiedener Anlagenkonzepte darstellen, die Qualitäten der vorgeschlagenen Kollektormodelle belegen und eine nachvollziehbare Ertragsvorschau dokumentieren können.

Erneuerung von Flachkollektoren einer thermischen Solaranlage mit Heizungsunterstützung.

Foto: Rainer Weisflog

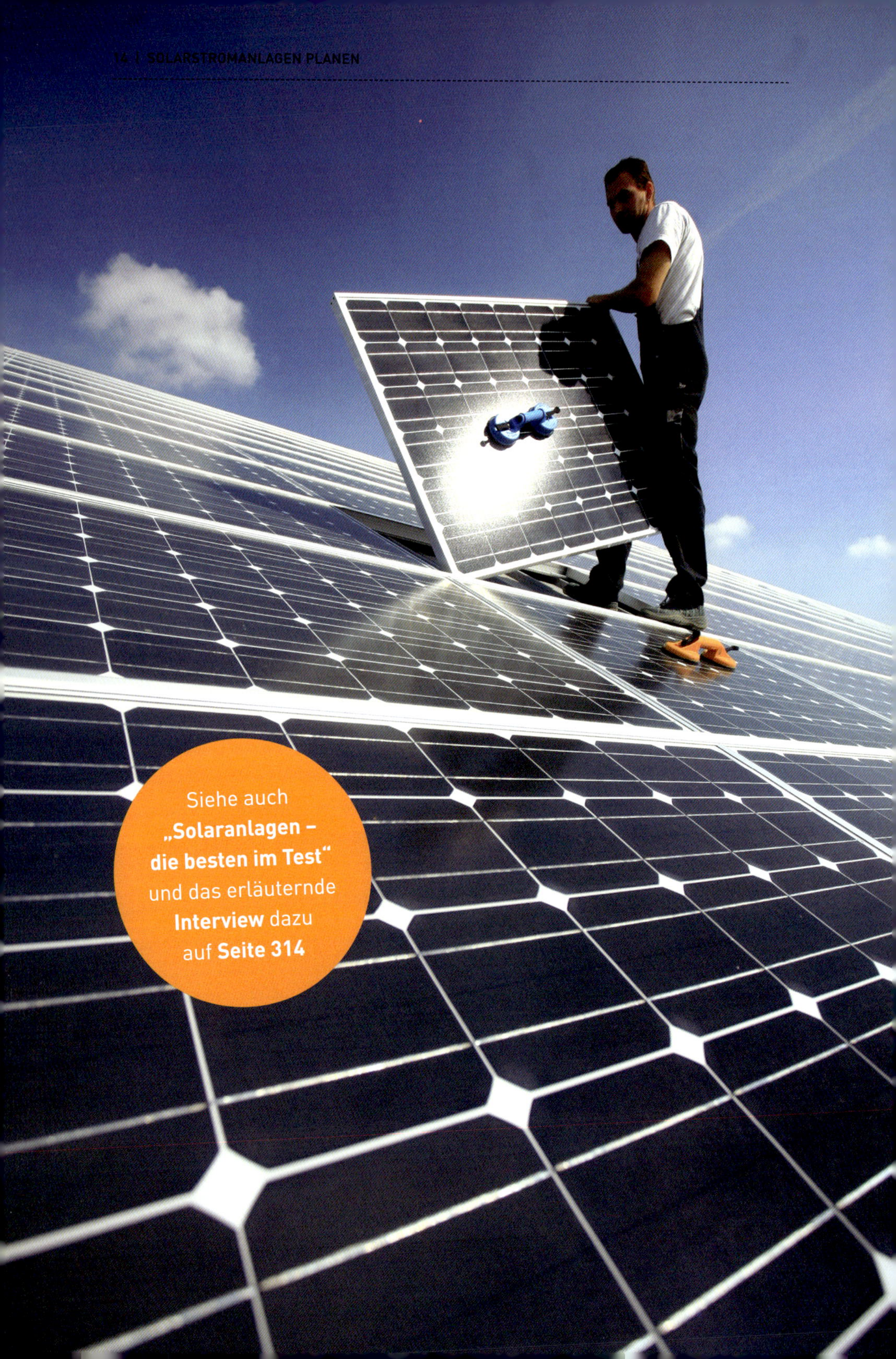

Siehe auch **„Solaranlagen – die besten im Test"** und das erläuternde **Interview** dazu auf **Seite 314**

14 | SOLARSTROMANLAGEN PLANEN

Die Sonne bleibt rentabel

Solaranlagen rechnen sich besonders, wenn viel Solarstrom direkt im Haushalt verbraucht wird. Doch Vorsicht: Bei schlechten Dachlagen oder Qualitätsmängeln der Anlagen drohen teils empfindliche Verluste. Umso mehr kommt es auf gute Standards bei Technik und Montage an. Worauf zukünftige Solarstromproduzenten unbedingt achten sollten.

Eine Photovoltaikanlage ist eine langfristige Investition. Damit sie sich lohnt, sollten sich angehende Betreiber bei der Wahl der Solarmodule viel Zeit nehmen. Mindestens 20 Jahre lang sollte eine Solaranlage zuverlässig und ohne größere Ausfälle produzieren – nur dann spielt sie das investierte Geld auch wieder ein. Eine realistische Kalkulation, die Wartungskosten und Rücklagen für etwaige Schäden beinhaltet, sowie ein kritischer Blick auf die Qualität der Komponenten und die Installation der Anlage sind ein Muss.

Freilandanlagen haben ausgedient

So banal es klingt: Die entscheidende Voraussetzung für den Bau einer Solaranlage ist ein geeignetes Dach. Eine Beteiligung an einer Freilandanlage in der Hand einer Bürgergenossenschaft ist kaum noch möglich, seit das Erneuerbare-Energien-Gesetz (EEG) im August 2014 geändert wurde. Seitdem gibt es für solche Anlagen keine

Foto: Jens Meier/laif

»Um Module mit 1 KW Leistung aufstellen zu können, werden 6–8 Quadratmeter Fläche benötigt. Eine 5-KW-Standard-Anlage nimmt demnach 30–40 Quadratmeter in Anspruch.

festen Einspeisetarife mehr. Stattdessen wird der Verkaufswert des Solarstroms in Ausschreibungen festgelegt. Diese Verfahren erfordern jedoch einen hohen bürokratischen Aufwand und verursachen dadurch Planungskosten, die Bürgergenossenschaften kaum zu stemmen vermögen.

Eine Solaranlage auf dem eigenen Hausdach ist dagegen einfacher zu realisieren. Kleinanlagen mit bis zu 10 Kilowatt Leistung erhalten nicht nur die höchste gesetzliche Einspeisevergütung (**siehe Kasten: Solarförderung schrumpft**), sie lassen sich auch mit vergleichsweise geringem Aufwand installieren.

Um Module mit 1 Kilowatt Leistung aufstellen zu können, werden 6 – 8 Quadratmeter Fläche benötigt. Eine 5-Kilowatt-Standard-Anlage nimmt demnach 30 – 40 Quadratmeter in Anspruch. Wesentlich kleiner sollte ein Dachkraftwerk auch nicht dimensioniert werden, da die relativ hohen Grundkosten für Planung und Montage den monetären Solarertrag sonst aufzehren.

Kleine Photovoltaikdachanlage auf Einfamilienwohnhaus bei Rothenburg, Oberlausitz.

Foto: Paul Langrock / Agentur Zenit

Der eigene Verbrauch des Sonnenstroms rechnet sich

Für einen maximalen Stromertrag sollten die Module mit einer Neigung von etwa 35 Grad Richtung Süden gebockt werden. Eine möglichst hohe Stromausbeute ist vor allem dann erstrebenswert, wenn der Sonnenstrom vollständig gegen die gesetzlich garantierte Einspeisevergütung ins öffentliche Netz eingespeist wird. Soll die Solarenergie dagegen direkt im Haushalt verbraucht werden, gelten andere Installationsregeln: Für derartige Eigenstromanlagen können Ost- und Westdächer besser geeignet sein, da sich mit ihnen die Hauptproduktionsphase der Module in die verbrauchsintensiven Zeiten eines Haushalts – am Morgen und am Abend – verschieben lässt: Zu diesen Zeiten wird in Privathaushalten in Deutschland in der Regel am meisten Strom verbraucht.

Eine gut geplante Eigenstromanlage hilft zudem, steigenden Strompreisen entgegenzuwirken. Während die Module den Solarstrom in hiesigen Breiten bereits für rund 12 Cent pro Kilowattstunde produzieren, kostet Haushaltsstrom aus der Steckdose mittlerweile mindestens das Doppelte. Je mehr Strom also zum Kochen und Waschen vom eigenen Dach bezogen wird, desto eher macht sich die Investition bezahlt.

Kleinanlagen erwirtschaften durch Einspeisevergütung kleine Rendite

Da die Sonne nicht immer scheint und Solarstrom somit nicht kontinuierlich zur Verfügung steht, bleiben Hausbesitzer zwar meist auf den Strom aus dem Netz angewiesen. Doch der Eigenverbrauch lohnt sich trotzdem: Einer Beispielrechnung des Fachmagazins pv magazine zufolge kostet eine 5-Kilowatt-Anlage inklusive Umsatzsteuer derzeit 9.520 Euro, dabei erwirtschaftet sie 4.795 Kilowattstunden Strom pro

Einfache Berechnung einer kleinen PV-Anlage ...

... mit und ohne Eigenverbrauch

Invest Gesamt	9.520 Euro
Invest je Watt inklusive Mehrwertsteuer	1,90 Euro/Watt
Jährliche Wartungskosten	150 Euro
Jährlicher Leistungsverlust	0,8 Prozent
Rendite ohne Eigenverbrauch	0,3 Prozent
Rendite mit 26 Prozent Eigenverbrauch	3,0 – 4,3 Prozent
Rendite mit Speicher und 50 Prozent Eigenverbrauch	3,2 Prozent

Quelle: PV Magazine

Installation einer Photovoltaik-Dachanlage auf einem Wohnhaus.

Jahr. Wird die Energie ausschließlich ins Netz eingespeist, bekommt man dafür aktuell eine Einspeisevergütung von rund 720 Euro inklusive Umsatzsteuer. Werden zudem jährliche Wartungskosten in Höhe von 150 Euro und die typischen Leistungsverluste der Module von 0,8 Prozent pro Jahr berücksichtigt, erwirtschaftet man mit dieser Anlage eine nicht inflationsbereinigte Rendite von 0,3 Prozent.

Zehnfacher Gewinn dank Eigenstromverbrauch

Eigenstromanlagen sind laut pv magazine deutlich wirtschaftlicher. Bei einem Jahresstromverbrauch von 4.200 Kilowattstunden – das ist statistisch gesehen der mittlere Verbrauch eines Vier-Personen-Haushalts in Deutschland – sind ungefähr 26 Prozent Eigenverbrauch möglich. Das bedeutet: Der Haushalt spart bei einem Strompreis von 28,3 Cent pro Kilowattstunde im ersten Jahr 215 – 350 Euro Strombezugskosten ein. Geht man von einem für 20 Jahre konstanten Strompreis aus, ergibt sich daraus eine Rendite von 3,0 – 4,3 Prozent.

Foto: Paul Langrock / Agentur Zenit

Bei einer jährlichen Strompreissteigerung von 2 Prozent fällt die Rendite mit 3,9 – 5,5 Prozent noch höher aus. Aufgrund der Preisentwicklung in den vergangenen Jahren ist dieser Anstieg nicht unwahrscheinlich. Allerdings könnte in dieser Zeit ein Tausch des Wechselrichters notwendig werden. Er macht etwa 10 Prozent der Gesamtkosten einer Solaranlage aus und ist unverzichtbar, weil er den Gleichstrom der Module in netzkompatiblen Wechselstrom umwandelt. Rechnet man mit seinem Tausch nach etwa zehn Jahren, so sinkt die Rendite laut pv magazine auf immer noch stattliche 3,3 – 5,0 Prozent.

Aber Vorsicht: Die Berechnung gilt nur für Kleinanlagen. Bei größeren Anlagen ab 10 Kilowatt Leistung, die seit August 2014 neu installiert wurden, ist bei Eigenverbrauch des Solarstroms eine Abgabe fällig. Damit sollen auch die Solarbetreiber an den Kosten der Energiewende beteiligt werden. Die Abgabe orientiert sich an der aktuell geltenden EEG-Umlage zur Förderung der Erneuerbaren Energien (2015: 6,17 Cent pro Kilowattstunde). Ihre Höhe pro verbrauchte Kilowattstunde Solarstrom liegt bis Ende 2015 bei 30 Prozent, ab 2016 bei 35 Prozent und ab 2017 bei 40 Prozent der jeweils geltenden EEG-Umlage. 2015 müssen Betreiber somit knapp 2 Cent pro selbstverbrauchter Kilowattstunde an den Staat entrichten.

Speicher erhöhen den Eigenverbrauch – sind aber noch zu teuer

Wer eine höhere Eigenverbrauchsquote anstrebt, kann einen zusätzlichen Batteriespeicher an sein Dachkraftwerk koppeln. Der tagsüber gewonnene Strom wird dann gespeichert und steht abends zur Verfügung, wenn am meisten Energie benötigt wird. So lässt sich die Quote eines Haushalts auf mehr als 50 Prozent verdoppeln.

Allerdings sind Solarspeicher teuer. Zu einer 5-Kilowatt-Anlage passt eine Batterie mit 4 – 5 Kilowattstunden nutzbarer Kapazität. In der Produktdatenbank des pv magazine findet man ein entsprechendes Gerät mit 4,6 Kilowattstunden für rund 8.500 Euro. Nach Experten-Berechnungen beträgt die Rendite in diesem Fall mit Speicherförderung (**siehe Kasten: Solarförderung schrumpft**) bei angenommenen 2 Prozent Strompreiserhöhung insgesamt 3,2 Prozent. Sie liegt damit etwas niedriger als beim Eigenverbrauch ohne Batterie. Außerdem gilt das Beispiel nur für eine zwanzigjährige Lebensdauer des Akkus, die bisher nur wenige Geräte erreichen. So müssen viele Akkus, ebenso wie die Wechselrichter, zwischenzeitlich durch neue ersetzt werden.

Solarförderung schrumpft

Um die Solarförderung mit dem technischen Fortschritt der Photovoltaik in Einklang zu bringen, hat die Bundesregierung eine Degression bei der Einspeisevergütung für Solarstrom beschlossen. Die Vergütung sinkt hiernach monatlich um 1 Prozent, sofern sich der jährliche Zubau bundesweit in einem Korridor zwischen 2.400 und 2.600 Megawatt bewegt. Bei Abweichungen wird die Vergütungsdegression verlangsamt oder beschleunigt. Die Bundesnetzagentur legt die Kürzungen vierteljährlich neu fest. Für die Berechnung der Degression bilden die vorangegangenen zwölf Monate die Datengrundlage. Im Januar, Februar und März 2015 sinkt die Vergütung nur jeweils um 0,25 Prozent pro Monat, weil das Ausbauziel der Bundesregierung mit nur rund 2.000 Megawatt verfehlt wurde. Im Januar erhalten Betreiber von Dachanlagen bis 10 Kilowatt Leistung danach 12,56 Cent pro Kilowattstunde, im Februar sind es 12,53 Cent und im März 12,50 Cent. Staatliche Unterstützung erhalten auch Käufer eines zusätzlichen Batteriespeichers. Die Förderung beträgt pro Kilowatt Leistung der Solaranlage bis zu 660 Euro. Sie kann für Anlagen mit maximal 30 Kilowatt Leistung beantragt werden.

Weitere Informationen unter: **www.kfw.de**

Wer vorerst auf einen Speicher verzichten kann, sollte deshalb abwarten, bis die Technik langlebiger und günstiger geworden ist. Allzu viel Geduld dürfte nicht nötig sein, denn die Experten rechnen mit raschen Innovationen: Von 2015 bis 2030 sollen sich bei steigender Leistung und Haltbarkeit der Batterien die Kosten für den Speicherstrom von 15 Cent auf 5 Cent pro Kilowattstunde verringert haben.

Kriterien für die Wahl des richtigen Installateurs

Ist nach grober Abschätzung der Preise sowie der Wirtschaftlichkeit eine Entscheidung für eine Solaranlage gefallen, geht es an die konkrete Umsetzung des Vorhabens. Als erstes gilt es, den richtigen Installateur und das beste Angebot zu finden. Ein Vergleich mehrerer Offerten ist hier Pflicht. Ist ein Anbieter nach RAL-GZ 966 zertifiziert, spricht das schon einmal für ihn. In diesen technischen Lieferbedingungen der Gütegemeinschaft RAL sind die Herstellung hochwertiger Komponenten, die sachgerechte Konzeption und fachgerechte Ausführung sowie der Service und Betrieb von Solaranlagen genauestens geregelt (www.ralsolar.de).

Wichtig sind zudem Vollständigkeit und Übersichtlichkeit des Angebots: Dieses sollte neben einer genauen Auflistung aller Bauteile und deren Spezifikationen eine

Wirtschaftlichkeitsberechnung beinhalten, die auf den durchschnittlichen zehnjährigen Solarstrahlungsdaten des Deutschen Wetterdienstes für den exakten Standort beruht. Einfach die einfallende Sonnenenergie für die Region oder die nächste Großstadt als Basis nehmen, ist unlauter.

Checkliste Angebot des Installateurs

- Sind alle Bauteile aufgelistet?
- Liegt die Wirtschaftlichkeitsberechnung auf Basis dieser Bauteile vor?
- Werden die Strahlungsdaten des Deutschen Wetterdienstes verwendet?

Ein Blick in die Datenblätter der Solarmodule ist zu empfehlen

Auch die Leistungsgarantien für Module sind nicht immer das Papier wert, auf dem sie gedruckt sind. Zwar verwenden Installateure in der Regel computergestützte Simulationsprogramme, um Position und Auslegung der Anlage zu optimieren. Aber auch die zumeist mittelständischen Handwerker wissen nicht immer, welche Qualität die Module haben, die die Hersteller liefern. Technisch bedingt weicht die tatsächliche Leistung eines Moduls nicht selten vom angegebenen Herstellerwert nach oben oder unten ab.

Wer wissen will, wie gut seine Module arbeiten, sollte sich deren Datenblätter, die sogenannten Flasher-Protokolle, anschauen. Darin dokumentiert der Hersteller die in einem Solarsimulator direkt nach der Produktion gemessene Leistung. Doch Vorsicht: Ein unlauterer Trick ist es, die Leistung der kompletten Anlage schönzurechnen, indem von einzelnen guten Modulen auf die gesamte Lieferung hochgerechnet wird. Deshalb sollten alle Module geprüft werden, und es sollte eine Flasher-Liste bei der Lieferung vorhanden sein. Manche Anbieter werben mit sogenannten plussortierten Modulen, die vermeintlich besser arbeiten als bei der Nennleistung im Datenblatt angegeben. Einen Vergleich mit anderen Angeboten ersetzt ein solches Versprechen aber nicht.

Auch chinesische Module können gute Qualität haben

Im Gegenzug sollte die Wirtschaftlichkeitsberechnung auch den Leistungsverlust der Anlage einkalkulieren. Denn bei Solarzellen vermindert sich mit der Zeit der Wirkungsgrad. Das heißt, sie wandeln das Sonnenlicht von Jahr zu Jahr in weniger elektrischen Strom um. Dieser Degradation genannte Effekt tritt bei kristallinen Modulen auf, sobald sie der Sonne ausgesetzt sind. Das pv magazine geht hier von einem

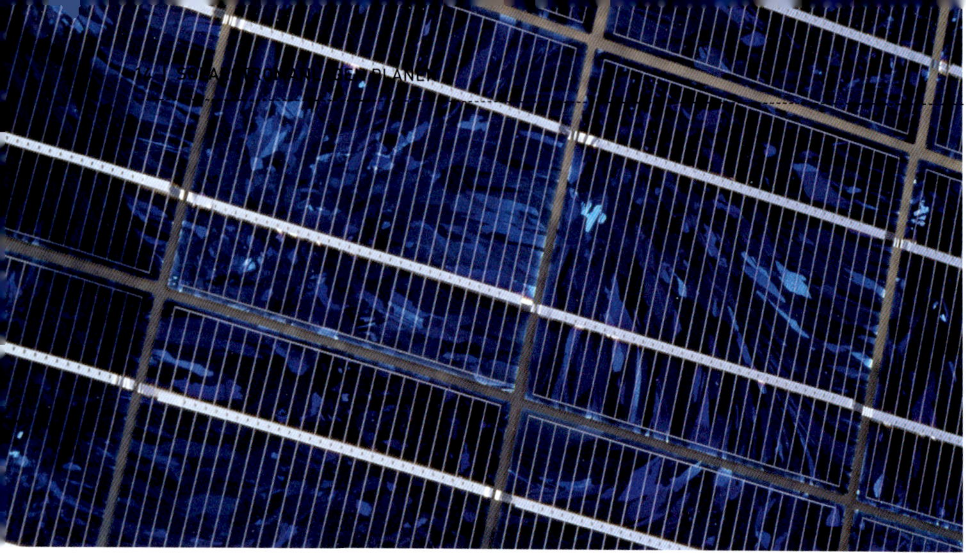

Wirkungsgradverlust von 0,8 Prozent pro Jahr aus. Bei Dünnschichtmodulen, deren Degradation langsamer verläuft, aber deutlich stärker ist, geben die Hersteller von vornherein eine Nennleistung an, die diesen Effekt berücksichtigt. Als Kunde sollte man deshalb in diesem Punkt genau nachfragen, um nicht nach Jahren mit einer leistungsschwachen Anlage zurückzubleiben.

Auch bei Solaranlagen kostet Qualität mehr als ein No-Name-Produkt. Vor allem aus China drängen nach wie vor unbekannte Marken auf den deutschen Markt. Abgesehen von den günstigen Preisen erhält man hier nicht immer die notwendigen Informationen zur Qualität; manche Module sind nicht einmal nach dem Mindeststandard zertifiziert. Das bedeutet jedoch nicht, dass Module aus China generell schlechter sind als solche aus deutscher, europäischer oder japanischer Produktion. Schließlich finden sich unter den zehn größten Modulherstellern mittlerweile etliche chinesische Unternehmen – und diese können sowohl hinsichtlich der Qualität als auch der Leistung mittlerweile mit der europäischen und japanischen Konkurrenz gut mithalten (**siehe Kasten: Module werden leistungsstärker**).

Vorsicht vor dem Kleingedruckten in den Garantien der Hersteller

Ganz genau prüfen sollte man die Garantieversprechen der Hersteller. Der erste Eindruck, dass der finanzielle Verlust durch qualitätsbedingten Ausfall eines Moduls eins zu eins ersetzt wird, täuscht nicht selten. Oft scheitert der Garantieanspruch schon an der Frage, wer überhaupt feststellen darf, dass die Module wirklich zu wenig Strom liefern. Die meisten Hersteller behalten es sich vor, selbst nachzumessen. Dafür muss das Modul aber in der Regel eingeschickt werden. Die Kosten für Demontage und Versand trägt in der Regel erst einmal der Kunde, auch wenn das Paket nach China gehen soll. Durch die rasant gefallenen Modulpreise übersteigen in solchen Fällen allein die Versandkosten häufig den Wert eines neuen Moduls. Völlig unterschiedlich

Foto: KfW

regeln zudem die Hersteller, wie sie den Anlagenbesitzer entschädigen: durch den Austausch der defekten Module, durch zusätzliche Module, deren Montage aber der Kunde bezahlt, oder durch einen Geldbetrag, der durch knifflige Berechnungsmethoden nicht selten viel zu gering ausfällt.

Intelligente Installation kann auch mit Schatten auf der Anlage umgehen

Die besten Komponenten nützen wenig, wenn bei der Installation geschludert wird. Aus Kostengründen werden schon einmal zu dünne Kabel und zu schwache Schrauben verwendet. Auch ein lose verlegtes und dann durch Wind- und Wettereinfluss durchgescheuertes Kabel kann zu erheblichen Problemen führen. Ausführliche Qualitätsrichtlinien für die Montage von Solaranlagen legt das Gütezeichen RAL-GZ 966 fest.

Eine wichtige Rolle bei der Modulmontage spielt auch eine mögliche Verschattung durch Dachaufbauten, Bäume, Strommasten oder Antennen. Bereits ein kleiner Lichtmangel wirkt wie ein Knick in einem Gartenschlauch und kann so einen Teil oder sogar die gesamte Anlage zeitweise lahmlegen. Ein Ausschlusskriterium ist das aber nicht. Denn mit einer intelligenten Verschaltung der Module und etwas Abstand zu Dachgauben und Antennen lässt sich selbst unter diesen Umständen aus-

Module werden leistungsstärker

Für die sinkende Solarförderung gibt es einen plausiblen Grund: Die Modulhersteller haben die zurückliegende Krise ihrer Branche genutzt, um kostensenkende Innovationen mit hohem Einsatz voranzutreiben. Chinesische Modulproduzenten sind die Vorreiter dieser Entwicklung. Die besten Unternehmen stellen mithilfe modernster Produktionsverfahren und innovativer Zellenkonzepte mittlerweile Siliziumzellen mit Wirkungsgraden von rund 20 Prozent her. Dies ermöglicht es ihnen, Module mit bis zu 300 Watt Leistung anzubieten. Zum Vergleich: 2013 lag der Leistungsdurchschnitt kristalliner Solarpaneele noch bei 250 Watt. Der Vorteil einer höheren Modulleistung besteht ganz einfach darin, dass auf gleicher Aufstellungsfläche mehr Solarstrom produziert werden kann. Nach dem Konkurs etlicher europäischer Firmen sind die Chinesen damit zu einer wichtigen Größe auf dem Solarmarkt geworden, sie sollten beim Kauf einer Solaranlage stets mit ins Kalkül gezogen werden.

reichend Strom ernten. Voraussetzung ist jedoch, dass der Installateur die technische und elektrische Auslegung sowie die Montage der Anlage an den jeweiligen Standort anpasst. Das gilt nicht zuletzt für den Wechselrichter. Nur wenn er zur Anlage passt, wandelt er den Gleichstrom der Solaranlage effizient in Netzstrom um. Der Installateur sollte hier die Kombination mit einem Simulationsprogramm überprüfen. Fertigpakete sind meist nur durch Zufall optimal zusammengestellt.

Auch Solarzellen kann es zu heiß werden

Ebenso wichtig ist eine gute Hinterlüftung der Module. Denn je heißer eine Solarzelle wird, desto weniger Strom liefert sie. 70 Grad Celsius sind bei voller Sonneneinstrahlung keine Seltenheit. Die Stromausbeute sinkt dadurch manchmal um bis zu 15 Prozent. Über der Dachoberfläche montierte oder frei aufgestellte Anlagen sind gegenüber den im Dach montierten Solarmodulen hier im Vorteil, da sie besser gekühlt werden. 5 Zentimeter Abstand zwischen Dachdeckung und Solarmodulen gelten als guter Richtwert. Einheitlich montierte Anlagen haben grundsätzlich einen höheren Ertrag als in vielen Einzelteilen montierte Solargeneratoren, bei denen sich die Anlagenteile unterschiedlich stark erwärmen und dadurch negativ beeinflussen. Gleichmäßige Dünnschichtzellen halten Hitze meist besser aus als Zellen aus mono- oder polykristallinem Silizium. Ausschlaggebend ist der sogenannte Temperaturkoeffizient: Je näher er bei null ist, umso besser.

Gleiche Module in Reihe schalten: Fleißarbeit beim Aufbau

Auch wer selbst bei der Montage mit anpackt, sollte darauf achten, dass ein geeignetes Gerüst mit Absturzsicherung zur Verfügung steht. Als Privatmann handelt man bei Eigenleistung zwar auf eigenes Risiko, sobald aber bezahlte Helfer vor Ort sind, ist die Einhaltung der betreffenden technischen Regeln für Betriebssicherheit vorgeschrieben. Diese sollte natürlich auch der Installateur kennen und dementsprechend handeln, weil gerade auf steilen Dächern die Absturzgefahr besonders groß ist. Maßgeblich sind hier die Vorschriften TRBS 2121-1 bis 3, die von der Bundesanstalt für Arbeitsschutz und Arbeitsmedizin (www.baua.de) in den jeweils aktuellsten Fassungen kostenlos veröffentlicht werden. Zwar hat auch Arbeitssicherheit ihren Preis, gerade sie zeichnet aber qualitätsorientierte Anbieter aus.

Auch für Laien leicht umzusetzen ist die Sortierung der Module nach ihrer Leistung. Der Sinn der Fleißarbeit, die sich bei Anlagen mit mehr als einem String – einer Reihe hintereinandergeschalteter Module – lohnt, ist offensichtlich: Je gleichmäßiger die in einer Reihe zusammengeschalteten Module arbeiten, desto höher ist die Leistung des Anlagenteils, da diese vom schwächsten Modul in der Reihe bestimmt wird. Notwendig hierfür ist die sogenannte Flasherliste.

Mit dem Flasher simuliert der Hersteller bei der Qualitätskontrolle die Sonneneinstrahlung und erhält so Auskunft über die Leistung des Moduls. Auf der Flasherliste stehen die Leistungsdaten aller Module einer Lieferung inklusive ihrer Seriennummern. Liegt die Liste elektronisch als Tabelle vor, ist die Sortierung mit wenigen Mausklicks erledigt, ansonsten muss mit Stift und Zettel gearbeitet werden. Anschließend werden die Module mit ähnlichen Leistungen anhand der Liste sortiert, analog zur Zahl der Strings in Gruppen eingeteilt und entsprechend auf dem Dach montiert und angeschlossen. Manche Hersteller bieten auch vorsortierte Module ab Werk an.

Wartung: gucken ja, putzen nein

Solarmodule sind zwar robust, Wind und Sturm oder ein Marder können jedoch einzelne Komponenten beschädigen und die Stromproduktion zum Erliegen bringen. Deshalb sollte man die Anlage alle paar Wochen in Augenschein nehmen und mehrmals in der Woche den Stromertrag kontrollieren. Das geht mit den Anzeigemodulen, die viele Anbieter in ihrem Programm haben, auch bequem vom Wohnzimmer aus. Viele Wechselrichter haben mittlerweile eine Fernanzeige- oder Fernwartungsmöglichkeit. Damit kann der Benutzer über das Internet oder per Mobilfunk die Leistungsdaten und den Betriebszustand der Anlage abfragen oder Fehlermeldungen empfangen. Eine komfortable Variante: Gute Installations- und Servicebetriebe übernehmen diese Aufgabe im Rahmen eines Wartungsauftrags.

Foto: Albrecht Handke

Installation einer Photovoltaikanlage auf dem Dach des Roten Rathauses Berlin.

Eine spezielle Reinigung der Module ist in den meisten Fällen nicht notwendig. Der Regen wäscht auch größere Schmutzpartikel irgendwann wieder ab. Eigenmächtig auf dem Dach oder gar auf der Anlage herumzuklettern, kann lebensgefährlich sein. Gleiches gilt selbstverständlich bei Schneefall. Allenfalls vom Boden aus kann man versuchen, den Schnee zum Abrutschen zu bringen. Steil geneigte Anlagen ohne Ecken und Kanten haben hier Vorteile.

Vermehrt registrierte Schadensfälle haben gezeigt, dass bei Solaranlagen nicht selten Fehler bei der Planung und der Installation auftreten. Der Bundesverband Solarwirtschaft (BSW) hat daher zusammen mit dem Zentralverband der Deutschen Elektro- und Informationstechnischen Handwerke einen Photovoltaik-Anlagenpass entwickelt, damit solche Fehler bei der Übergabe der Anlage an den Kunden zukünftig vermieden werden. In diesem Pass dokumentieren die Installateure bestimmte Kennzeichen der Anlage, wie installierte Leistung, Hersteller und Typ der Module sowie Gewährleistungszeiten. ■

Weitere Informationen unter: www.photovoltaik-anlagenpass.de

Foto: Paul Langrock / Agentur Zenit

Tipp: Helfer für eine erste Kalkulation

Einen guten Rechner für eine überschlägige Kalkulation mit den aktuellen Vergütungssätzen bietet die Energieagentur Nordrhein-Westfalen unter **www.energieagentur.nrw.de/solarrechner**

Scheune mit Photovoltaikanlage
auf dem Dach.

15 | BATTERIESYSTEME

Solarstrom für die Abendstunden puffern

Wer seine Photovoltaikanlage mit einem Batteriespeicher kombiniert, macht sich unabhängiger von Stromlieferungen. Doch gerade moderne Lithium-Ionen-Akkus sind noch teuer. Die Renditen sind daher eher ideeller Natur. Um bösen Überraschungen vorzubeugen, sollten Käufer bei Kauf und Aufstellung bestimmte Sicherheitsregeln befolgen. Eine Alternative ist das Elektroauto.

Speicher ja oder nein? Und wenn ja: welcher? Wer sich heute eine Photovoltaikanlage (PV-Anlage) anschafft, stößt früher oder später auf diese Fragen. Angesichts der gesunkenen Einspeisevergütung lohnt es sich, den erzeugten Strom selbst zu nutzen. Solarstrom lässt sich hierzulande derzeit für rund 12 Cent pro Kilowattstunde erzeugen. Haushaltsstrom aus der Steckdose kostet dagegen 26 – 28 Cent. Die Differenz spricht dafür, den Eigenverbrauch mit gespeichertem PV-Strom zu erhöhen. Der tagsüber gewonnene Strom steht dann in den Abendstunden zur Verfügung. Bis zu 60 Prozent Eigenverbrauchsquote sind mit PV-Speichersystemen machbar.

Schon über 15.000 Haushalte in Deutschland machen hiervon Gebrauch und koppeln sich so in steigendem Maße von Strompreisschwankungen ab. Weil jede Batterie einen Beitrag zur Netzstabilität leisten kann, fördert der Staat ihre Anschaffung (**siehe Kasten „Geld vom Staat"**). Denn Solarstrom schwankt und drängt vor allem mittags in die Stromnetze, während er nachts nicht zur Verfügung steht. Je mehr

Foto: KfW

Geld vom Staat

Wer seine Solaranlage mit einem Batteriespeicher ergänzen möchte, erhält dafür Unterstützung vom Staat. Im Mai 2012 startete das Marktanreizprogramm für Batteriespeicher, das über die KfW-Bank läuft. Die Förderung beträgt bis zu 660 Euro pro Kilowatt. Wie hoch die staatliche Unterstützung genau ausfällt, hängt von den Kosten des gewählten Batteriesystems und der Größe der Solaranlage ab. Die Förderung können Betreiber beantragen, deren Anlagen ab Januar 2013 installiert wurden und maximal 30 Kilowatt Leistung aufweisen. Zur Einordnung: Auf Ein- und Zweifamilienhäusern werden in der Regel Photovoltaikanlagen bis 10 Kilowatt Spitzenleistung angebracht. Wichtig: Die Förderung muss vor dem Kauf des Speichers beantragt werden. Informationen unter **www.kfw.de**.

Photovoltaikanlagen angeschlossen werden, desto stärker geraten daher Erzeugung und Verbrauch aus der Balance. Speicher puffern die überschüssige Energie, bis sie benötigt wird, und entlasten so die Netze.

Die Qual der Wahl

Doch welche Speicher sind geeignet? Hier stehen verschiedene Technologien bereit: vom kleinen Akku bis zur Batteriebank auf Basis von Blei, Nickel-Metall-Hydrid oder Lithium-Verbindungen. Alternativen sind die Wandlung des überschüssigen Stroms in Wärme und Warmwasser oder die Anschaffung eines Elektrofahrzeugs, das mit dem Strom vom eigenen Dach teuren Kraftstoff ersetzt.

Inzwischen bieten hierzulande viele Firmen kombinierte Systeme aus PV-Modulen und Batteriespeichern an. Meist setzen sie auf Lithium-Ionen-Akkus. Denn diese sind allen anderen marktüblichen Batterien hinsichtlich Energiedichte, Zyklenfestigkeit und Lebensdauer weit überlegen. Hersteller von Lithium-Ionen-Batterien versprechen 5.000 bis 7.000 Vollzyklen, ehe die Kapazität unter das kritische Maß von 80 Prozent des Neuzustands sinkt. Blei-Akkus bringen es dagegen auf 1.000 bis 3.000 Vollzyklen. Wobei die Herstellerangaben mit Vorsicht zu genießen sind: Denn gerade bei der jungen Lithium-Ionen-Technik sind einige Alterungsmechanismen noch unverstanden, und Angaben zur Lebensdauer basieren oft nur auf Simulationen. In Langzeittests an Forschungsinstituten zeigen Akkus trotz identischer Batteriechemie teils große Unterschiede in Performance und Alterungsverhalten. Batterie ist eben nicht gleich Batterie.

Foto: IBC Solar

Lithium noch teuer – über zwei Jahrzehnte Amortisation

Unterm Strich gilt jedoch, dass Lithium-Ionen-Speicher anderen Technologien klar überlegen sind. Allerdings hat die bessere Performance ihren Preis. Berechnungen des Fraunhofer-Instituts für Solare Energiesysteme (ISE) in Freiburg zeigen, dass die in Lithium-Ionen-Akkus gespeicherte Kilowattstunde Solarstrom aktuell ca. 35 Cent kostet, wovon die reinen Speicherkosten 20 Cent ausmachen. Trotz staatlicher Förderung lohnen sich Solarspeicher demnach nur in wenigen Fällen.

Dies wird aus folgender Beispielrechnung ersichtlich: Bei einem Eigenverbrauch von 60 Prozent fließen 40 Prozent des Solarstroms ins Netz, 20 – 25 Prozent werden direkt verbraucht. Der Speicher wird also im günstigsten Fall 40 Prozent des erzeugten PV-Stroms zwischenlagern – mit allen begleitenden Verlusten der Wandlung. Praktiker berichten, dass ein Speicher mit 5 Kilowattstunden Kapazität in unseren Breitengraden jährlich maximal 1.200 Kilowattstunden puffert. Würden diese eingespeist, ergäben sich dafür beim aktuellen Fördersatz für Neuanlagen 156 Euro Vergütung pro Jahr. Wenn der Strom stattdessen für 28 Cent je Kilowattstunde vom Stromversorger gekauft würde, beliefe sich die Rechnung auf 336 Euro. Durch den Verbrauch des selbst produzierten und gespeicherten Stroms lassen sich also 336

Der IBC SolStore Batteriespeicher 5.0 Li ist von den Abmessungen her etwa halb so groß wie eine Waschmaschine.

Euro sparen. Und auch wenn man die Möglichkeit gegenrechnet, den Strom nach dem Erneuerbare-Energien-Gesetz direkt ins Netz einzuspeisen, spart der Stromspeicher noch 180 Euro jährlich. Da die Anschaffung eines Lithium-Ionen-Speichers mit 5 Kilowattstunden Kapazität inklusive Nebenkosten kaum unter 5.000 Euro zu realisieren ist, dauert die Amortisation demzufolge 27 Jahre. Das ist viel länger, als ein solcher Akku selbst unter Idealbedingungen durchhalten kann. Noch ist die Rendite also eher ideeller Natur. Anwender können sich vom Strommarkt unabhängig machen und das gute Gefühl genießen, ihren Teil zu Klimaschutz und Energiewende beizutragen.

Experten erwarten sinkende Preise

Der Bundesverband Solarwirtschaft (BSW) erwartet, dass sich die Wirtschaftlichkeit der Speichersysteme deutlich verbessern wird. Schon jetzt sind die Preise im freien Fall. Laut Solarstromspeicher-Preismonitor des BSW sanken die Durchschnittspreise für Batteriespeicher zwischen dem ersten und dem zweiten Halbjahr 2014 um rund 25 Prozent. Während der Verband technischen Fortschritt und steigende Nachfrage für den Preisrutsch verantwortlich macht, führen Experten aus Batteriebranche und Automobilindustrie den Preisverfall auf massive weltweite Überkapazitäten der Hersteller zurück. Im Überlebenskampf gilt es für sie, ihre Fabriken auszulasten, und dafür nehmen sie auch Verlustgeschäfte in Kauf. Mancher Marktbeobachter erwartet aber, dass die Preise nach der anstehenden Konsolidierung wieder steigen werden.

Auf der anderen Seite reifen die Fertigungstechnologien. Und wenn die Elektromobilität wie erhofft Fahrt aufnimmt, könnten Skaleneffekte die Kosten im Zaum halten. So schätzt etwa der Auto-

Sonnenbatterie Ecomit Li 9.0 kWh.

Foto: Thorsten Jochim

Qualitätsnachweis für Speicher

Wie kann ein Batteriebetreiber sicher sein, dass sein Speicher störungsfrei läuft? Der PV-Speicherpass bietet hier eine Möglichkeit: Dieser Qualitätsnachweis schließt umfassende Sicherheitsanforderungen ein und verlangt vom Hersteller den Nachweis eines strengen Sicherheitskonzepts. Der Speicherpass kann unter **www.speicherpass.de** eingesehen werden und wird vom Errichter der Anlage beziehungsweise einer beim Netzbetreiber eingetragenen Elektrofachkraft als Serviceleistung für Verbraucher kostenlos ausgestellt. Der Speicherpass ist eine freiwillige Leistung des Installateurs. Unabhängig von seiner Ausstellung bestätigen viele Hersteller, dass ihre Speicher bei fachgerechter Installation die Sicherheitsanforderungen des Speicherpasses erfüllen. Der Speicherpass spiegelt folgende Grundsätze für die Einhaltung von Sicherheitsanforderungen und bezüglich des Stands der Technik wider:

- Selbst bei einem Fehler (zum Beispiel in der Schutztechnik) kann kein unsicherer Zustand auftreten – das Batteriespeichersystem ist eigensicher entsprechend der Definition des Speicherpasses.
- Durch die Einhaltung der allgemein anerkannten Regeln der Technik (Normen, Richtlinien, Verordnungen, Fachregeln) ist der sichere Betrieb des Batteriespeichersystems und der Batterie gewährleistet.
- Sicherheitsanforderungen an Hersteller und Errichter, die nicht durch Normen, Richtlinien, Verordnungen oder Fachregeln abgedeckt sind, werden entsprechend des Stands der Technik beschrieben (z. B. das abgestimmte Batteriemanagement von Zellen und System bei Lithiumsystemen).
- Das Sicherheitskonzept betrachtet organisatorische und technische Maßnahmen für alle nachstehenden Lebenszyklen: Lagerung, Transport und Handhabung, Aufstellungsort, Installation und Inbetriebnahme, Betrieb und Wartung, Instandsetzung und Entsorgung, Nachweis von Qualifikationen des Errichters.
- Die Dokumentation der Komponenten und des Systems ist vollständig. Details sind im Begleitdokument des Speicherpasses aufgeführt. Der BSW und der Zentralverband der Elektro- und Informationstechnischen Handwerke (ZVEH) bekennen sich zu den Qualitätskriterien des PV-Speicherpasses und empfehlen die Nutzung durch Installationsbetriebe.

Ohne Sicherheit keine Förderung

Verbraucherschützer, Banken und Versicherer fordern nach Berichten über Sicherheitsmängel bei Solarspeichern die Einhaltung von Sicherheitsstandards. Auch die Kreditanstalt für Wiederaufbau (KfW) pocht auf die Dokumentation der fachgerechten Installation und die Einhaltung des Sicherheitskonzepts, ehe Fördergelder fließen. Gefordert wird zudem eine Herstellererklärung über die Einhaltung aller üblichen Normen und Vorschriften. Und nur geschulte Fachkräfte dürfen Solarspeicher in Betrieb nehmen. Als klarer Indikator, wie ernst Anbieter das Thema Sicherheit nehmen, gilt die Einhaltung der Transportvorschriften gemäß UN-Norm 38.3: Erweckt bereits der Zustand der angelieferten Verpackung Zweifel und fehlen darüber hinaus vorschriftsgemäße Warnhinweise bezüglich des Inhalts, sind Installateure verpflichtet, von der Inbetriebnahme abzusehen. Tun sie es doch, verletzen sie laut KfW ihre Sorgfaltspflicht. Installateure bürgen also mit ihrer Unterschrift als Fachkraft für die Einhaltung der Norm.

Die KfW sieht den Markt für Solarspeicher im Aufwind. Neben den 4.000 geförderten Anlagen sind 2013 nach Branchenschätzungen weitere 4.000 nicht geförderte Akkus in Betrieb gegangen. Im Jahr 2014 dürfte die Zahl der Installationen auf bis zu 15.000 gestiegen sein.

Verbraucherschützer raten von Baukasten-Systemen mit Lithium-Ionen-Akkus zur Eigenmontage ab. Laien sollten sich beim Kauf unbedingt von Elektroinstallateuren beraten lassen und mit der Installation Fachbetriebe beauftragen. Diese sollten mit den einschlägigen Normen und Bauvorschriften vertraut sein. Der Bundesverband Solarwirtschaft (BSW) wirbt für den PV-Speicherpass (www.speicherpass.de) und den Sicherheitsleitfaden (http://bsw.li/1Et9aXi). Man stehe damit ein für die Umsetzung verbindlicher Qualitäts- und Sicherheitsstandards bei den Komponenten sowie bei der Errichtung und dem Betrieb von PV-Batteriespeichersystemen.

Der Gesamtverband der Deutschen Versicherungswirtschaft (GDV) hat eine Arbeitsgruppe eingerichtet, die sich mit dem Brandverhalten von Lithium-Batterien in Pedelecs, Handys und Akkuschraubern beschäftigt. Solarspeicher bilden in dieser Arbeitsgruppe nur einen Randaspekt. Bisher sind diese wie jedes andere „zugelassene Betriebsmittel“ über die Wohngebäudeversicherung abgedeckt – vergleichbar einer PV-Anlage. Wenn die Wertsteigerung des Gebäudes erheblich sei, ändere sich möglicherweise die Versicherungsprämie, heißt es beim GDV. Die Versicherer setzen dabei voraus, dass Kunden alle Vorschriften und anerkannten Regeln der Technik einhalten.

mobilhersteller Volkswagen, der mit Varta ein Batterie-Joint-Venture unterhält, dass die Batteriekosten vom heutigen Niveau ausgehend zukünftig um 25 – 30 Prozent sinken werden. Mehr sei jedoch nicht zu erwarten, da bereits zwei Drittel der Kosten auf das Material entfallen, das zudem durch die global steigende Nachfrage des Automobil-, Elektronik- und stationären Speichermarkts eher teurer als günstiger werde. Das Potenzial für Kostensenkungen ist demnach begrenzt. Alternative Technologien wie Lithium-Schwefel, Lithium-Luft oder Redox-Flow-Batterien – von denen des Öfteren in den Medien berichtet wird – sehen Marktkenner noch mindestens ein Jahrzehnt von der Marktreife entfernt. Aus diesem Blickwinkel betrachtet macht es also durchaus Sinn, schon mit der jetzigen Generation von Lithium-Ionen-Speichern einzusteigen.

Wege zur Wirtschaftlichkeit von Lithium-Ionen-Speichern

Damit sich Lithium-Ionen-Speicher bei den heutigen Preisen zumindest annähernd rechnen, kommt es auf eine möglichst hohe Ausnutzung ihrer Kapazität an. Momentan summieren sich die Kosten für Anschaffung, Installation, Wartung und Finanzierung üblicherweise auf ca. 1.000 Euro je Kilowattstunde Kapazität. Schafft die Batterie damit volle 4.000 Zyklen, liegen die Speicherkosten bei 25 Cent je Kilowattstunde. Schafft sie 7.000 Zyklen, sind es dagegen nur noch 14 Cent je Kilowattstunde. Ob dieser Wert mit heutigen Systemen zu realisieren ist, bleibt allerdings fraglich. Versuchsreihen am Karlsruher Institut für Technologie deuten darauf hin, dass Kunden sich auf eine kontinuierlich sinkende Speicherkapazität einstellen müssen, die je nach Qualität des Produkts nach 3.000 bis 5.000 Zyklen auf Werte unterhalb von 80 Prozent sinkt. Wie der Alterungsprozess danach weitergeht, ist unter Wissenschaftlern umstritten.

Aufstellungsort hat großen Einfluss auf Lebensdauer

Wichtig für eine lange Lebensdauer und das Erreichen möglichst vieler Zyklen sind die Rahmenbedingungen. Lithium-Ionen-Speicher sind empfindlich gegen Hitze und Kälte. Aufstellungsorte mit Temperaturschwankungen, etwa Dachböden oder unbeheizte Garagen, sind nicht zu empfehlen. Ideal sind Räume, in denen es ganzjährig 15 – 25 Grad Celsius warm ist. Diese dürfen weder durch Eintritt von Grundwasser noch durch Hochwasser gefährdet sein. Detaillierte Informationen sind im „AGI Arbeitsblatt J 31-1" zur bautechnischen Ausführung von Räumen für Batterien aufgeführt.

Auch steht und fällt die Lebensdauer mit der Entladetiefe. Allein durch Betriebsmodi, bei denen statt 60 Prozent nur 40 Prozent der Kapazität genutzt wurden, konnten VW-Forscher die Lebensdauer von Lithium-Ionen-Akkus um zwei Jahre verlängern. Für Käufer von Solarspeichern folgt: Speicher sollten nicht zu klein dimensioniert sein, um beim abendlichen Entladen nicht gänzlich geleert zu werden. Allerdings gilt es hier, die längere Lebensdauer und den Aufpreis für den größeren Speicher ins rechte Verhältnis zu setzen. Und aufgepasst: Kapazitätsangaben der Hersteller sind teils verwirrend. Käufer sollten vorher genau nachfragen, welcher Anteil der Gesamtkapazität tatsächlich nutzbar ist – und wie sich die Zahl der Zyklen bei nur teilweiser Entladung erhöht. Gerade bei günstigen Blei-Batterien zahlt sich eine großzügige Dimensionierung aus.

Sicherheit geht vor – Schutzräume sind geboten

Noch etwas ist bei der Aufstellung von Lithium-Ionen-Batterien zu beachten: Bei den Batterien handelt es sich um elektrochemische Reaktoren mit einem beachtlichem Energiepotenzial. Automobilhersteller von Tesla über General Motors bis Volkswagen berichten über Batteriebrände. Auch Flugzeuge und Häuser sind bereits durch defekte Lithium-Ionen-Speicher abgebrannt. Die Ursache können Verunreinigungen sein, die während der Fertigung in die Zellen gelangen. Auch variierende Schichtdicken der Aktivmaterialien auf den Elektroden, die zu lokaler Überhitzung im Betrieb der Zellen führen können, gelten als Gefahr. Und nicht zuletzt gibt es schleichende Alterungsprozesse, bei denen sich Lithium-Metall an den Elektroden ablagert und im ungünstigsten Fall den Separator zwischen Anode und Kathode beschädigt.

Solche Prozesse, die von außen nicht sichtbar sind, können interne Kurzschlüsse und in der Folge eine unkontrollierte chemische Prozesskette auslösen. Im schlimmsten Fall drohen schwere Explosionen und die Freisetzung großer Mengen giftiger Gase, die sich im Fall der Fälle keinesfalls im Haus verbreiten dürfen. Deshalb sollten Batterien unbedingt in Brandschutzräumen aufgestellt werden. Bei Neubauten sollten diese von Anfang an geplant werden. Bei der Modernisierung von Altbauten werden im Idealfall durch den Ersatz der Heizungsanlage Brandschutzräume frei. In einem Berliner Modellprojekt haben die Planer eines Plusenergiehauses den Solarspeicher mangels Brandschutzraum aus Sicherheitsgründen außerhalb des Hauses in einer eigens gebauten, isolierten und durch die Abwärme der Batterie beheizten Remise untergebracht.

Batteriebranche verständigt sich auf Sicherheitsregeln

Infolge von Medienberichten über schwere Sicherheitsmängel von Solarspeichern deutscher Anbieter, die bei Versuchen des Karlsruher Instituts für Technologie nach einfachen Betriebsfehlern in Flammen aufgingen, hat sich die Branche umgehend zusammengerauft und als Quasi-Standard einen Sicherheitsleitfaden verabschiedet. Dieser ist bei den beteiligten Verbänden erhältlich (u. a. BSW-Solar, Bundesverband

Energiespeicher, Deutsche Gesellschaft für Sonnenenergie). Gemeinsam mit dem TÜV Rheinland, dem Verband der Elektrotechnik, Elektronik und Informationstechnik (VDE) sowie weiteren Verbänden und Instituten wurden auf insgesamt 23 Seiten der Stand der Technik und klare Schutzziele für Zellen, ganze Batterien und Batteriesysteme vereinbart.

Dieses Regelwerk ist seit dem Zeitpunkt seiner Veröffentlichung im Herbst 2014 verbindlich – und wird nach Ansicht der Initiatoren dazu führen, dass unsichere Systeme schnell aus dem Markt verschwinden. Denn deren Anbieter können aufgrund der nun allgemein und kostenlos zugänglichen Dokumentation nicht mehr auf ihre Unkenntnis verweisen und haften daher für die Sicherheit. Ihre Produkte müssen mindestens die vereinbarten Schutzziele erfüllen, unter anderem sind im Design sowie im Managementsystem der Batterien Maßnahmen zu ergreifen, die den katastrophalen Folgen von Kurzschlüssen und Überladungen vorbeugen.

Betriebsstrategien zweifelhaft

Während die gröbsten Sicherheitsgefahren durch das schnelle Handeln der Verbände und Prüforganisationen gebannt scheinen, bleiben bezüglich der Betriebsstrategien für Solarspeicher einige Fragezeichen. In systematischen Tests marktüblicher Systeme hat das Karlsruher Institut für Technologie festgestellt, dass Solarspeicher in der Regel morgens laden und zur Mittagszeit, wenn der Stromüberschuss am größten ist, bereits voll sind.

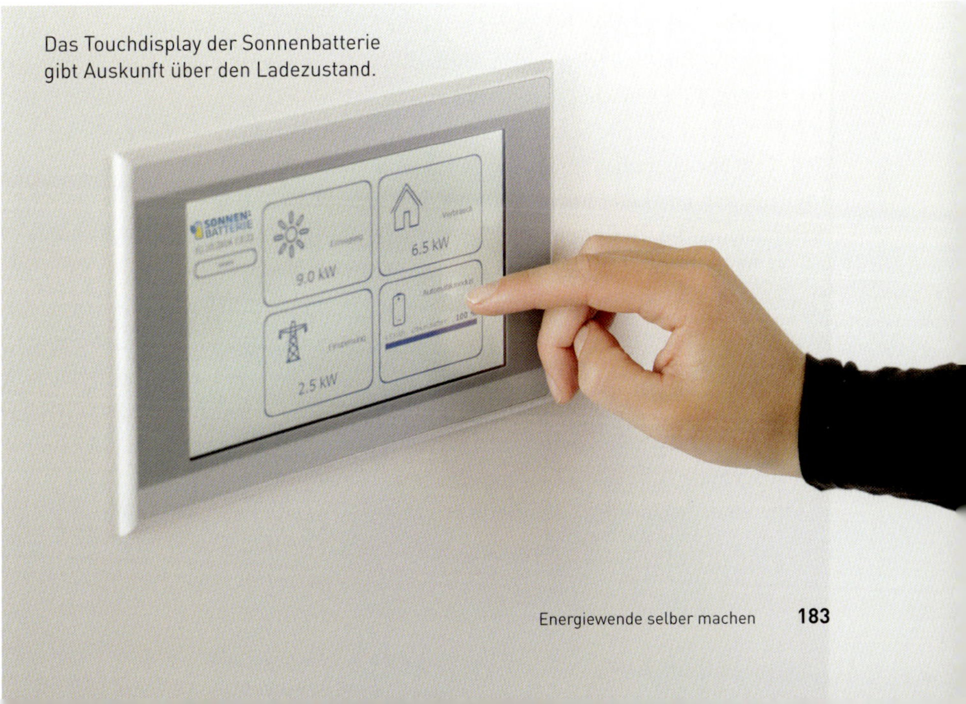

Das Touchdisplay der Sonnenbatterie gibt Auskunft über den Ladezustand.

Foto: Thorsten Jochim

Noch sei den Institutsmitarbeitern bei ihren Tests kein System untergekommen, das PV-Strom sinnvoll puffere. Das Gros der Systeme sei zeitgesteuert, ihre Regelungstechnik nicht flexibel genug, um die Ladung mit dem aktuellen Verbrauch und der aktuellen Stromerzeugung der PV-Anlage abzustimmen und jeweils nur überschüssigen Strom abzuschöpfen. Das habe zur Folge, dass die Batterien an sonnigen Tagen pünktlich zur Mittagszeit voll sind. Dem eigentlichen Grund der Förderung, dem Netzausgleich, läuft das jedoch zuwider. Denn statt der beabsichtigten Entlastung der Netze zur Mittagszeit kommt es mit den heutigen Systemen zum schlagartigen Anstieg der Solarstrom-Einspeisung, sobald die Speicher voll sind. Je mehr Speicher in Betrieb gehen, desto höher fällt die künstliche Mittagsspitze aus.

Ihren vollen Nutzen für die Energiewende werden die Batteriesysteme erst dann ausspielen, wenn es gelingt, in ihrer Betriebsstrategie drei variable Größen unter einen Hut zu bringen: die von der Witterung abhängige Stromproduktion, den jeweils nach Tageszeit und Wochentag schwankenden Verbrauch im Haushalt und die jeweils verfügbare Speicherkapazität, die je nach Entladung am Abend ebenfalls schwankt. Software, die das leistet, verursacht hohe Entwicklungskosten. Das ist ein Indiz dafür, dass sie wohl zunächst von größeren Markenherstellern in den Markt gebracht wird. Da diese auch mehr Geld in Sicherheit und Qualitätsmanagement investieren können, raten Marktbeobachter dringend davon ab, Billigprodukte zu erwerben. Angesichts des frühen Stadiums der Lithium-Ionen-Technologie gebe es ohnehin genug offene Fragen. Käufer sollten den Versprechen aller Anbieter daher mit einer gesunden Skepsis begegnen.

ALTERNATIVE I: Blei ist wirtschaftlich im Vorteil

Anbieter von Blei-Batterien bilden mittlerweile die Minderheit im Markt. Unter anderem setzt die Deutsche Energieversorgung aus Leipzig konsequent auf diese ausgereifte konventionelle Speichertechnik. Sie begründet dies mit den geringen Kosten. Ihre Speicher seien bisher die einzigen im Markt, die sich im Garantiezeitraum amortisieren. Die kombinierten Kosten aus Solaranlage und Blei-Akku veranschlagt der Hersteller mit 20 Cent pro Kilowattstunde, also deutlich günstiger als Haushaltsstrom. Möglich ist das, weil das Unternehmen sein Blei-Speichersystem „SENEC. Home G2“ mit 16 Kilowattstunden Speicherkapazität (8 Kilowattstunden davon nutzbar) ab 10.000 Euro inklusive Mehrwertsteuer anbietet und Kunden dazu 12 Jahre Garantie gewährt. Die Mindestlebensdauer beträgt laut Hersteller 13 Jahre, in denen das System 3.200 Be- und Entladezyklen bei 50 Prozent Entladetiefe erreicht. Damit kommt das vom Hersteller fernüberwachte System mit vollautomatischem Lademanagement beinahe an die Zyklenzahl der Lithium-Ionen-Technik heran.

Obendrein versprechen Blei-Batterien als reife Technik und aufgrund ihrer gerin-

Wichtige Links rund um Energiespeicher

- Eine stetig aktualisierte Marktübersicht mit aktuell 270 Speichersystemen auf Blei- und Lithium-Ionen-Basis liefert das pv magazine: **www.pv-magazine.de/marktuebersichten/batteriespeicher/produktdaten-2014/**

- Praktiker und Theoretiker liefern sich im Photovoltaikforum anregende Debatten, geben Tipps und tauschen Praxiserfahrungen aus. Wer sich mit der Anschaffung eines Speichers beschäftigt, kann sich hier vorab in den Rubriken „Speichersysteme OffGrid" **www.photovoltaikforum.com/speichersysteme-offgrid-f108/** und „OnGrid" **www.photovoltaikforum.com/speichersysteme-ongrid-netzparallel--f137/** informieren, um dem eingeschalteten Installateur gezielte Fragen zur Auslegung und technischen Umsetzung stellen zu können.

- Zum Einlesen dient auch die Website **http://die-sonne-speichern.de**, auf der sich zudem eine Datenbank mit Fachbetrieben befindet.

geren Reaktionsbereitschaft ein hohes Maß an Sicherheit. Allerdings muss die Entlüftung der Batterien gewährleistet sein, die ihre streng riechenden Säure-Ausdünstungen möglichst ins Freie abführt. Der Aufstellungsort sollte zudem trocken, frostfrei und ganzjährig 15 – 25 Grad Celsius warm sein. Je Blei-Batterie mit flüssigem Elektrolyt sollte zudem eine säurefeste Auffangvorrichtung für eventuell austretende Batteriesäure eingeplant werden. Und nicht zu vergessen: Blei-Batterien bringen in etwa 30 Kilogramm pro Kilowattstunde Kapazität auf die Waage. Vor dem Aufstellen ist daher die Tragfähigkeit des Untergrundes zu prüfen. Wer auf Nummer sicher gehen will, hält sich an die Normen und Bauvorschriften für Batterieräume, wie beispielsweise die EN 50272-2 oder die AGI J31-1.

ALTERNATIVE II: Zweites Leben für eBike-Speicher

Der Schweriner Energieversorger Wemag verfolgt einen anderen Weg, um Speicher erschwinglich zu machen. Er bestückt sein System „Reevolt" mit gebrauchten Lithium-Mangan-Akkus von Panasonic. Diese stammen aus eBikes und haben 80 Prozent Restkapazität. Das modulare System verbindet bis zu 16 Alt-Akkus und lässt sich je nach Bedarf auf 0,26 – 5,0 Kilowattstunden Kapazität auslegen. Um das Anschaffungsrisiko zu senken, kaufen Kunden einen Schrank samt Batteriemanagementsystem, der mit 6.000 Euro zu Buche schlägt. Die Gebraucht-Akkus vermietet Wemag.

Als Monatsgebühr für ein System mit 2,5 Kilowattstunden Kapazität fallen Kosten von 27,50 Euro an.

ALTERNATIVE III: Wärmepuffer statt Batterie

Gerade in gut isolierten Häusern kann es sinnvoll sein, überschüssigen Solarstrom zum Heizen oder zur Warmwasserbereitung zu nutzen. Mit Strom betriebene Flächenheizungen auf Infrarot-Basis sind mittlerweile sehr effizient. Und wo es ohnehin einen isolierten Wassertank als Pufferspeicher gibt, lässt sich Solarstrom über spezielle Tauchsieder (im Fachjargon Heizpatronen) in Wärme wandeln und so weit günstiger als in Batterien speichern.

ALTERNATIVE IV: Elektromobilität

Die Anschaffung eines Elektroautos kann eine sinnvolle Alternative zum stationären Solarspeicher sein – sofern es in den ertragsreichen Mittagsstunden regelmäßig am heimischen Ladekabel hängt. Denn so entfallen die baulichen Vorbereitungen und Fragen zu Sicherheit und Lebensdauer. Hier legen Automobilhersteller höchste Standards an. Des Weiteren haben Stromer in der Regel reichlich Batteriekapazität an Bord, um überschüssigen Sonnenstrom zu speichern. Da Elektromotoren den Strom weitaus effizienter in Antriebsleistung wandeln als Verbrennungsmotoren flüssige Kraftstoffe, reicht das Äquivalent von 1 Liter Benzin (12 Kilowattstunden) je nach Modell und Jahreszeit für 80 – 100 Kilometer Reichweite. Kommt der Strom aus der heimischen PV-Anlage, entstehen zudem keine gesundheitsschädlichen und klimawirksamen Emissionen.

Der e-up! von Volkswagen.

Foto: Paul-Langrock.de / Agentur Zenit

Schicker Solarspeicher: Tesla Model S.

Auch wirtschaftlich hat die Variante Elektromobilität gegenüber stationären Speichern Vorteile. Denn statt vergleichsweise billigen Haushaltsstrom substituiert der selbst erzeugte Solarstrom teuren Kraftstoff. Und obendrein sind Elektroautos von der Kraftfahrzeugsteuer befreit. Allerdings wirken sich die hohen Anschaffungskosten der Elektrofahrzeuge negativ auf die Gesamtkalkulation aus. So liegt etwa der Einstiegspreis des kleinen „Elektro-Smart“ bei knapp 19.000 Euro, wobei Käufer seinen Akku mit 15,1 Kilowattstunden Kapazität zudem gegen Gebühr mieten müssen. Das gleiche Geschäftsmodell verfolgt Renault. Der Kleinstwagen „Twizi“ mit 6,5 Kilowattstunden Batteriekapazität ist ab 6.990 Euro zuzüglich Batteriemiete zu haben, der „ZOE“ mit 22 Kilowattstunden für etwa 20.000 Euro. Günstigste Modelle inklusive Batterie sind der „Mitsubishi i-MiEV“ mit 16 Kilowattstunden Batteriekapazität ab 23.790 Euro und der „VW e-up!“ mit 18,7 Kilowattstunden für knapp 27.000 Euro. Marktführer hinsichtlich Reichweite und Batteriekapazität ist der „Tesla Model S 85“, der mit einer Ladung seiner 85-Kilowattstunden-Batterie immerhin 500 Kilometer fährt. Allerdings müssen Käufer hierfür auch fast 75.000 Euro bezahlen. Wer damit finanziell noch nicht ausgelastet ist, kann beim „Pionier Belectric Drive“ ein schlüsselfertiges Carport-Ladebox-System erwerben, an dem zwei Elektrofahrzeuge gleichzeitig laden können. Der Strom kommt aus einer auf dem Dach des Carports befindlichen PV-Anlage mit 4,9 Kilowatt Peak-Leistung. ■

Foto: Pressefoto Tesla

Sonnenstrom kann überall genutzt werden, z. B. zum Bügeln auf dem Campingplatz.

16 | SOLARANLAGEN AN DER STECKDOSE

Die Energiewende-Guerilla

Minisolaranlagen können auch Mieter auf dem **Balkon** oder im Vorgarten betreiben. Ihr Strom geht direkt in die **Steckdose**. Doch was in anderen europäischen Ländern längst üblich ist, verstößt in Deutschland gegen technische Normen.

„Es ist nicht komplizierter, als ein Ikea-Regal aufzubauen", erklärt Matthias Grütz von Minijoule. Die Firma stellt Plug-and-Play-Photovoltaikanlagen her: Die komplette Anlage kommt mit der Post. Dann muss der Kunde nur noch ein paar Schrauben drehen, den Stecker in eine heimische Steckdose stecken – fertig. Der selbst erzeugte Strom versorgt nun die Elektrogeräte im Haus. Der Stromzähler dreht sich langsamer oder steht still, die Stromrechnung sinkt. Guerilla-Photovoltaikanlagen sind eine kleine Rebellion gegen die großen Energieversorger. Die Waffen sind überschaubar: In der Regel besteht ein Set aus einem oder einigen wenigen Solarmodulen, einem Mikrowechselrichter, der Gleichstrom in Wechselstrom umrichtet, und auf Wunsch auch aus einem kleinen Batteriespeicher. Dazu kommt die Halterung, um die Anlage im Garten, auf dem Carport oder auf dem Balkon aufzustellen. Anschlussmöglichkeiten gibt es verschiedene, bei den Kunden am beliebtesten ist der einfache Schutzkontakt-Stecker, der in jede Haussteckdose passt.

Fotos: Loonen/Hollandse Hoogte/laif (li.) ACE Hardware (re.)

Scheitert die Revolution an der Feuerwehr?

Die Solarrevolution von unten hat allerdings einen Haken: Der Verband der Elektrotechnik, Elektronik und Informationstechnik e.V. (VDE) hat schon 2013 Sicherheitsbedenken angemeldet. Plug-and-Play-Solaranlagen verstoßen danach gegen die Sicherheitsnorm DIN VDE 0100-551. Dort ist geregelt, dass am Hausnetz generell keine elektrischen Erzeugungsanlagen angeschlossen werden dürfen. Dadurch soll zunächst sichergestellt werden, dass kein Strom mehr im Netz fließt, wenn die Hauptsicherung ausgeschaltet ist. Das ist in Notfällen wichtig, etwa bei einem Feuerwehreinsatz. Zudem begrenzen die Sicherungen am Hausanschluss die elektrische Ladung im Hausnetz. Bei Überlastung könnten Leitungen heiß werden und im schlimmsten Fall Brände auslösen.

Weil der Strom aus dem Steckeranschluss an dem Sicherheitsmechanismus vorbeifließt, wird möglicherweise auch die zugelassene Höchstspannung überschritten. Photovoltaikanlagen müssen daher gemäß den technischen Regeln grundsätzlich vor dem Versicherungskasten, also vor der Schnittstelle des Hausnetzes mit dem Versorgungsnetz angeschlossen werden. Ein weiterer Einwand gegen den Steckdosenanschluss findet sich in der Norm DIN VDE 0100-550: An einem Gerät, das Strom produziert, darf kein Stecker angebracht sein. Denn da die Kontaktstellen freiliegen, können bei unsachgemäßem Gebrauch spielende Kinder oder ahnungslose Besucher einen Schlag bekommen.

Die Solarguerilla wehrt sich gegen Sicherheitsbedenken

Matthias Grütz kann die Sicherheitsbedenken des VDE nicht nachvollziehen. Denn Minijoule vertreibt Plug-and-Play-Solaranlagen seit 2011 europaweit. Die Produktpalette reicht vom miniJOULE Single für 599 Euro mit nur einem Solarmodul und einer Leistung von 195 Wp bis hin zu Einspeisesets, in denen 18 Module zusammengeschaltet sind. Solche Anlagen haben einen Anschaffungspreis von 8.234 Euro und sind wie die meisten größeren Solaranlagen dafür gedacht, auch eine Einspeise-

Die Mini-Kraftwerke lassen sich mit wenigen Handgriffen im Garten aufstellen.

Fotos: MiniJoule

vergütung nach dem Erneuerbare-Energien-Gesetz (EEG) zu erhalten. „Die Anlage braucht die Spannung aus dem Hausnetz, damit überhaupt Strom auf dem Stecker ist", erklärt Grütz. Mit anderen Worten: Ist der Stromkreis ausgeschaltet, etwa bei einem Feuerwehreinsatz, oder ist der Stecker ausgesteckt, dann fließt kein Strom. Der Wechselrichter schaltet innerhalb von Millisekunden ab. Daher könne auch niemand versehentlich einen Schlag bekommen, sagt der Minisolar-Verkäufer.

Gegen die Gefahr einer möglichen Überlastung des Netzes führt Grütz ins Feld, dass das Hausnetz in der Regel mit 16 Ampere abgesichert ist, die Kabel aber auf 20 Ampere ausgelegt sind. Es gibt also einen Sicherheitspuffer von vier Ampere. Eine MiniJoule Duo mit zwei Modulen produziere allerdings maximal 1,8 Ampere, so Grütz. Bei neuerem Baubestand bestehe das Problem sowieso nicht: Außensteckdosen, an die die Module meistens angeschlossen werden, sind in der Regel einzeln abgesichert. Will ein Kunde mehr als drei MiniJoule-Module zusammenschalten, empfiehlt das Unternehmen allerdings, einen Fachmann hinzuzuziehen.

An einem Balkon montierte „Plug & Save"-Anlage.

Foto: Laudeley Betriebstechnik

Viele europäische Nachbarn erlauben Mini-Photovoltaik

„Die meisten Kunden wollen ihre Anlage mit dem Schuko-Stecker ans Netz anschließen", so Grütz. „Mini-Photovoltaikanlagen leben davon, dass sie so einfach einzurichten sind." Knapp 1.000 Anlagen hat Minijoule 2013 in Deutschland verkauft, für 2014 liegen die Prognosen ähnlich. Den größeren Absatz macht MiniJoule allerdings im Ausland. Denn in anderen europäischen Ländern ist der Umgang mit diesen Kleinst-Photovoltaikanlagen großzügiger: In der Schweiz und den Niederlanden dürfen bis zu 600 Wp genehmigungsfrei an die Steckdose, in Italien 1 kWp, und ab 2015 sind in Portugal 200 Wp erlaubt.

Auch in Deutschland arbeitet der VDE an einer Novelle der entsprechenden technischen Regeln. Der Verein will nach eigenen Angaben schnell eine Lösung finden, weil etliche Anlagen schon im Umlauf sind und der Markt wächst. VDE-Pressesprecher Walter Börmann sagt, dass die neue Norm alle relevanten Sicherheitsaspekte berücksichtigen werde, „damit steckerfertige Photovoltaikanlagen künftig auch hierzulande genehmigt werden können". Ganz so schnell wird es aber wohl doch nicht gehen: Mit einem Entwurf der neuen Richtlinie ist nicht vor 2016 zu rechnen. Und auch dann ist es fraglich, ob in Deutschland der einfache Anschluss mit dem Schuko-Stecker in die Haussteckdose zugelassen wird. So werden verschiedene Möglichkeiten diskutiert, wie etwa die Errichtung eines separaten Stromkreises für die zusätzliche Stromquelle. Ein Aufwand, der den Reiz der Guerilla-PV deutlich schmälern würde.

Plug-and-Play-Solaranlagen auf dem deutschen Markt (Auswahl)

Hersteller	miniJOULE	Solar-pac.de
Produkt (Beispiel)	 miniJOULE Duo (für Bodenstandort)	 solar-pac 250 Flachdach Plug&Play (für Flachdach)
PV-Nennleistung	390 Wp	250 Wp
Wechselrichter	AEconversion DuoWechselrichter INV 350-60 (mit integriertem NA-Schutz)	ReneSola Replus-250 (ENS integriert)
Preis	900,00 Euro inkl. Versand	549,00 Euro zzgl. Versand
Investition in Euro je Watt	2,30 Euro/W	2,20 Euro/W
Größe	320 x 81 x 55 cm	160 x 55 x 80 cm
Gesamtgewicht	54 kg	40 kg

Bis Deutschland rechtlich nachzieht, haftet der Betreiber im Schadensfall

Normen und andere „Regeln der Technik" haben keine Gesetzeskraft, und so macht man sich nicht strafbar, wenn man sie missachtet – so lange alles gutgeht. Doch im Schadensfall haben technische Regeln für Gerichte und Versicherungen den Stellenwert eines Sachverständigengutachtens. Vor allem wenn Personen zu Schaden kommen, etwa bei einem Brand, drohen ernsthafte Konsequenzen. Steht das Solarmodul nicht im Garten auf der Wiese, sondern soll beispielsweise am Balkon befestigt werden, so müssen auch baurechtliche Fragen geklärt werden. Je höher das Stockwerk, desto stärker zieht der Wind an der Halterung. Die Montage ist für Hobbyhandwerker nicht zu empfehlen.

Rechnet sich eine Plug-and-Play-Anlage überhaupt?

In der Regel gilt: Je größer die Anlage, desto besser das Preis-Leistungs-Verhältnis. Minijoule rechnet dagegen wie folgt: Ein Minijoule Duo – der Klassiker für den norma-

Solarfix	J&W Energie GmbH
	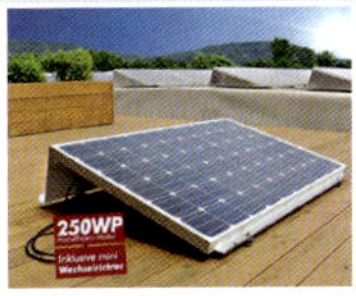
Solarfix plug&play duo 0,52 kWp (für Ziegeldach)	EasyPanel Junior (für Bodenstandort)
520 Wp	250 Wp
Enecsys SMI-D480W-60	- keine Angaben -
995,00 Euro zzgl. Versand	575,00 Euro zzgl. Versand
1,91 Euro/W	2,30 Euro/W
166,5 x 99,1 x 3,8 cm	166 x 114 x 35 cm
18 kg	26 kg

len Hausgebrauch – habe unter Standard-Testbedingungen eine Nennleistung von 390 Watt. Die Anlage soll 2015 für etwa 900 Euro angeboten werden, inklusive des für Deutschland empfohlenen Wechselrichters mit integriertem Netz- und Anlagenschutz.

In 20 Jahren erwirtschafte die Anlage 7.644 kWh. Bei einer großzügig angenommenen Strompreissteigerung von jährlich 3 Prozent ließen sich also 2.671 Euro in 20 Jahren einsparen. Danach hätte sich die Solarzelle nach etwa sechs bis sieben Jahren amortisiert und nach 20 Jahren bliebe eine Stromersparnis von 1.771 Euro übrig. Die Rechnung geht allerdings davon aus, dass die Solarzellen an einem guten Standort eingesetzt werden und auch ansonsten alles mehr als perfekt läuft. Eine Verzinsung des eingebrachten Kapitals wird nicht unterstellt, es fallen in der Beispielrechnung keine Wartungskosten an und der produzierte Strom wird zu 100 Prozent selbst genutzt. Aber selbst unter diesen völlig unrealistischen Bedingungen ist der Strompreis von 35 Cent je Kilowattstunde, den Minijoule hier gemittelt für die nächsten 20 Jahre unterstellt, viel zu hoch. Auch die renommierten Ökostromanbieter wie Greenpeace Energy, ews, Naturstrom und Lichtblick bieten derzeit ihren Kunden

Tarife um die 27 Cent je Kilowattstunde an. Zudem macht der Vergleich der Investitionskosten je Watt deutlich, wie es um die Amortisationschancen bestellt ist: Bei einer 5.000-Watt-Aufdachanlage muss man mit Kosten von etwa 1,90 Euro je Watt rechnen. Plug-and-Play-Solaranlagen bewegen sich in der Regel zwischen 2,20 und 2,30 Euro je Watt.

Bei einer Plug-and-Play-Anlage sollte die Wirtschaftlichkeit keine Rolle spielen

Eine realistische Wirtschaftlichkeitsberechnung muss demgegenüber berücksichtigen, wenn Zellen etwa nicht optimal ausgerichtet sind, weil sie nur senkrecht an eine Wand montiert werden können. Auch die Erzeugung von Strom und der Verbrauch fallen nicht zusammen: Wer mittags nicht zu Hause ist, kann den hohen Ertrag zum Mittag auch nicht nutzen. Das Fachmagazin Photon hat die Minisolaranlagen im Mai 2013 getestet. Unter normalen Bedingungen, so das Magazin, sei eine Ertragsausbeute von 80 Prozent schon ein sehr guter Wert. Dazu müsse man aber die Waschmaschine zur Mittagszeit laufen lassen. Wer sich in seinem Tagesablauf nicht nach der Solarzelle richten kann oder will, bei dem sinkt die Ertragsnutzung schnell auf 30 Prozent – und bei solchen Werten haben sich nach 20 Jahren noch nicht einmal die Anschaffungskosten amortisiert. Abhilfe könnten zusätzliche Batterien bieten, die allerdings auch den Anschaffungspreis erhöhen. Minijoule hält dagegen, dass WLAN-Router, Radiowecker, Kühlschrank und Stand-by-Geräte immer einen gewissen Stromverbrauch haben, und empfiehlt, die Kleinst-Solaranlage auf diesen Minimalverbrauch auszulegen. ■

Fazit

Bei einer Minisolaranlage ist man gut beraten, weniger auf einen Gewinn zu achten, als das gute Gefühl zu genießen, den Strom selber zu produzieren. Solange die Rechtslage jedoch nicht geklärt ist, ist Guerilla-Photovoltaik mit Vorsicht zu genießen. Wer eine Anlage installieren möchte, sollte in jedem Fall einen Fachmann hinzuziehen. Vor Ort kann dann ein Elektroinstallateur beurteilen, ob sich die Anlage sicher betreiben lässt.

Die Monte Rosa Hütte wurde zum 150-Jahre-Jubiläum der ETH Zürich als die „Berghütte der Zukunft“ erbaut.

Fotos: Siemens AG

17 | INSELSYSTEME

Strom für unabhängige Köpfe

In ländlichen Gebieten von Entwicklungsländern sind Inselsysteme oft die einzige Möglichkeit, Strom zu erzeugen und zu speichern. In Deutschland mit seinem dichten Stromnetz sind sie vor allem bei Campern sehr beliebt. Zudem bieten sie Betreibern von Photovoltaikanlagen eine Alternative zur umständlichen Einspeisung.

Über drei Gletscher schweift der Blick von der neuen Monte Rosa-Hütte über das gleichnamige Massiv und das Matterhorn. Die spektakuläre Hütte, deren Design an einen Bergkristall erinnert, liegt auf 2.883 Metern Höhe. Zu ihr führt keine Straße, eine Wasserleitung gibt es hier ebenso wenig wie einen Stromanschluss. 90 Prozent ihres Energiebedarfs – die Küche ausgenommen – deckt die Hütte selbst. Ihre Südseite ist mit Solarpaneelen belegt, sie erzeugen Strom und erhitzen das Wasser. Batterien speichern überschüssige Energie für die Nacht und für regnerische Tage. Reicht der Solarstrom einmal nicht aus, wird das mit Rapsöl betriebene Blockheizkraftwerk zugeschaltet. Das Konzept für die Versorgung der Hütte entwickelte der Schweizer Alpen-Club (SAC) gemeinsam mit der Eidgenössischen Technischen Hochschule (ETH) mit Sitz in Zürich. Die Hütte ist während der Saison fast immer ausgebucht.

Wie funktioniert das Paradebeispiel?

Die Versorgung der neuen Monte Rosa-Hütte ist ein Paradebeispiel für eine Insellösung: Wo der Anschluss zur nächsten Stromleitung weit ist, muss das Gebäude möglichst autark mit Energie versorgt werden. Experten sprechen von einer Offgrid- bzw. netzungebundenen Versorgung. Diese lässt sich mit ganz unterschiedlichen Energiequellen umsetzen: Die Stromquellen Sonne und Wind werden einzeln oder in Kombination betrieben und je nach Bedarf um ein Dieselaggregat oder – wie bei der Monte Rosa-Hütte – ein kleines Kraftwerk ergänzt. Je höher dabei der Anteil regenerativer Energien ist, desto besser.

Offgrid-Systeme sind in erster Linie aufgrund einer zu geringen Stromnetzdichte entstanden. Der Anspruch, mit ihnen die Energiewende voranzutreiben, stand nicht im Vordergrund. Dennoch bieten sich insbesondere hier regenerative Lösungen an: Da Insellösungen schon per definitionem nicht an die Netze der großen Betreiber angeschlossen sind, bleiben die Strom-Inseln von Atom- und Kohlestrom verschont.

Hat ein Hütten- oder Gartenhausbesitzer erst einmal entschieden, dass er Strom erzeugen möchte, stellt sich ihm kaum die Frage, ob sich ein Offgrid-System rechnet. „Die Wirtschaftlichkeit eines regenerativen Inselsystems ergibt sich einfach daraus, dass seine Anschaffungs- und Installationskosten viel niedriger sind als die Anschlusskosten an das Stromnetz,“ sagt Andreas Schäfer, Vertriebsleiter der Phaesun GmbH, die sich seit 2001 auf den Vertrieb, die Installation und den Kundendienst regenerativer Offgrid-Systeme spezialisiert hat. Das Unternehmen stellt aus marktverfügbaren Komponenten Offgrid-Systeme zusammen und liefert sie vor allem in Entwicklungsländern in Regionen, die bislang nicht an die Stromversorgung angeschlossen sind.

Insellösungen auch für Mitteleuropa

Auch im Herzen Europas bieten sich in bestimmten Fällen Insellösungen an. Denn 1 Meter Stromkabel zu verlegen, kostet den Stromversorger oder Hausbesitzer etwa 30 – 50 Euro. Wer in einer entlegenen Ecke ein Gehöft, ein Ferienhaus oder eine Berghütte betreibt, für den lohnt sich so ein Inselsystem daher schnell. Liegt der Hof oder das Haus nur 2 Kilometer von der nächsten Stromleitung entfernt, kostet der Netzanschluss bereits 60.000 – 100.000 Euro. Mit der gleichen Investition lässt sich eine Menge Solar- und/oder Windstrom erzeugen.

Inselsysteme können sogar mitten in der Stadt sinnvoll sein – dort, wo eigentlich ein Stromnetz vorhanden ist. Beispiele finden sich vor allem im öffentlichen Raum. So werden in vielen Städten Parkscheinautomaten über kleine Photovoltaikanlagen mit Strom versorgt. Da sie nur wenig Strom verbrauchen, ist eine Offgrid-Versorgung mit Solarstrom wesentlich günstiger, als zu jedem einzelnen Automaten ein Stromkabel zu legen.

Wind und Solar ergänzen sich gut – bei viel Sonne herrscht oft Flaute und umgekehrt.

Foto: Jens Meier

Ideale Kombination aus Erzeuger und Speicher

Inselsysteme bestehen grundsätzlich aus einem Stromerzeuger sowie einer Batterie zur Speicherung des Stroms, der im Moment der Erzeugung nicht gebraucht wird. Der Stromerzeuger kann ein Solarmodul sein, ein Kleinwindrad, aber auch ein Wasserrad oder ein Dieselmotor. Für das Laden und Entladen der Batterie wird eine Steuerungseinheit benötigt, ein sogenannter Laderegler. Sollen Geräte angeschlossen werden, die mit Wechselstrom laufen, ist außerdem ein Wechselrichter erforderlich.

„Noch vor zwei bis drei Jahren waren die Photovoltaikmodule die teuersten Komponenten von kleinen Offgrid-Anlagen – heute sind es die Batterien", sagt Andreas Schäfer. Das liegt vor allem daran, dass die Preise für die Solarmodule in den letzten Jahren immer weiter gesunken sind. Noch vor acht Jahren kostete 1 Watt Spitzenleistung den Endkunden bis zu 4 Euro. Heute sind es 1,00 – 1,20 Euro, mit leicht stei-

Solar- und Windkraftanlagen in Schleswig-Holstein.

gender Tendenz. Im Schnitt, so rechnet der Experte vor, macht das Solarmodul derzeit etwa 30 Prozent der Kosten für das Gesamtsystem aus. Etwa 50 Prozent entfallen auf die Batterie, die restlichen 20 Prozent auf Laderegler und Verkabelung.

Auch Komponenten mit zweifelhafter Qualität auf dem Markt

Die Komponenten, aus denen Inselsysteme bestehen, sind leicht zu beschaffen. Wechselrichter gibt es auf Ebay oder im Elektro-Kaufhaus. Auch kleine Windräder, PV-Anlagen und Batterien sind als Standardkomponenten problemlos zu erwerben. Allerdings warnt Schäfer davor, sich gleich auf die jeweils billigsten Komponenten zu stürzen: „Es bringt nichts, billig zu kaufen. Man zahlt die Anlage am Ende zweimal. Und leider ist auch viel Schrott auf dem Markt." Ein Laderegler von schlechter Qualität kann beispielsweise die Batterie auf Dauer beschädigen. Bei richtiger Auslegung der Anlage kann eine Batterie dagegen selbst bei ständigem Be- und Entladen acht bis zehn Jahre halten.

Foto: Jörg Böthling

Wenn Phaesun eine Anlage zusammenstelle, so setze die Firma auf etablierte europäische Marken, die hohe Standards erfüllten. „Obwohl einige Hersteller in ähnlicher Weise wie die Billigmarken in China produzieren, arbeiten sie doch mit einem deutlich besseren Qualitätsmanagement", ist Schäfer sicher. Betreiber, die ihre Anlage selbst planen, sollten zudem das Einmaleins der elektrischen Werte beherrschen und nicht etwa ein 20-Ampere-PV-Modul an einen 10-Ampere-Laderegler anschließen. Grundsätzlich ist es niemals ein Fehler, sich kompetente Beratung zu holen.

Die Planung: Wonach legt man ein System aus?

Der Markt für Inselsysteme ist in Deutschland derart klein, dass bislang noch keine Komplettpakete angeboten werden. Ohnehin empfehlen die Fachleute, jede Anlage individuell zu planen. „Sie sollten auf jeden Fall vom Stromverbraucher aus planen", sagt Schäfer. Will beispielsweise der Betreiber in seinem Ferienhaus nur das Licht mit Solarstrom betreiben, reicht eine kleine Inselanlage mit Gleichstrom völlig aus. Soll aber zusätzlich noch ein handelsüblicher Fernseher angeschlossen werden, benötigt er bereits Wechselstrom – und damit einen Wechselrichter. Von der Größe des Fernsehers hängen zudem der Stromverbrauch und damit die Größe von Solarpaneelen und Batterie ab.

Solare Insellösung mit netzunabhängiger Energieversorgung.

Die nächsten Fragen zielen auf den Autarkiegrad: Wie lange soll das System den benötigten Strom bereitstellen, ohne die Batterie zu belasten? Wann soll der Strom genutzt werden? Reicht es, wenn er saisonal zur Verfügung steht, oder wird er das ganze Jahr über benötigt? Soll die Versorgung nur tagsüber oder 24 Stunden am Tag gewährleistet sein? „Wenn ich den Strom ganzjährig nutzen will, muss ich die Anlage auf den ungünstigsten Tag im Dezember auslegen", betont Schäfer.

Sind diese grundsätzlichen Überlegungen getroffen, hängt die Auslegung von den äußeren Gegebenheiten ab: In welcher Region und an welchem konkreten Standort ist die Inselanlage geplant? Je nach Region unterscheiden sich Windaufkommen und Sonnenstunden. Einige Standorte sind dann schnell ausgeschlossen: An einem dauerhaft schattigen Platz hat eine Photovoltaikanlage wenig Sinn, ebenso wenig wie ein Windrad in einem windgeschützten Tal. Andere Standorte sind dagegen besonders gut geeignet: „In Skandinavien etwa gibt es viele Ferienhäuser, die nur von April bis Oktober genutzt werden", sagt Schäfer. „Im Sommer sind die Tage zudem lang und die Nächte kurz. Photovoltaik kann da ihre Stärken ausspielen. Im Winter kann man mit ihr nichts anfangen – aber da wird sie auch nicht benötigt."

Foto: SMA Solar Technology AG

Trend: Offgrid trotz Netzanschluss

„Wir beobachten, dass gerade ein neuer Anwendungsbereich an Bedeutung gewinnt. Wir nennen ihn offgrid connect", führt Schäfer aus. „Damit sind Offgrid-Anwendungen gemeint, bei denen eigentlich ein Stromnetz vorhanden ist, die Nutzer aber regenerativen Strom aus eigener Produktion bevorzugen." Ein Beispiel hierfür kann ein typisches Einfamilienhaus sein, dessen Besitzer sich eine PV-Anlage aufs Dach stellen. Denn den überschüssigen Strom nicht ins Netz einzuspeisen, kann durchaus Zeit, Geld und Nerven sparen. „Die Bereitstellung eines Stromanschlusses, mit dem ich einspeisen kann, zieht sich häufig hin", so Schäfer. „Diese Anschlüsse genießen bei einigen Versorgern nicht gerade oberste Priorität." Außerdem fallen Gebühren an, der Bauherr muss Genehmigungen einholen und für den eingespeisten Strom eine eigene Steuererklärung abgeben. Beim Inselsystem entfällt dieser Aufwand.

„Die Bereitstellung eines Stromanschlusses, mit dem ich einspeisen kann, zieht sich häufig hin.

Andreas Schäfer, Phaesun GmbH

Entscheidend bleibt auch bei einer solchen Konstruktion die richtige Auslegung der Anlage. Sie sollte so gewählt sein, dass sie nicht ständig sehr viel mehr Strom produziert, als verbraucht wird. Aber rechnen sich solche Offgrid-Connect-Anlagen? „Wir führen momentan Wirtschaftlichkeitsstudien durch, konkrete Aussagen können wir da noch nicht treffen", sagt Schäfer. Einen Nebeneffekt hat der Experte allerdings bereits beobachtet: Die Betreiber solcher Anlagen richten ihr Verhalten sehr bewusst aus: Viele von ihnen schalten große Stromverbraucher wie Waschmaschine oder Geschirrspüler hauptsächlich dann ein, wenn die Photovoltaikanlage den Strom gerade produziert – und nicht etwa in der Nacht. ■

Eine 10-kW-Kleinwindanlage auf einem landwirtschaftlichen Betrieb in Ostfriesland.

18 | KLEINWIND

Groß bauen – sonst bleibt der Gewinn ideell

Kleine Windenergieanlagen produzieren Strom und können dank moderner Tauchsieder gerade im Winter auch die Zentralheizung entlasten. Klingt gut, ist auch gut. Aber Vorsicht: Nur an sehr guten Standorten und mit zuverlässiger Anlagentechnik spielen Kleinwindanlagen ihre Anschaffungskosten wieder ein. Eine gute Planung spart Ärger und sichert zumindest den ideellen Gewinn.

Der Wind schickt keine Rechnung. Und wenn man vor dem Haus steht und der Herbst lässt seine Stürme los, dann ist das schon ein schöner Gedanke: Eine Kleinwindenergieanlage (KWEA) auf das Dach oder auf einen Mast im Garten montieren und die Stromversorgung in die eigene Hand nehmen. Lokal. Ohne Hochspannungstrassen. Ohne Zwischenhändler und Preiserhöhungen. Direkt vom Dach in den Herd, den Fernseher, Kühlschrank, Computer – oder umwandeln in heißes Wasser.

Gerade wenn die Kraft der Sonne im Herbst und Winter nachlässt, steigt die Windstromerzeugung und die Kleinwindräder können zur Wärmeversorgung beitragen. Überschüssiger Windstrom kann eine Art Tauchsieder – Fachleute sagen Heizpatrone – im Warmwasserspeicher versorgen und so die Schwächen der Solarthermie in der kalten Jahreszeit ausgleichen.

Foto: Jens Meier

Bleiben Sie realistisch!

Was im Prinzip sofort einleuchtet, ist in der Praxis aber kein Selbstläufer. Michael Heyde, Chef der Heyde Windtechnik im sächsischen Dippoldiswalde, müsste die Kleinwindrad-Euphorie eigentlich nach Kräften befeuern – schließlich verkauft er die Anlagen. Doch Heyde warnt vor überzogenen Erwartungen. Denn KWEA erreichen ihre sogenannte Nennleistung, die bei allen Modellen prominent angegeben ist, nur bei ungewöhnlich starkem Wind. Die Idee, energetische Autonomie herzustellen, ist im Binnenland in der Regel ebenso illusorisch wie die Hoffnung auf ökonomischen Gewinn. Das gilt umso mehr, je kleiner die Anlagen sind. Wenn es gut läuft, dauert die Amortisation in windhöffigen Gebieten an Küsten oder in unbewaldeten Berglagen ein Jahrzehnt, im Binnenland können es zwei Jahrzehnte und mehr werden. Heyde bremst, weil er nicht will, dass die Begeisterung in Frustration und Ärger umschlägt.

Zur Orientierung: Eine marktübliche 3,5-kW-Mikroanlage mit Mast, Umrichter und anderen Peripheriegeräten kostet rund 10.000 Euro. Das ist viel Geld, wenn die Investition am Ende nur Ärger macht. Und es macht auch sofort klar, warum Kleinwindräder sich meist nicht rechnen: Der Strom, den sie ins Netz einspeisen, wird über das Erneuerbare-Energien-Gesetz (EEG) mit 9 Cent vergütet. Das ist der gleiche Satz, den auch moderne Multimegawatt-Windräder bekommen. Allerdings liegt die Investition je installierter Kilowattstunde bei den Großanlagen etwa bei einem Drittel der Kleinwindräder, die sich auch noch näher am Boden drehen und so weniger Wind abbekommen.

KWEA-Typen

Mikrowindanlagen	< 5 kW
Miniwindanlagen	5 kW bis < 30 kW
Mittelwindanlagen	30 – 100 kW

Kriterien für die Standortwahl – das ist entscheidend

Bei Kundengesprächen unterzieht Heyde die geplanten Standorte zunächst einer Fernanalyse. „Ich schaue mir das Grundstück auf Google Earth an und ermittle zum Beispiel unter www.windfinder.de die groben Winddaten und vorherrschenden Windrichtungen“, berichtet er. „Windfinder“ ist eigentlich eine Internetseite für Surfer und Segler. Dort ist für tausende Orte in Deutschland angegeben, wie groß die Wahrscheinlichkeit ist, in jedem Monat des Jahres eine Windstärke größer 4 Beaufort zu erreichen: Die Windgeschwindigkeit liegt dann über 6 Meter pro Sekunde (m/s). An der Nordsee etwa liegt die Wahrscheinlichkeit für mehr als 4 Beaufort zwischen 30 Prozent im Sommer und 55 Prozent im Winter. An einer Messstation in Bonn sind es dagegen bloß 3 bis 12 Prozent. Schon diese grobe Standortanalyse zeigt häufig Ausschlusskriterien bezüglich der Windstärke. Und der Blick auf Google

Mehrere 1-kW-Kleinwindanlagen erzeugen auf dem EUREF-Gelände in Berlin seit 2011 Strom.

Foto: Paul Langrock / Agentur Zenit

Earth macht Windschatten von Gebäuden ausfindig sowie Bäume und Hügel in der Hauptwindrichtung oder auch bauliche Probleme: zu wenig Platz etwa, um den Mast abzuspannen, oder nicht einzuhaltende Mindestabstände zu Nachbargrundstücken.

Windschatten sind gerade in Wohngebieten an der Tagesordnung. Experten sprechen von der Bodenrauigkeit, die den Wind bremst und Turbulenzen verursacht. Das kostet Energie, die dann nicht am Rotor ankommt. Neben der Bodenrauigkeit sind die regionalen Windgeschwindigkeiten ausschlaggebend. Das Gros der KWEA im Markt läuft erst bei Windgeschwindigkeiten von 2,5 bis 3 m/s an. Ihre in Prospekten beworbene Nennleistung erreichen die meisten Anlagen erst deutlich über 10 m/s, also ab einer Beaufort-Windstärke 6. Gleichzeitig steigt die Energie im Wind mit der dritten Potenz der Geschwindigkeit. Bei 9 m/s liegt die nutzbare Energie also 27-mal so hoch wie bei 3 m/s. Dass der Ertrag mit der dritten Potenz der Windgeschwindigkeit steigt, hat drastische Folgen: Ein Windrad an einem Standort mit einer durchschnittlichen Windgeschwindigkeit von 4 m/s liefert nur halb so viel Strom im Jahr wie ein Windrad, das sich an einem 5-m/s-Standort dreht.

Physikalische Gesetze und technische Verluste senken die rein theoretisch mögliche Energieumwandlung durch ein Windrad auf 59 Prozent der anströmenden Energie. Und auch das nur bei modernen Megawatt-Anlagen. Die meisten KWEA im Markt setzen eher 20 bis 30 Prozent der anströmenden Windenergie in Strom um.

Die durchschnittliche Windgeschwindigkeit sollte bei 3 m/s liegen

Als Faustformel gilt: Liegt die durchschnittliche Windgeschwindigkeit an einem Standort unterhalb der Anlaufgeschwindigkeit der Anlage, wird sich die Investition kaum auszahlen (auch die durchschnittlichen Windgeschwindigkeiten lassen sich kostenlos auf www.windfinder.de recherchieren). Die bei vielen Anlagen üblichen Anlaufgeschwindigkeiten von 3 m/s entsprechen etwa 6 bis 7 Knoten oder einer Beaufort-Windstärke 3. Um die Faustformel überhaupt anwenden zu können, brauchen Kleinwindanlagen-Betreiber in spe weitere Informationen zu den Windgeschwindigkeiten an ihrem Standort – und das nach Möglichkeit auf der geplanten Nabenhöhe.

Weil diese Informationen in den seltensten Fällen verfügbar sind und auch von Webseiten wie „Windfinder“ nicht geliefert werden können, helfen nur eigene Messreihen per Anemometer und Datenlogger. Je systematischer und ausführlicher im Vorfeld gemessen wird, desto wahrscheinlicher ist es, den besten Standort auf dem eigenen Grundstück zu finden. Dass man nicht auf grob aufgelöste Daten aus Windatlanten und Winddatenbanken setzen sollte, hat eine britische Studie eindrucksvoll belegt. Dort lagen die real gemessenen Windgeschwindigkeiten oftmals mehr als 40 Prozent unter den Werten der Winddatenbanken. Die Konsequenz: Die Stromproduktion blieb vielerorts um den Faktor 15 bis 17 hinter den aus regionalen Winddaten hergeleiteten Erträgen zurück.

Ohnehin ist bei den größeren Mini- und Mittelwindanlagen eher ein wirtschaftlicher Betrieb zu erwarten als bei Mikrowindanlagen. Das gilt erst recht, wo der Mast der Anlage nicht höher als 10 Meter sein darf. Experten wie der Bremer Professor Horst Crome, der seit 30 Jahren im Bereich KWEA forscht und entwickelt, raten generell von derart niedrigen Anlagen ab: 15 bis 20 Meter Masthöhe seien bis auf wenige Ausnahmen das Minimum für eine effiziente Stromproduktion, sagt Crome.

Wann ist eine Kleinwindanlage wirtschaftlich?

Bereits im Jahr 2010 hat der Bundesverband WindEnergie e.V. (BWE) eine Studie in Auftrag gegeben, die ein wirtschaftlich auskömmliches Niveau für eine Einspeisevergütung für Kleinwindanlagen aufzeigen sollte. Die Einspeisevergütung wurde vom Gesetzgeber zwar nicht eingeführt. Die nachfolgende Grafik zeigt aber deutlich, dass KWEA bis 30 kW aus Sicht der Experten nur dann wirtschaftlich sind, wenn man einen Strompreis von 20 bis 25 Cent je kWh bei Mikrowindanlagen zugrunde legt. Wenn die Kleinwindanlage also Haushaltsstrom liefern soll (in diesem Buch auch mit 28 Cent je kWh und 2 – 3 Prozent Anstieg kalkuliert), müssen zwei Randbedingungen gegeben sein, damit der Betrieb wirtschaftlich wird: Der Standort benötigt reichlich Wind und der Strom muss ganz überwiegend im Haushalt abgenommen werden. Das wird aber nur bei wenigen Ausnahmen der Fall sein.

Übersicht: Vorschlag einer möglichen KWEA-Vergütung abhängig von der Nennleistung

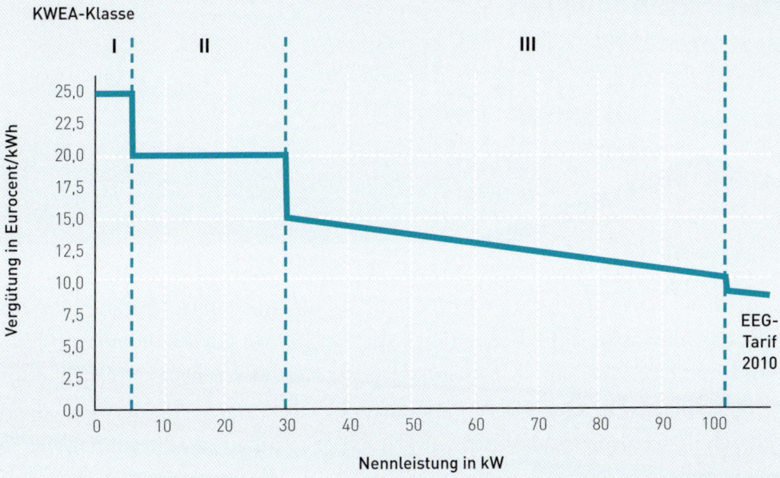

Wirtschaftlichkeit von Kleinwindanlagen: 2010 hat der Bundesverband Wind-Energie e.V. (BWE) eine Studie beauftragt, die ein wirtschaftlich auskömmliches Niveau für eine Einspeisevergütung für Kleinwindanlagen aufzeigen sollte. Die Einspeisevergütung wurde vom Gesetzgeber zwar nicht eingeführt. Die Grafik oben zeigt aber deutlich, dass Kleinwindanlagen bis 30 kW aus Sicht der Experten nur dann wirtschaftlich sind, wenn man einen Strompreis von 20 beziehungsweise 25 Cent je kWh bei Mikrowindanlagen zugrunde legt. Wenn die Kleinwindanlage also Haushaltsstrom (rund 22 Cent je kWh) ersetzt, müssen zwei Randbedingungen gegeben sein, damit der Betrieb wirtschaftlich wird: ein windreicher Standort und der Strom muss wirklich vollständig im Haushalt abgenommen werden.

Quelle: „Wirtschaftlichkeit: Wie steht´s mit den Renditen?", BWE Marktübersicht spezial, Kleinwindanlagen, 2011

Kleinwindanlagen an einem temporären Gebäude im Zentrum von Rotterdam.

Nicht die Fehler anderer Kleinwindmüller wiederholen

Heißt das nun, man sollte lieber gleich die Finger von Kleinwindanlagen lassen? Nein, keinesfalls. Aber eine Kleinwindanlage ist viel aufwendiger zu planen als etwa eine Solaranlage: Die Qualität des Standortes ist schwieriger zu bestimmen, die Anlagentechnik weniger standardisiert, und auch der Aufbau ist arbeitsintensiver. Wer lange Freude an seiner Anlage haben will, muss gründlich planen. Hier einige wichtige Tipps:

- Wer sich im Vorfeld nicht die Zeit für eigene Windmessungen nimmt und stattdessen auf grob aufgelöste Winddaten setzt, wird vom Windertrag enttäuscht sein.
- Es ist ratsam, sich von den Herstellern einige Kunden vermitteln zu lassen, die bereits Erfahrungen mit infrage kommenden Anlagen gemacht haben.
- Wer über die Montage einer KWEA auf dem Dach nachdenkt, sollte in Foren wie www.kleinwindanlagen.de nachlesen, welche Maßnahmen gegen brummende Generatoren, pfeifende Flügel und Schwingungen helfen, die sich mitunter auf Mauerwerk und Dachgebälk übertragen.

Größere Anlagen versprechen größere Sicherheit und mehr Erfolg

Je größer und teurer die Anlagen werden, desto besser informieren sich die meisten Kleinwindmüller vor einem Kauf und bereiten sich entsprechend vor. Fachleute unterscheiden drei Klassen von KWEA: Mikrowindanlagen bis 5 kW Nennleistung, Miniwindanlagen von 5 kW bis 30 kW sowie Mittelwindanlagen im Leistungsbereich zwischen 30 kW und 100 kW.

Die gute Nachricht: Wer auf seinem Grundstück Platz für eine größere freistehende Anlage hat, kann durchaus auf Deckung eines Großteils seines Eigenstrombedarfs

Fotos: Jan Oelker

und sogar auf kostendeckenden Betrieb hoffen. Vorausgesetzt, die Windverhältnisse stimmen und die Behörden spielen mit.

Genug der mahnenden Worte – jetzt wird geplant

Schon zum Zeitpunkt der Messungen empfiehlt es sich, die behördliche Genehmigung in die Wege zu leiten. Denn hier warten zuweilen böse Überraschungen. Soll die Anlage über 10 Meter hoch sein – was wegen der Turbulenz-Problematik und der mit zunehmender Höhe steigenden Windgeschwindigkeiten ratsam ist –, braucht man in Deutschland generell eine Baugenehmigung. Daneben sind weitere Genehmigungen und Erlaubnisse einzuholen, wobei die Bauaufsichtsbehörden in der Regel von sich aus Fachbehörden hinzuziehen, etwa die unteren Immissions-, Natur-, Umwelt- und Denkmalschutzbehörden oder auch Luftverkehrsbehörden.

Wie dem auch sei: Es lohnt sich, frühzeitig mit den Behörden vor Ort in Kontakt zu treten, um zu erfahren, welche Auflagen ortsüblich sind und wie das jeweilige Amt mit Kleinwindrädern umgeht.

In manchen Bundesländern sind KWEA auch unter 10 Metern Höhe genehmigungspflichtig (**siehe Tabelle „Genehmigungsregelungen der Bundesländer“**), wobei teils die Nabenhöhe, teils aber auch die Gesamthöhe inklusive Rotor gemeint ist. Auch in Ländern, die keine Baugenehmigung einfordern, sind Kleinwindmüller nach gängiger Rechtsauffassung durch Paragraf 17 Absatz 3 des Bundesnaturschutzgesetzes dazu verpflichtet, die Genehmigung ihrer Anlage schriftlich bei der unteren Naturschutzbehörde zu beantragen. Vielerorts wird es aber geduldet, dass sich Betreiber diesen Antrag sparen und KWEA bis 10 Meter Höhe einfach aufstellen. Sie haben als Betreiber dann aber keine Rechtssicherheit: Die behördliche Anordnung zur Demontage kann jederzeit im Briefkasten liegen – erst recht, wenn genervte Nachbarn Anzeige erstatten. Auch solchen Unwägbarkeiten können Sie mit dem zeitigen Gang zum Amt aus dem Wege gehen.

Der Aufbau einer Kleinwindanlage geht auch ohne Kran.

Genehmigungsregelungen der Bundesländer

Die wichtigsten Vorschriften des Landesbauordnungsrechts für Kleinwindanlagen

	Verfahrensfreistellung	Genehmigungsfreistellung
Musterbauordnung	§ 61 I Nr. 2 c) Anl. techn. Geb. ausrüstg (AnteG)	§ 62 I [B] d), [C] d), [D] c), [E] c), [F] c)
Baden-Württemberg	§ 50 I i.V.m. Nr. 3 d) Anhang (bis 10 m H)	§ 51 I Nr. 4 Nebenanlagen
Bayern	Art. 57 I Nr. 3 b) (bis 10 m H)	Art. 58 I und II
Berlin	§ 62 Abs. 1 Nr. 2 c) (AnteG)	§ 63
Brandenburg	-	- (§ 55 nicht für KWEA nutzbar)
Bremen	§ 61 I Nr. 2 d) (AnteG)	§ 62 I c) Nebenanlagen
Hamburg	§ 60 i.V.m. I 2.3 Anhang (AnteG)	-
Hessen	-	§ 56 I 1, II Regelbebauung im B-Plan, z.B. Nebenanlagen nach § 14 I
Mecklenburg-Vorpommern	§ 61 Abs. 1 Nr. 2 c) (AnteG)	§ 62 I Nr. 3 Nebenanlagen
Niedersachsen	- (§ 60 I i.V.m. Anhang nicht für KWEA nutzbar)	§ 62 I Nr. 4 Nebenanlagen
Nordrhein-Westfalen	-	§ 65 II Nr. 4 (KWEA bis 10m AnlagengesamtH in reinen, allg., bes. Wohngeb. und Mischgeb.)
Rheinland-Pfalz	-	- (§ 62 nicht für KWEA nutzbar)
Saarland	§ 61 I Nr. 3c (bis 10 m H, H = höchster Punkt)	§ 63 I 1 Nr. 3 Nebenanlagen
Sachsen	§ 61 Abs. 1 Nr. 3 c) (H = höchster Punkt)	§ 62
Sachsen-Anhalt	§ 60 I Nr. 4 f) Außenbereich (bis 10 m H, H = Nabenh.) § 60 I Nr. 2 c) (AnteG)	§ 61 I Nr. 4 Nebenanlagen
Schleswig-Holstein	- (§ 63 I Nr. 2 d) für KWEA nicht nutzbar)	§ 68 I 1 Nr. 3 Nebenanlagen
Thüringen	§ 63 Abs. 1 Nr. 2a c) (bis 10 m H, H = höchster Punkt; außer in reinen Wohngeb. u. Außenber.)	§ 63a I Nr. 4 Nebenanlagen

Vereinfachtes Genehmigungsverfahren	Genehmigungsanspruch und -verfahren	Abstandsfläche
§ 63 [B] d), [C] d), [D] c), [E] c), [F] c)	§§ 72 I, 64	§ 6 V 1 (0,4 H)
§ 52	§ 58 I 1	§ 5 V Nr. 3, VII Nr. 1 (0,4 H, H = Nabenhöhe)
Art. 59	Art. 68 I, 60	Art. 6 V 1 u. 2 (1 H, bzw. 0,5 H)
§ 64	§§ 71 I 1, 65	§ 6 V (0,4 H)
§ 57 I Nebenanlagen	§§ 67 I, 56 (Konzentrationswirkung)	§ 6 V (0,5 bzw. 0,4 bzw. 0,25 H)
§ 63 1 c) Nebenanlagen	§§ 72 I 1, 64	§ 6 V (0,4 bzw. 0,2 H)
§ 61 I Nr. 1 u. 2 Nebenanlagen	§§ 72 I 1, 62 (Konzentrationswirkung)	§ 6 V (0,4 bzw. 0,2 bzw. 0,25 H)
§ 57	§§ 64 I, 58	§ 6 V (0,4 bzw. 0,2 H)
§ 63 I c) Nebenanlagen	§§ 72 I, 64	§ 6 V (0,4 bzw. 0,2 H)
§ 63	§§ 70 I 1, 64	§ 5 II (0,5 bzw. 0,25 H)
§ 68	§ 75 I 1	§ 6 X 3,4,5 (0,5 H vom Mittelpunkt des Masts, H = Mast + Rotorradius)
§ 66 I 1 Nebenanlagen	§§ 70 I 1, 61	§ 8 VI 1 (0,4 bzw. 0,25 H)
§ 64 I 1 Nr. 3 Nebenanlagen	§§ 73 I 1, 65	§ 7 V 1, 3, VII 3, 4 (0,25–0,4 H vom Mittelpunkt des Masts, H = Mast + Rotorradius)
§ 63	§§ 72 I, 64	§ 6 V 1, 2 (0,4 bzw. 0,2 H)
§ 62 1 Nr. 4 Nebenanlagen	§§ 71 I, 63	§ 6 VII (1 H vom Mittelpunkt des Masts, H = Mast + Rotorradius)
§ 69	§§ 73 I 1, 62	§ 6 V 1, 2 (0,4 bzw. 0,2 H)
§ 63b I Nr. 4 Nebenanlagen	§§ 70 I, 62, 63c	§ 6 V 1, 2 (0,4 bzw. 0,2 H)

Quelle: Phillip Fest, in: „BWE Marktübersicht Spezial – Kleinwindanlagen", 2013

Gute Anlagen erkennt man am Siegel – oder am guten Ruf bei Experten

Unter den Anbietern von Kleinwindanlagen gab es lange Zeit viele schwarze Schafe, die mit falschen Versprechungen und überhöhten Leistungsangaben für ihre Anlagen warben.

Interessierte sollten sich daher vor dem Kauf einer KWEA die Zeit nehmen, den Markt genau zu sondieren. Zertifikate wie das **Microgeneration Certifikation Scheme** (MCS) oder die **IEC-Standards 61400-2** für Kleinwindanlagen und die Leistungsmessung nach **IEC 61400-12** sind eine gute erste Orientierung. Laut MCS-Datenbank (www.microgenerationcertification.org) wurden bis Anfang 2015 rund 40 Turbinen zertifiziert.

Kleinwindanlage in Larrelt, Ostfriesland.

Für dieses Buch haben wir darüber hinaus verschiedene Experten gebeten, uns ihre persönlichen Tipps für gute Anlagen zu verraten: Die Fachleute der Keywind GmbH in Berlin, (Windenergie-) Professor Jochen Twele von der Hochschule für Technik in Berlin und der renommierte Experte Uwe Hallenga haben für dieses Buch ihre Favoriten aus einer Liste von 140 Anlagen ausgewählt (siehe Seite 332). Die Gesamtliste ist abgedruckt in der Publikation „BWE Marktübersicht Spezial – Kleinwindanlagen", die der Bundesverband WindEnergie (BWE) im Jahr 2013 herausgegeben hat.

Am Geld scheitert es meist nicht – zumal es Förderkredite gibt

Wer sich eine KWEA anschaffen möchte, braucht Geduld, einen ungewöhnlich windhöffigen Standort, Durchsetzungskraft im Umgang mit Behörden und ein glückliches Händchen beim Kauf der Anlage. Dagegen ist Eigenkapital zwar von Vorteil, aber nicht unbedingt notwendig. Denn die Kreditanstalt für Wiederaufbau (KfW) gewährt im Rahmen ihres Förderprogramms „Erneuerbare Energien – Standard" zinsgünstige Kredite für den Kauf, den Aufbau und für Erweiterungen auch

von Kleinwindanlagen. So können bis zu 100 Prozent der Nettoinvestition finanziert werden, bei bis zu 20 Jahren Laufzeit. Anträge sind bei der Hausbank zu stellen, deren Berater auch entscheiden, welche Sicherheiten die Betreiber stellen müssen. Die aktuellen Zinssätze liegen bei gut 1 Prozent effektivem Jahreszins. Bei 15.000 Euro Investition und 10 Jahren Laufzeit machen die Zinsen also lediglich 825 Euro aus. Da lohnt sich ein Kredit sogar dann, wenn man das Geld für das Windrad eigentlich auf der Bank liegen hat.

Betriebe, die ihre Energiekosten mit Mini- und Mittelwindanlagen abfedern wollen, sind bei der Finanzierung gegenüber Privatpersonen mehrfach im Vorteil. Erstens weil sie Anlagenkosten, Umsatzsteuer, Wartungen und Reparaturen absetzen können. Und zweitens weil ihr höherer Energieverbrauch es erlaubt, den erzeugten Strom nahezu komplett selbst zu nutzen. So sparen sie 28 Cent pro kWh, statt den Strom für magere 9 Cent/kWh einzuspeisen.

Foto: Jens Meier

KfW-Finanzierung von KWEA – zwei Beispiele

Privatpersonen, Freiberufler, Landwirte oder gemeinnützige Organisationen können KWEA über das Programm „Erneuerbare Energien – Standard" der Kreditanstalt für Wiederaufbau (KfW) komplett finanzieren.

Finanziert werden der Nettokaufpreis (ohne Mehrwertsteuer) sowie die Kosten für den Aufbau und für Erweiterungen. Der effektive Jahreszins beträgt abhängig von der Bonität zwischen 1 Prozent und 5,35 Prozent.

Zusätzlich erhebt die KfW monatlich 0,25 Prozent Bereitstellungsprovision. Laufzeiten zwischen 5 und 20 Jahren mit bis zu zwei tilgungsfreien Anlaufjahren sind vereinbar.

Fall 1: 3,5-kW-Anlage

Für eine marktübliche 3,5-kW-Anlage mit 10-Meter-Kippmast könnte eine Finanzierung wie folgt aussehen:

5.800,00 Euro	Nettokaufpreis der Anlage
4.500,00 Euro	Mast
3.665,00 Euro	Steuerung/Wechselrichter
500,00 Euro	Erdkabel (100 m, inkl. Baggermiete)
550,00 Euro	Verkabelung, Behörden, Sonstiges
15.015,00 Euro	**Gesamtinvest**

100%-Finanzierung mit 10 Jahren Laufzeit bei guter Bonität (1,65 % Effektivzins, zzgl. 0,25 % monatliche Bereitstellung), 1 Jahr tilgungsfrei

Tilgungsplan (Tilgungsperiode bis Zinsbindungsende)

Jährlich	Tilgung	Zinsen	Rate	Restschuld
1	0,00	285,29	285,29	15.015,00
2	1.668,33	285,29	1.953,62	13.346,67
3	1.668,33	253,59	1.921,92	11.678,33
4	1.668,33	221,89	1.890,22	10.010,00
5	1.668,33	190,19	1.858,52	8.341,67
6	1.668,33	158,49	1.826,82	6.673,33
7	1.668,33	126,79	1.795,12	5.005,00
8	1.668,33	95,09	1.763,42	3.336,67
9	1.668,33	63,40	1.731,73	1.668,33
10	1.668,33	31,70	1.700,03	−0,00
Gesamtsumme	**15.014,97**	**1.711,72**	**16,726,69**	**−0,00**

Alle Beträge in Euro (Angaben ohne Gewähr)

Fall 2: 10-kW-Anlage

Für eine marktübliche 10-kW-Anlage mit 10-Meter-Kippmast könnte eine Finanzierung wie folgt aussehen:

68.000,00 Euro	Nettokaufpreis Anlage/Mast/Wechselrichter
4.100,00 Euro	Montage/Verkabelung/Erdarbeiten/Baugerätemieten
3.900,00 Euro	Behörden/Gutachten/Vermessung
76.000,00 Euro	**Gesamtinvest**

80%-Finanzierung mit 15 Jahren Laufzeit bei mittlerer Bonität (2,45 % Effektivzins), 2 Jahre tilgungsfrei

Tilgungsplan (Tilgungsperiode bis Zinsbindungsende)

Jährlich	Tilgung	Zinsen	Rate	Restschuld
1	0,00	2.052,00	2.052,00	76.000,00
2	0,00	2.052,00	2.052,00	76.000,00
3	5.846,15	2.052,00	7.898,15	70.153,85
4	5.846,15	1.894,15	7.740,30	64.307,69
5	5.846,15	1.736,31	7.582,46	58.461,54
6	5.846,15	1.578,46	7.424,61	52.615,38
7	5.846,15	1.420,62	7.266,77	46.769,23
8	5.846,15	1.262,77	7.108,92	40.923,08
9	5.846,15	1.104,92	6.951,07	35.076,92
10	5.846,15	947,08	6.793,23	29.230,77
11	5.846,15	789,23	6.635,38	23.384,62
12	5.846,15	631,38	6.477,53	17.538,46
13	5.846,15	473,54	6.319,69	11.692,31
14	5.846,15	315,69	6.161,84	5.846,15
15	5.846,15	157,85	6.004,00	-0,00
Gesamtsumme	**75.999,95**	**18.468,00**	**94,467,95**	**-0,00**

Alle Beträge in Euro (Angaben ohne Gewähr)

Der Lärm kann zum Problem werden – besonders in Siedlungen

Bei Kleinwindrädern auf dem Dach von Reihenhäusern oder auch auf einem hohen Mast im Garten ist Lärmvermeidung eine der großen Herausforderungen. Denn hier gelten strenge Schallschutzwerte. Eine Baugenehmigung bekommt nur, wer nachweisen kann, dass das Windrad nicht zu laut ist. Nach dem Bundes-Immissionsschutzgesetz (TA Lärm) darf es nachts in Wohngebieten nicht lauter als 35 dB sein – in Industriegebieten sind hingegen 70 dB erlaubt.
Schalldämpfung ist nicht nur für die Umgebung ein Thema, sondern auch für die Bewohner, über deren Köpfen das Windrad seine Arbeit tut. Denn wenn sich die Rotoren drehen und der Wind an der Anlage zerrt, entstehen Schwingungen, die sich im gesamten Gebäude ausbreiten können. Das Gebäude kann sie sogar verstärken: Die Räume funktionieren dann wie Lautsprecher.

Dabei entscheidet die Verbindung von Windanlage und Gebäude darüber, ob Schwingungen und Geräusche in das Haus geleitet werden. Im Prinzip gibt es zwei Wege, zu verhindern, dass sie übertragen werden. Zum einen schluckt Masse durch

Beispielhafte Immissionsrichtwerte ...

... außerhalb von Gebäuden nach TA Lärm (TA Lärm, 1998)

Art der Fläche	Tags (6 – 22 Uhr)	Nachts (22 – 6 Uhr)
Industriegebiete	70 dB(A)	70 dB(A)
Gewerbegebiete	65 dB(A)	50 dB(A)
In Kerngebieten, Dorfgebieten und Mischgebieten	60 dB(A)	45 dB(A)
In allgemeinen Wohngebieten und Kleinsiedlungsgebieten	55 dB(A)	40 dB(A)
In reinen Wohngebieten	50 dB(A)	35 dB(A)
In Kurgebieten, für Krankenhäuser und Pflegeanstalten	45 dB(A)	35 dB(A)

Quelle: J. Twele, Studie Qualitätssicherung im Sektor der Kleinwindenergieanlagen, Seite 18/19, BWE 2011

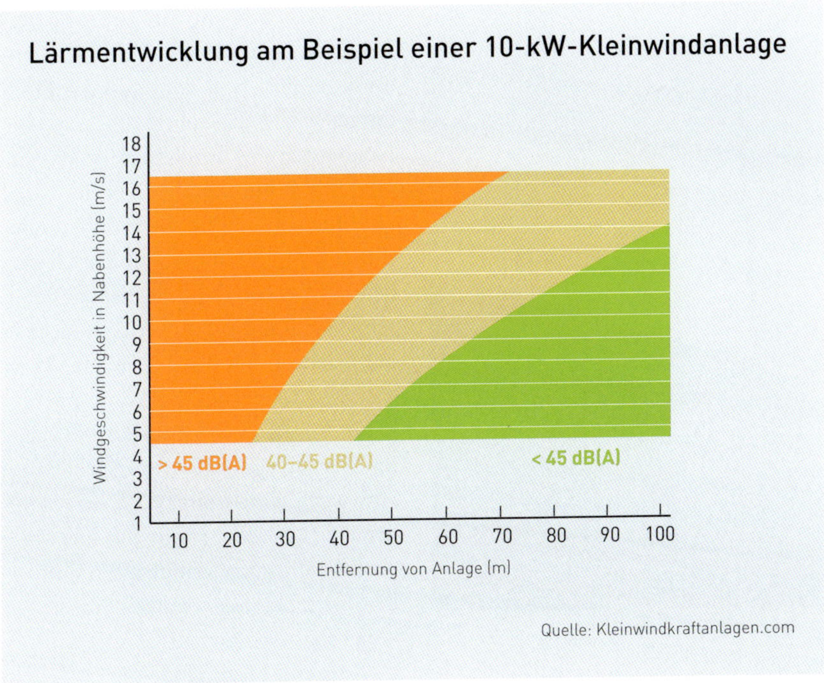

ihre Trägheit Schwingungen mit hohen Frequenzen. Das ist bei Windrädern ohnehin sinnvoll, weil es ihnen auch bei starkem Wind Stabilität verleiht. Zum anderen kann man Anlage und Gebäude akustisch entkoppeln, indem man eine Dämpfung einbaut. Manche Anbieter setzen dafür Gummipuffer ein, die sich bereits im Maschinenbau als Dämpfung von Fräsen oder Drehmaschinen bewährt haben.

Manchmal lassen sich auch zwei Fliegen mit einer Klappe schlagen: Dann nämlich, wenn die Windturbine direkt auf dem Aufzugsschacht platziert werden kann. Dieser Ort ist hervorragend geeignet, weil er als höchster Punkt am Gebäude ohnehin schon wegen der Aufzugsvibrationen entkoppelt ist. Aber Vorsicht: Anders als bei einem Windrad auf einem hohen, freistehenden Mast wird ein Windrad auf dem Dach durch Turbulenzen beeinträchtigt. Diese entstehen besonders bei hohen Gebäuden mit Flachdächern, wenn der gleichmäßig anströmende Wind am Gebäude gestaut wird und dann über die Kanten überschießt. Die Turbulenzen können dazu führen, dass die durchschnittliche Windgeschwindigkeit abgesenkt wird. Sicher ist das Windrad starken Windstößen ausgesetzt, die möglicherweise seine Lebensdauer verkürzen. In jedem Fall sollte man bei Windrädern auf dem Dach besonders gründliche Windmessungen durchführen.

Herausforderung für die Statik

Bei Kleinwindrädern auf Hausdächern muss gewährleistet sein, dass das Dach die geplante Anlage überhaupt trägt. Bei Neubauten mit Flachdach ist das Eigengewicht des Windrads in der Regel kein Problem, denn die Stahlbetondecken halten das aus. Bei großen Gewerbehallen in Leichtbauweise ist das schon schwieriger. Noch ungünstiger sieht es bei Dächern von Altbauten aus: Mehr als Mikrowindanlagen kommen hier kaum infrage. Um zu verhindern, dass die Windanlage bei Sturm wie ein Baum entwurzelt wird, muss für sie eine Statik berechnet werden. Statiker rechnen hier nach bestimmten Windklassen und zudem nach besonders starken Sturmböen – den sogenannten „50-Jahres-Böen".

Während hierzulande die professionelle Integration von Windrädern auf dem Dach noch Sache einzelner Pioniere ist, haben chinesische Stadtplaner die Windenergie in die Entwicklung ganzer Viertel einbezogen. Von dichtem Smog verdunkelte Industrieregionen haben Vorzeigeprojekte entstehen lassen, die konsequent auf Erneuerbare Energien setzen: So hat in den Ökostädten Dongtan und Tianjin die Windenergie einen festen Platz. Neben Windparks vor den Toren der Stadt haben die Planer zudem großzügig Kleinwindräder auf die Dächer verteilt und sogar Straßenlaternen mit einbezogen. Bei der Nutzung von Kleinwindanlagen ist uns China daher ein gutes Stück voraus.

Umrichter? Wechselrichter? Gleichrichter?

Die üblicherweise eingesetzten Umrichtersysteme bestehen aus einer Kombination aus Gleichrichter mit nachgeschaltetem Wechselrichter. Das bedeutet, dass der Windstrom beim Verlassen dieser Einheiten nicht nur gleichgerichtet ist, sondern bereits netzkonform mit einer Frequenz von 50 Hertz vorliegt. Zu den gängigsten Systemen für KWEA zählt eine Produktreihe des hessischen Elektronikspezialisten SMA unter dem Markennamen Windy Boy (nebenstehende Abb.).

Fotos: SMA (u.), Jens Meier / laif (o.)

Die einfachste Möglichkeit, dieser Anforderung zu genügen, besteht darin, ausschließlich mit einem Umrichter zu arbeiten, der die Batterie direkt beschickt. Diese Batterie kann dann sämtliche Verbraucher versorgen, nachdem ihr Strom wieder in haushaltskonformen Wechselstrom umgewandelt wurde. Allerdings muss ein solches System auch in der Lage sein, überschüssigen Strom ins Netz einzuspeisen. Ansonsten müssten die Windrotoren abgeschaltet werden, bevor es zu einer Überladung kommt – etwa nachts, wenn draußen der Wind weht.

Von der Windmühle zur Heizmühle – Eigenverbrauch steigern

Doch lohnt sich die Speicherung von KWEA-Strom bei netzgekoppelten Anlagen überhaupt? Denn die Akkus sind teuer, und bei Böen reicht die Zeit meist nicht, damit die Wechselrichter die Netzsynchronisation herstellen. Darum rückt bei Kleinwindanlagen der Eigenverbrauch des Stroms zum Heizen in den Fokus.

Und wohin mit dem Strom?

Klar ist, dass Kleinwindanlagen vor allem dann wirtschaftlich sind, wenn ihr Eigentümer so viel vom erzeugten Strom wie möglich selbst verbraucht. Zudem können die Anlagen inzwischen auch vom Batterieangebot für Solaranlagen profitieren (siehe Batteriesysteme Seite 175). Neben Regenerativ-Planern wie Voltwerk und Solarspezialisten wie Solon bieten auch Energieversorger eigene Speicherlösungen zur Steigerung des solaren Eigenverbrauchanteils an.

Solche konkreten, auf KWEA zugeschnittenen Speicherpakete gibt es bisher zwar nicht, da das Marktvolumen der kleinen, dezentralen Windturbinen zu gering ist. Doch die solaren Angebote sind grundsätzlich auch für Kleinwindkraft-Betreiber nutzbar. „Die Technologie, die ins System einspeist, ist für die Batterie unwichtig", erklärt Paul Kühn, Experte aus dem Bereich Energiewirtschaft und Netzbetrieb beim Fraunhofer-Institut für Windenergie und Energiesystemtechnik aus Kassel. Soll heißen: Ob eine Windkraftanlage mit beispielsweise 10 Kilowatt (kW) Ausgangs- oder ein PV-Kleinkraftwerk mit 10 kW Spitzenleistung den Strom erzeugt, ist dem Speicher einerlei. „Der einzige Unterschied in der Systemtechnik ist der, dass der Windstrom aus dem Generator zunächst durch einen Gleichrichter geglättet werden muss, bevor er gespeichert werden kann", so Kühn. Das ist bei der PV nicht der Fall. Doch die Gleichrichtung des „chaotischen" Windwechselstroms ist ohnehin notwendig, um die Elektrizität netzkonform zu machen.

EUREF Campus: Das Stadtquartier von morgen nutzt erneuerbare Energien.

Anders als Solaranlagen produzieren Windräder besonders in den Jahreszeiten Strom, wenn die Sonne nicht scheint und viel Energie zum Heizen gebraucht wird: im Herbst und Winter. Viele Firmen bieten daher parallel zu den Kleinwindanlagen auch Heizpatronen an, die mithilfe von überschüssigem Windstrom und speziellen Tauchsiedern die Pufferspeicher von Zentralheizungen aufladen. Lange war das Heizen mit Strom verpönt, aber wenn der Strom sonst nicht gebraucht wird, sieht es ganz anders aus: Denn dann kann die Anlage fossiles Heizöl oder Gas ersetzen.

Die Energiefirma BFE in Sachsen-Anhalt rechnet vor: Eine 2,5-kW-Anlage kann an einem guten Standort in Wintermonaten etwa 1.000 kWh Strom erzeugen. Bei der Stromumwandlung durch eine Heizpatrone können so 124 Liter Heizöl gespart werden. Anfang 2015 entspricht das einer Kostenersparnis von etwa 100 Euro im Monat. ■

Foto: Paul Langrock / Agentur Zenit

FEHLER VERMEIDEN

Die häufigsten Pannen bei privaten Kleinwindanlagen

Die Fehler, die bei Planung, Aufbau und Betrieb von kleinen Windrädern gemacht werden, gleichen sich. Damit Ihnen das nicht passiert, haben wir die wichtigsten Fehleinschätzungen hier zusammengestellt.

Von Patrick Jüttemann

FEHLER 1

Kleinwind ist so einfach wie Solar

Solaranlagen gehören in Deutschland schon fast zur Grundausstattung und die Projekte gehen schnell über die Bühne. Viele Solarbetreiber würden die Stromausbeute im Winter nun gerne mit einer Kleinwindanlage aufbessern. Die Idee ist richtig. Nur ist ein Kleinwindkraft-Projekt meist anspruchsvoller und zeitintensiver als eine Solaranlage. Anders als bei Solaranlagen ist das Energieangebot des Windes sehr vom Standort abhängig: Bäume, Gebäude und Hügel verändern die Windstärken zum Teil erheblich. Auch die Realisierung der Kleinwindanlage ist hürdenreicher.

FEHLER 2

Der Wind wird überschätzt

„Bei mir bläst immer Wind." Solche und ähnliche Aussagen kommen meist von engagierten Privatbetreibern. Doch bloße Schätzungen, Online-Tools oder Windkarten können nicht die konkreten Verhältnisse vor Ort beschreiben. Wird Ihr Standort wirklich frei angeströmt? Je teurer die Kleinwindanlage, desto hochwertiger sollte eine Windmessung bzw. ein Windmessgerät sein.

Foto: Martin Leissl

Vorbereitungen für die Installation einer 5-kW-Kleinwindanlage.

FEHLER 3

Angaben der Hersteller und Verkäufer unkritisch hinnehmen

Nicht jede auf dem Markt erhältliche Kleinwindkraftanlage hält das, was im Verkaufsprospekt oder durch den Vertriebsmitarbeiter versprochen wird. Lassen Sie sich nicht durch Hochglanzbroschüren blenden. Angaben zu Jahreserträgen machen dann Sinn, wenn sie auf eine mittlere Jahreswindgeschwindigkeit von 4 oder 5 Meter pro Sekunde bezogen werden. Schauen Sie sich Ihren gewählten Windgenerator im Betrieb an und sprechen Sie, wenn möglich, mit Betreibern.

FEHLER 4

Frühzeitige Festlegung auf Vertikalachser

Viele Interessenten legen sich zu früh auf eine bestimmte Bauart fest, besonders beliebt sind Anlagen mit vertikaler Rotorachse oder Mantelturbinen. Wichtig sollte aber nicht das Aussehen der Anlage sein, sondern ihre technischen Daten: Wie viel Strom erzeugt die Anlage, wie hoch ist der Schallpegel, wie hoch sind die Wartungsaufwendungen? Jedes Anlagendesign hat bestimmte Vor- und Nachteile. Die „klassische" Bauart mit horizontaler Rotorachse hat jedoch fast immer höhere Wirkungsgrade als Anlagen mit vertikaler Achse.

Foto: Jan Oelker

FEHLER 5

Nur auf die Dachmontage konzentriert

Viele Hausbesitzer ziehen die freie Aufstellung nicht in Betracht, obwohl die Verwendung eines Mastes meist Vorteile gegenüber der Dachmontage hat. Bei einer Dachmontage können sich Schwingungen des Windgenerators auf den Gebäudekörper übertragen, eine Körperschallentkopplung ist anspruchsvoll und nicht immer erfolgreich. Je nach Form und Ausrichtung von Gebäude und Dach können über der Dachfläche Windturbulenzen entstehen, die durch das Gebäude selbst verursacht werden. Turbulenter Wind beeinträchtigt die Leistungsfähigkeit des Windrads. Die freie Aufstellung einer Kleinwindkraftanlage hat zudem den Vorteil, dass Leistung und Größe der Anlage – im Gegensatz zu den Dachanlagen – nicht limitiert sind.

FEHLER 6

Dialog mit Nachbarn und Baubehörde unterschätzen

Ohne Akzeptanz der Nachbarn wird es schwierig mit der Kleinwindkraftanlage. Weihen Sie die Anwohner deshalb frühzeitig in ihre Pläne ein. Beugen Sie Ängsten und falschen Vorstellungen vor, indem Sie möglichst viele Informationen über das gewählte Windrad bereitstellen. Vor allem Anlagengröße und Schallausbreitung sind wichtige Themen. Das gilt auch für das Bauamt. Sprechen Sie nicht von einer „Windkraftanlage“, sondern besser von einem „kleinen Windrad“. Erläutern Sie den Nutzen der umweltfreundlichen Stromproduktion, der auch der Nachbarschaft zugutekommt. Bevor Sie zum Bauamt gehen, sollten Sie die genehmigungsrechtlichen Grundlagen in Ihrem Bundesland in Erfahrung bringen. Nur wenn Sie Ihre Rechte kennen, können Sie konstruktiv auf etwaige Bedenken von Bauamt und Fachbehörden eingehen.

Patrick Jüttemann betreibt das Kleinwindkraft-Portal **www.klein-windkraftanlagen.com**. Er ist Autor eines jährlichen Marktberichtes für Kleinwindanlagen und bietet auf seiner Internetseite für knapp 20 Euro auch einen Wirtschaftlichkeitsrechner (Excel) für KWEA an.

Foto: Jens Meier / laif

01 MIKROANLAGE MARKE EIGENBAU

Kreative Windernte geht weiter

Klaus Pelz ist seine Bastellust nicht vergangen, obwohl die Stromerträge auf seinem 5-Meter-Mast inmitten eines Wohngebietes doch eher symbolischer Natur sind. Statt der selbst konstruierten Nabendynamoanlage ruht inzwischen ein 300-Watt-Scheibengenerator auf dem Mast. „Den habe ich als Bausatz in dem Shop von www.kleinwindanlagen.de bestellt", berichtet der Tüftler. Den Zusammenbau hat er im Forum des Portals mit vielen Detailbeschreibungen, Fotos und eigenen Teststandversuchen am Akkuschrauber-Antrieb dokumentiert.

Beim Bau hat er nebenbei das Rätsel der Sphinx entschlüsselt – seiner Sphinx, einer Rotorblattaufnahme im selbstgezimmerten Montagestand, an der er Flügel mit 2 Metern Rotordurchmesser aus Abwasserrohr montiert hat. Würden diese Flügel es auf 100 Umdrehungen/Minute bringen, läge die Leistung des 12,5-Volt-Systems bei 300 Watt. „Das ist in meinem Garten auf 5 Meter Nabenhöhe aber völlig illusorisch", räumt Pelz ein. Im ganzen Jahr 2012 habe die Selbstbauanlage nur 2,96 kWh in den Akku eingespeist. Doch um die Stromerzeugung geht es ihm nicht. „Ich habe Spaß am Bauen und bei den Datenauswertungen meiner Messungen und den Diskussionen darüber im Forum lerne ich eine Menge", sagt er. Übrigens: Die Nabendynamoanlage ist nach wie vor voll funktionstüchtig. Nur ist ihr Mast eben anderweitig besetzt.

Mikroanlage zur Selbstmontage im Garten.

Foto: Klaus Pelz

02 6.500 WATT UND KEINE REPARATUREN MEHR

Heizen mit Wind und Holz

Andreas Hänel blickt auf zwei gute Windjahre zurück. Seine bisweilen störanfällige „Inclin 3000", die schon seit 1997 läuft, hat keine weiteren Probleme gemacht. Auch seine HeYwind 3.5 mit 3,5 kW Nennleistung lief ohne Macken. „Beide Anlagen erzeugen jeweils um die 2.000 Kilowattstunden jährlich", berichtet er. Der Strom geht komplett in eine Heizpatrone im 800-Liter-Pufferspeicher und unterstützt so die Holzheizung. Holz aus einem eigenen Waldstück und der mit durchschnittlich 5,3 Meter pro Sekunde wehende Wind auf seinem Grundstück im sächsischen Erzgebirge haben seine Ölrechnung inzwischen nahe null gedrückt. „Mit Öl heizen wir nur noch in absoluten Ausnahmefällen", freut er sich. Strom einspeisen oder direkt nutzen möchte er nicht. Denn weil der Heizpatrone Frequenzschwankungen nichts ausmachen, nutzt sie den Strom seiner beiden KWEA im gesamten Drehzahlband. Das hält den technischen und finanziellen Aufwand gering. Die Windheizung kommt ohne Netzwechselrichter oder Laderegler für Batterien aus – und ist damit die kostengünstigste Form, den Strom von Kleinwindanlagen zu nutzen.

Hybrid-Heizung mit Strom

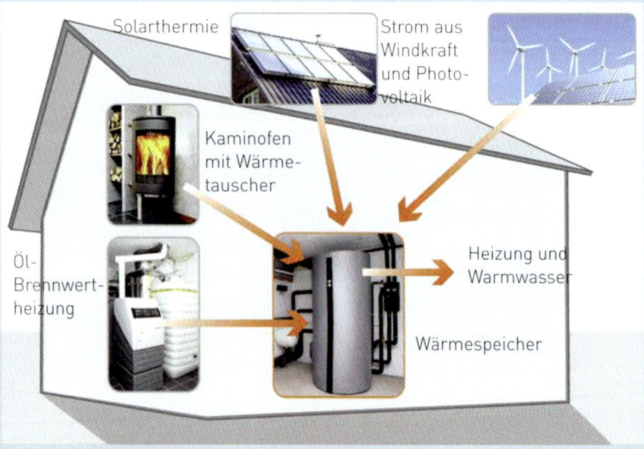

Grafik: IWO

03 10.000 WATT FÜR DIE KUH

Wind wider steigende Stromkosten

Der Milchviehbetrieb von Johann Elling ist in den letzten zwei Jahren von 160 auf 220 Tiere gewachsen. Und weil er weiter wachsen soll, wird auch der aktuelle Stromverbrauch von 170.000 kWh jährlich ansteigen. Rund um die Uhr können sich die Kühe in seinen Ställen von Robotern melken lassen. Die Roboter selbst, die Kühlung der Milch und das ständige Desinfizieren der Melkgeschirre mit heißem Wasserdampf treiben die Stromkosten in die Höhe. Um sie im Griff zu behalten, setzt der Landwirt auf die Kombination von Photovoltaik (300 kW peak) und Kleinwind. Seine 10 kW starke „Aircon 10" produziert auf 18 Meter Nabenhöhe um die 20.000 kWh jährlich.

Elling verbraucht den Windstrom zu 98 Prozent auf seinem Hof. Deshalb hat er sich gar nicht erst um die leicht erhöhte Anfangsvergütung von 9 Cent/kWh bemüht, zumal dafür teure Gutachten nötig wären. Interessanter ist für ihn ohnehin, beim Stromeinkauf zu sparen. Wie viele seiner Kollegen würde Elling gern auf eine Mittelwindanlage mit 30 kW umsteigen. Und die Möglichkeit, dies bei seinem aktuellen Hersteller zu tun, rückt näher. Seit die niederländische, auf Melkroboter spezialisierte Lely-Gruppe die Firma Aircon im März 2012 übernahm, geht die Entwicklung einer 30-kW-Anlage schnell voran. Für den Landtechnikkonzern passen KWEA perfekt ins Portfolio. Denn wie Johann Elling setzen mittlerweile immer mehr Milchbauern auf die eigene Windstromproduktion, um ihre Energiekosten langfristig stabil zu halten und wettbewerbsfähig zu bleiben. Bei Lely bekommen sie künftig Melktechnik und deren Energieversorgung mit erprobten, MCS-zertifizierten Kleinwindanlagen aus einer Hand. Die Niederländer sehen ihr KWEA-Engagement als Teil einer langfristigen Strategie, in der es ihnen um die Weiterentwicklung des Nachhaltigkeitsgedankens in der Landwirtschaft geht.

Foto: Johann Elling

19 | WINDPARKS PLANEN, BAUEN UND BETREIBEN

Am großen Rad mitdrehen

Die Windenergie ist das Rückgrat der Energiewende. Zunächst überwogen Einzelanlagen, später machten Bürgerwindparks Karriere und heute ist die Windenergie Everbody`s Darling: Energiekonzerne und -genossenschaften, Bürgerbeteiligungsgesellschaften, Unternehmen und Kommunen erzeugen mit ihr sauberen Strom.

Der „Leitfaden Bürgerwindpark“, herausgegeben von der schleswig-holsteinischen Netzwerkagentur windcomm, beschreibt in knappen Worten den manchmal langen und beschwerlichen Weg von der ersten Idee bis hin zum Betrieb eines Windparks auf der grünen Wiese. Die Broschüre beinhaltet auf 41 Seiten die vielfältigen Erfahrungen aus mehr als 20 Jahren Windenergienutzung, in denen im nördlichsten Bundesland viele Windparks mit Bürgerbeteiligung erfolgreich an den Start gingen. Im windreichen Landkreis Nordfriesland lag der Anteil der von Bürgern geplanten, gebauten und betriebenen Parks zwischenzeitlich sogar bei rund 90 Prozent.

Hierzu gehört auch der Windpark Drelsdorf nordöstlich von Husum. Er zählt drei Anlagen mit einer installierten Gesamtleistung von 6 Megawatt, die seit 1998 von der Windpark Drelsdorf GmbH & Co KG betrieben werden. Diese Gesellschaftsform wurde bisher – neben der GmbH und der eingetragenen Genossenschaft – vorrangig als Beteiligungsmodell gewählt. Beim Drelsdorfer Windpark sind 60 Bürger beteiligt, die über ihre jeweiligen Kommanditisten-Anteile rund 3 Millionen Euro investierten, um das lokale Windenergie-Projekt realisieren zu können.

Foto: Jan Oelker

10 Prozent Rendite für Windbürger

Nach 17 Jahren Betrieb ist klar: Es war gut angelegtes Geld. Die Rendite liege, so verrät Geschäftsführer Wolfgang Paulsen, pro Jahr bei ungefähr 10 Prozent. Da die drei Anlagen aber langsam in die Jahre kommen, plant die GmbH & Co KG, die vorhandenen Turbinen durch 3-Megawatt-Anlagen zu ersetzen – und somit die installierte Leistung um ein Drittel zu erhöhen. Beim sogenannten Repowering soll der Gedanke des Bürgerwindparks aber auf gar keinen Fall über Bord geworfen werden. Die Hälfte des Zubaus wolle man daher für neue, beteiligungswillige Kommanditisten vor Ort öffnen, so Paulsen. Der Windpionier hat bereits Ende der Neunzigerjahre die Planungen für die Drelsdorfer Windinitiatoren federführend abgewickelt. Zudem ist er Geschäftsführer eines weiteren Onshore-Windparks und arbeitete darüber hinaus fast zehn Jahre an dem Projekt Butendiek mit, einem geplanten und schließlich gescheiterten Bürgerwindpark auf der Nordsee. Paulsen kennt also die Planungsmaterie aus dem Effeff. Da die drei Repowering-Standorte in Drelsdorf in der Raumordnung des Landes Schleswig-Holstein als Windeignungsfläche ausgewiesen sind, steht einem Repowering grundsätzlich auch nichts entgegen. Es kann ohne Widerstände in den Flächennutzungsplan (F-Plan) eingezeichnet werden.

Eine Windparkeinweihung wird oft feierlich begangen, wie hier im Windpark Ballstädt-Westhausen.

Mit einer Bürgervollversammlung informierten die Betreiber um Paulsen die Einwohner der Gemeinde über das neue Vorhaben und stellten ihren Bauplan vor. Demnach sollen die Turbinen der drei neuen Anlagen höher hinaus als die bisherigen: Statt mit Nabenhöhen unter 100 Meter geht es jetzt 150 Meter in die Höhe. Weil weiter oben kräftigerer Wind weht, garantiert dies den Betreibern trotz gesunkener Einspeisevergütungen nach dem neuen Erneuerbare-Energien-Gesetz (EEG) ähnlich gute Renditen wie bisher. Allerdings stellen die höheren Windenergieanlagen auch einen größeren Eingriff in das Landschaftsbild dar. Der nach der Bürgerversammlung eingereichte Bauantrag der Betreibergesellschaft muss daher sowohl von der Gemeinde (B-Plan) als auch von den zuständigen Landesbehörden genehmigt werden.

Im Fall Drelsdorf gibt es bereits eine langjährige Erfahrung, eine Erfolgsspur, die mit aller Wahrscheinlichkeit weitergeführt werden kann. Wie sieht es aber mit einem neuen Windpark auf der grünen Wiese aus, auf der zuvor noch kein Windstrom geerntet wurde? Würde ein erfahrener Planer wie Paulsen angesichts sich ändernder Rahmenbedingungen trotzdem noch einmal zugreifen? „Ja sicher, wieso auch nicht? Wenn es eine solche Freifläche gäbe, die für die Windenergienutzung wirklich geeignet wäre, würde ich dort auch heute noch einen Bürgerwindpark bauen."

Leitfaden Bürgerwindpark

Alle konkreten Schritte und auch finanzielle Erfahrungswerte für den Start eines Bürgerwindparks enthält der Leitfaden des Netzwerks windcomm aus Schleswig-Holstein. Die Nordwest-Region Deutschlands gilt als Geburtsort der deutschen und damit auch der internationalen Windenergie. Die moderne Windenergie hat hier eine mehr als 40 Jahre lange Tradition: Erste Anlagen standen bereits in den späten Achtzigerjahren auf dem Land von lokalen Bauern, heute werden die meisten der vielen Windparks von Bürgern mitgeplant. Das garantiert auch ihre Akzeptanz vor Ort.

Link: www.windcomm.de
Download: www.windcomm.de/Downloads/Leitfaeden/Leitfaden-Buergerwindpark.pdf

Umfangreiche Planungen – Schritt für Schritt

Damit macht der nordfriesische Windexperte all denjenigen Mut, die die Idee des Bürgerwindparks auch an neuen Standorten mit neuen Akteuren auf den Weg bringen wollen.

Wie aber sehen die Planungsschritte bis hin zur Realisierung tatsächlich aus? Zuallererst stellt sich hier immer die Frage, ob es sich bei der anvisierten grünen Wiese um eine Windeignungsfläche handelt. Wenn ja, dann sollte der Planer mit dem Landeigentümer Kontakt aufneh-

Foto: Jan Oelker

men und unter Umständen bereits Vorverträge abschließen, um sich Planungsexklusivität zu sichern.

Hiernach geht es um die Genehmigungsfähigkeit der Windeignungsfläche: Wie sieht es mit Flora und Fauna aus? Wie verhält sich der Naturschutz zum Projekt? Zeitgleich müssen auch Aspekte wie Flugsicherung und Denkmalschutz berücksichtigt werden. Denn wenn der geplante Windpark in der Sichtachse einer bauhistorisch wertvollen Kirche oder ähnlicher Gebäude steht, kann dies durchaus das K.-o.-Kriterium sein. Auch die jeweils von Bundesland zu Bundesland stark differierenden Mindestabstände sind auf jeden Fall einzuhalten, ansonsten drohen in einem späteren Planungsstadium große Schwierigkeiten.

Wenn all diese grundsätzlichen Fragen geklärt sind, geht es Paulsen zufolge an wichtige Details – in denen bekanntlich der Teufel stecken kann: Welche Windstärke herrscht am Planungsort? Existieren Vergleichswerte von benachbarten Windparks, die verwertet werden können? Ist dies nicht der Fall, sollte auf jeden Fall ein Windgutachten in Auftrag gegeben werden. Liegen die erforderlichen Daten dann vor,

Genossenschaften

Neben dem klassischen Gesellschaftsmodell eines Bürgerwindparks, einer GmbH & Co. KG, bietet sich zur Realisierung und Finanzierung von kommunalen Windparks auch die Gründung einer Genossenschaft an. Insbesondere im ländlichen Raum hat das genossenschaftliche Gesellschaftskonstrukt durch die Raiffeisen-Bewegung eine lange Tradition und lebt durch die Erneuerbaren Energien wieder auf. Welche Gesellschaftsform sich am Ende durchsetzen wird, hängt aber sicherlich auch davon ab, wie die jeweilige Beteiligungsstruktur aussieht: Wie viele Unternehmen, wie viele Privatleute sind beteiligt? Welche Summen werden im Projekt bewegt? Alles Fragen, die direkten Einfluss auf die bestmögliche Betreiberform haben.

Zu berücksichtigen ist auch die sogenannte Prospektpflicht, bei der die Projektgesellschaft ihr Vorhaben infolge der erst vor Kurzem vorgenommenen Änderungen des Kapitalanlagegesetzes öffentlich detailliert vorlegen muss. Wer die gesetzlichen Vorgaben nicht einhält, macht sich strafbar. Die ersten Bürgerwindparks in den Neunzigerjahren hatten es an diesem Punkt sicherlich einfacher, sie warben das Geld ihrer Kommanditisten ohne Prospektpflicht erfolgreich ein.

geht es mit den Planungsunterlagen an das Kreisbauamt oder die Landesbehörden, die den Windpark letztlich genehmigen müssen. Übrigens: Ab zwanzig Windenergieanlagen ist eine aufwendige und kostenintensive Umweltverträglichkeitsprüfung (UVS) Pflicht.

Rund ein Jahr dauert es, bis all diese Punkte geklärt sind, schätzt Paulsen. Parallel dazu führen die planenden Initiatoren vor Ort Gespräche mit den Bürgern. Bestenfalls laden sie zu Einwohnerversammlungen ein, um das Projekt vorzustellen und dafür zu werben. Zudem gilt es, die Bürger über die Rechte und Pflichten einer Beteiligung an der im Aufbau befindlichen Betreibergesellschaft aufzuklären und sie für das Projekt als potenzielle Teilhaber zu gewinnen. Wenn die geplante Genossenschaft, GmbH oder GmbH & Co KG schließlich ausreichend Bürger und Geld eingeworben hat, gehen die Projektierer in die nächste Planungsrunde: Sie verhandeln mit den Banken über die Finanzierung des Windparks, suchen sich unter den Herstellern die am besten geeignete Turbine aus und sichern die Stromtrasse zum Einspeisepunkt ins Stromnetz des zuständigen Netzbetreibers.

Foto: Jan Oelker

Windparkprojekte erfordern unternehmerisches Know-how

Wahrlich, eine lange To-do-Liste. Aber es ist eben auch ein Windpark und keine Kleinwindanlage auf dem eigenen Grundstück hinterm Eigenheim. Hier wird im wahrsten Sinne des Wortes versucht, am großen Rad der Energiewirtschaft mitzudrehen. Dies ist ohne fachliche Kompetenz und unternehmerisches Denken nicht zu bewältigen und schon gar nicht zu verantworten, haben sich doch die Größenverhältnisse und damit auch die finanziellen Dimensionen der Projekte in den letzten Jahren dramatisch verändert. Zwei Beispiele demonstrieren diese Entwicklung: Die Stadtwerke Norden waren eines der ersten kommunalen Energieunternehmen in Deutschland, die sich in der Windenergie engagierten. Bereits Ende der Achtzigerjahre investierten sie in den Bau ihres Windparks „Nörder Windloopers“ mit fünf Anlagen und einer Gesamtleistung von 275 kW. Was für damalige Verhältnisse ein großes Projekt darstellte, wäre heute nicht der Rede wert.

Crowdinvesting/Crowdfunding

Beim sogenannten Crowdfunding sammeln Initiatoren für ihre Projekte über Online-Plattformen ausreichendes Kapital vom anonymen und interessierten Internetpublikum, der Crowd, ein. Als diese neue Form der Finanzierung vor einigen Jahren das Laufen lernte, ging es in erster Linie um Spezialprodukte, für deren Entwicklung und Produktion die Crowd ihren Obolus gab und dafür als Gegenleistung das fertige Produkt zum Vorzugspreis kaufen konnte. Mittlerweile zieht das Crowdfunding in einer begeisterungsfähigen Netzgemeinde viel weitere, größere und kapitalkräftigere Kreise. Tatsächlich wird die Finanzierung von EEG-Projekten mittels Crowdfunding schon fleißig beworben und rückt so auch in den Fokus kommunaler Projektplaner.

Allerdings ist Vorsicht geboten: Ist doch Crowdfunding kein klar umrissenes Finanzinstrument und der Rechtsrahmen ebenfalls nicht eindeutig definiert. So läuft die Rechtsform der finanziellen Beteiligung von vielen Kleininvestoren beim EEG-Crowdfunding oft auf eine genossenschaftliche Gesellschaftskonstruktion hinaus, da Grundprinzipien wie Mitbestimmung, Wunsch nach Rendite und die von klassischen Finanzinstituten unabhängige Kapitalbeschaffung identisch sind. Ob sich Crowdfunding aber als transparente, seriöse Finanzierungsform etablieren kann oder es sich doch eher als schillernde Seifenblase herausstellt, bleibt abzuwarten.

Historische Bockwindmühle vor Windkraftanlagen in Wulferstedt, Sachsen Anhalt.

Wie auch das gelungene Projekt der ZukunftsEnergie Fichtelgebirge GmbH (ZEF) in Wunsiedel zeigt: Als Zusammenschluss von mehreren Kommunen und kommunalen Unternehmen hat sich das Unternehmen in der oberfränkischen Region das Ziel gesetzt, im eigenen Versorgungsgebiet 100 Prozent Erneuerbare Energien zu realisieren. Dabei setzt die ZEF auf lokale Biomassekraftwerke, auf Solaranlagen und zu einem großen Anteil auch auf die Windenergie. So wurde im Herbst 2014 der Windpark Blausäulenlinie, projektiert von der Regensburger Ostwind AG, in einem Forst mit drei Anlagen à 2,4 MW in Betrieb genommen. Für seine Realisierung waren Investitionen in Höhe von 15 Millionen Euro notwendig. Dabei war die ZEF von Anfang an bestrebt, Privatleute und Unternehmen aus der Region einzubinden. Diese beteiligten sich schließlich mit Anteilen von 500 – 50.000 Euro im Gesamtwert von 1,3 Millionen Euro. ■

Foto: Paul Langrock / Agentur Zenit

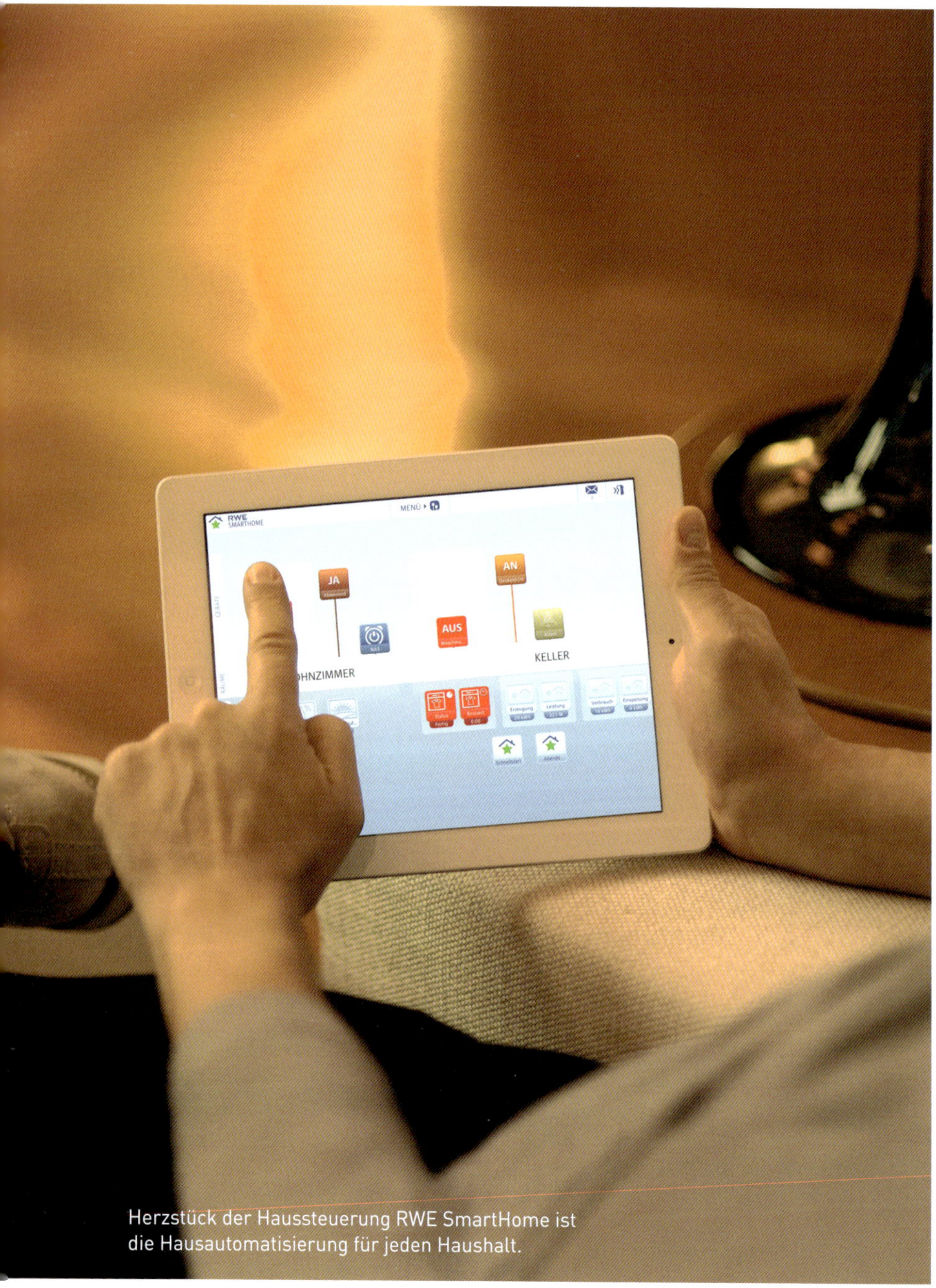

Herzstück der Haussteuerung RWE SmartHome ist die Hausautomatisierung für jeden Haushalt.

Foto: RWE

20 | SMART HOME PLANEN

Haussteuerung in der Hosentasche

Wer aus seinem Domizil ein Smart Home machen will, hat die Qual der Wahl. Denn smarte Technologien für ein mitdenkendes Zuhause sind mächtig auf dem Vormarsch. Weil Standards und kompatible Schnittstellen fehlen, ist eine kluge Vorplanung unumgänglich.

Ist das Smart Home das „Home of the Future"? – In ihren Marketingbotschaften verspricht die junge Branche jedenfalls, dass vernetzte Haustechnik hilft, Energiekosten zu senken, und zudem ein Plus an Sicherheit, Wohnkomfort und Alltagshilfe für körperlich eingeschränkte Menschen bedeutet.

Tatsächlich sind einige Systeme bereits in der Lage, vom Tagesrhythmus der Bewohner zu lernen und deren Bedürfnisse zu erahnen. Brechen sie wochentags zur Arbeit auf, fährt die Automatik die Haustechnik auf Sparflamme, schließt Fenster, Türen und schlägt bei Einbruchsversuchen Alarm. Durch GPS-Ortung erkennen die Systeme auch die Rückkehr der Bewohner und bereiten sie vor, etwa indem sie Heizung und Beleuchtung hochfahren oder kurz vor der Ankunft das Garagentor öffnen.

Mit Geld ist schon heute viel möglich

Schlüssel zu dieser Revolution des Wohnens sind das „Internet der Dinge“ und die starke Verbreitung von Smartphone & Co. Mit ihnen tragen die Bewohner die Steuerungseinheiten der vernetzten Häuser stets bei sich. Je nach Geldbeutel können sie die Automation schon heute sehr weit treiben: Das fängt mit Heizung und Beleuchtung an und hört irgendwo bei Niederschlagssensoren für die Bewässerung des Gartens auf. Wichtigste Zutaten dieser smarten Heime sind Sensoren, Aktoren und eine zentrale Steuereinheit. Während Sensoren Lichtverhältnisse, Bewegungen und offene Fenster erfassen, setzen Aktoren die erteilten Steuerbefehle um. Das können Heizkörperventile, Dimmer, Lichtschalter oder elektronische Geräte sein. Auch Sicherheitstechnik, Jalousien und Lüftung lassen sich über das Zusammenspiel von Sensor und Aktor steuern.

Planungsgrundlagen

Die Din 18015-2 definiert den Standard für elektrische Anlagen in Wohngebäuden. Weil dieser eher gering und ungenau gehalten ist, gibt es seit 2010 zusätzlich die RAL RG 678. Sie definiert den Standard für eine zeitgemäße Elektroinstallation für jeden Raum in drei Kategorien und bezieht sich dabei auf die Anzahl der Steckdosen, auf vorhandene Beleuchtungs- und Kommunikationsanschlüsse sowie Funktionsbereiche wie Schalten und Dimmen.

Nachrüstung ist möglich ...

Damit solche Systeme in der Praxis funktionieren, sind bei einfachen Anwendungen sogenannte Zwischenstecker notwendig. Diese Adapter verbinden das Endgerät mit der Steckdose und machen es so erst intelligent und steuerbar. Andere Alternativen sind Schalter, Dimmer und Sender, die sich in die vorhandenen Unterputzdosen einbauen lassen, oder auch die intelligente Verkabelung eines kompletten Neubaus.

Das eigentliche Gehirn im mitdenkenden Haus besteht aus den zentralen Steuereinheiten oder Gateways. Sie sorgen für die vernetzte Kommunikation: Hier gehen alle Daten aus den Sensoren ein und werden die Steuerbefehle ausgelöst. Bedient wird das eigene Netzwerk wahlweise über Touch-Displays oder einfach per Smartphone oder Tablet. Die zentrale Einheit verteilt die Steuerungsbefehle dann wahlweise per Funk, Stromleitung oder über Datenkabel an die Endgeräte.

... wird aber durch ein Nebeneinander der Standards erschwert

Bei der Signalverteilung fangen jedoch die Schwierigkeiten an. Denn zurzeit gibt es ein buntes Nebeneinander verschiedener Kommunikationsstandards für Smart Homes, die untereinander nicht kompatibel sind. Insellösungen und Herstellerallianzen, die auf einen gemeinsamen Übertragungsstandard setzen, prägen den Markt. Für Interessierte heißt das, dass ihre Planung mit einem Vergleich der gängigsten Standards beginnen muss: Welche Produkte gibt es für welchen Standard zu welchem Preis? Wie viele Hersteller liefern sich auf Basis einzelner Standards einen Wettbewerb? Wie sicher und leistungsfähig ist die Datenübertragung? Diese Analyse ist allerdings schwierig, selbst Experten trauen es sich nicht zu, die Entwicklung einzelner Standards im Detail vorherzusagen. Und so bleibt Anwendern vor der Investition in ein vernetztes Haus meist nur, die Konzepte und wichtigsten Fakten der Standards einander gegenüberzustellen.

LÖSUNG 1: Konnex-Bus mit Datenkabel

Die größte Auswahl mit 12.000 zertifizierten Produkten von 300 Herstellern bietet aktuell der Standard Konnex-Bus (KNX). Allerdings setzt dieser das Verlegen spezieller Datenkabel voraus, die Sensoren und Aktoren vernetzen. Ein großer Vorteil ist hier die schnelle und sehr sichere Datenübertragung. Eine Basisausstattung kostet nach Schätzungen der SmartHome Initiative Deutschland e.V. 2.000 – 6.000 Euro, tatsächlich liegt man aber schnell bei über 10.000 Euro. Der bauliche Aufwand macht diese Lösung vor allem für Neubauten oder umfassende Sanierungen sinnvoll.

Funktionsbeispiele vernetztes Haus.

Foto: SMA/ Roland Horn

Eine Alternative zu KNX ist der ebenfalls leitungsgebundene Standard LCN (Local Control Network).

LÖSUNG 2: Vernetzung per Stromkabel

Alternativ kann in Neubauten und Bestandsgebäuden die Vernetzung auch über Stromleitungen durchgeführt werden. Eine solche Lösung bietet unter anderem die Aizo AG mit ihrem System „Digitalstrom" an. Endgeräte, Schalter oder Dimmer werden mit „intelligenten" Lüsterklemmen versehen; darin integrierte Mikro-Computer können schalten, dimmen und messen. Zum System gehören zudem ein Server im Sicherungskasten und eigene Netzwerkadressen für sämtliche angeschlossenen Geräte. Über eine mitgelieferte Software lassen sich Wunschkonfigurationen für alle Schalter oder Endgeräte einstellen. Auch Fernsteuerung per App ist möglich. Mit der Aizo-Lösung können Licht, Sicherheit, Zugang und Beschattung automatisiert werden und dank Internet-Anbindung auch aktuelle Wetterberichte in die Steuerung einfließen. Zur Montage des Systems muss ein Elektriker hinzugezogen werden. Einfache Startpakete gibt es ab 800 Euro, eine umfassende Vernetzung ist aber weit teurer. Zu bedenken ist auch, dass die Datenraten hier geringer sind als bei Bussystemen und zudem Störungen auftreten können, wenn zu viele Verbraucher am Netz sind.

Alternative: Vernetzung per Funk

Funknetze haben den grundsätzlichen Vorteil, dass der bauliche Aufwand weit geringer ausfällt als bei einer Vernetzung per Kabel. Das macht auch die Nachrüstung von Eigenheimen und Mietwohnungen erschwinglich. Allerdings stellt sich hier verstärkt die Frage der Sicherheit: Diverse erfolgreiche Angriffe von Hackern auch auf Lösungen renommierter Markenanbieter haben die Branche in Unruhe versetzt. Wer über eine Funklösung nachdenkt, findet im Gütesiegel für Informationssicherheit des Verbandes der Elektrotechnik (VDE) eine gute Orientierungshilfe.

Das Gros der angebotenen Funksysteme setzt bei Licht und Heizungssteuerung an. Aktuelle Studien stellen Anwendern Energieeinsparungen von bis zu 30 Prozent in Aussicht. Doch fehlt es an Herstellergarantien, da die Einsparungen erheblich vom jeweiligen Gebäude abhängen: Je schlechter die Gebäudehülle, desto größer der Nutzen.

Achtung – Funkstandards nicht kompatibel

Interessierte müssen sich gerade im Funkbereich mit unterschiedlichen, nicht kompatiblen Standards befassen. Die gängigsten sind „EnOcean" (300 Hersteller, 1.200 Produkte), „Zig-Bee" (400 Hersteller, 600 Produkte) und „Z-Wave" (250 Herstel-

Checkliste Funkstandards

Gehören meine Geräte zu den großen Standards „Z-Wave", „Zig-Bee" und „EnOcean"?

Hat die Verschlüsselung das Gütesiegel für Informationssicherheit des VDE?

ler, 1.000 Produkte). Daneben gibt es das „HomeMatic System" der eQ-3 AG, dem die RWE Effizienz GmbH und die Telekom mit ihrer „Qivicon"-Familie folgen.

FUNKLÖSUNG 1: Evohome von Honeywell

Eine smarte Heizungsregelung bietet Honeywell mit dem „Evohome" ab 300 Euro an. Diese Lösung beinhaltet drei Heizungsregler und ein Bediengerät mit Touch-Display. Auch Laien können die elektrischen Regler auf alle gängigen Heizkörperventile aufsetzen. Sie verfügen jeweils über Vorkonfigurationen für Küche, Bad, Schlaf- oder Wohnzimmer. Zudem lassen sich für einzelne Räume oder Heizzonen bis zu acht verschiedene Zeit- und Temperaturprogramme festlegen. Über das Bediengerät können die Temperaturen der Räume überdies jederzeit kontrolliert und verändert werden. Praktisch auch die Fensterfunktion: Am Temperaturabfall erkennt sie, dass gelüftet wird, und schließt daraufhin die Ventile. Die Steuerung per Web oder Smartphone setzt die Investition in ein zusätzliches Gateway voraus.

FUNKLÖSUNG 2: Einsteigersysteme MAX! und Mobilcom-Debitel

Ähnlich komfortabel ist das Einsteigersystem „MAX!", das Onlinehändler wie EVL für kleines Geld anbieten. Das Startpaket für 130 Euro enthält zwei Regler und Fensterkontakte, einen Eco-Schalter, Wandthermostate, ein LAN-Gateway und die Steuerungssoftware. Nach der Montage lassen sich die Regler über eine simple Programmierung steuern. In der sogenannten Hauslösung übernimmt das Gateway diese Funktion durch programmierbare Wochenprogramme für alle angeschlossenen Heizkörper. Der mitgelieferte Wandthermostat dient dazu, die Wärme über die Raumtemperatur und nicht durch einzelne Regler zu steuern. Auch bei diesem System schließen alle Ventile im Raum, sobald ein Fensterkontakt ausgelöst wird. Zudem fahren sämtliche Heizkörper auf eine vorab eingestellte Mindesttemperatur herunter, wenn beim Verlassen der Wohnung der Eco-Schalter betätigt wird. Steuern lässt sich das System auch via Smartphone. Das ist sinnvoll, wenn die Bewohner früher als geplant nach Hause kommen und es bei ihrer Ankunft bereits angenehm warm sein soll.

Der Anbieter Mobilcom-Debitel hat ein ähnliches Einsteigerpaket und wirbt damit, dass Kunden ihr Geld zurückbekommen, wenn sie nicht mindestens 20 Prozent

Gängige Allianzen

- **EnOcean:**
  Funk, 1.200 Produkte von 300 Herstellern
- **Zig-Bee:**
  Funk, 600 Produkte von 400 Herstellern
- **Z-Wave:**
  Funk, 1.000 Produkte von 250 Herstellern
- **HomeMatic System der eQ-3 AG:**
  Funk – verwendet auch die RWE Effizienz GmbH und die Telekom (Qivicon)
- **KNX, leitungsgebunden:**
  12.000 Produkte von 300 Herstellern
- **Powerline:**
  AVM FritzBox, Devolo AG, Aizo AG

ihrer Heizkosten einsparen. Technisch sind die auf dem Markt erhältlichen Heizkörperhalter recht einfach gehalten. Sie verfügen über einen Temperaturfühler sowie Stellmotoren für die Heizkörperregelung, die mit Batterien betrieben und alle zwei Jahre ausgetauscht werden müssen. Bei der Auswahl sollten Verbraucher auch auf die laufenden Kosten schauen. Einige Anbieter erheben für den Onlinezugriff auf die Daten eine geringe Gebühr, andere nicht.

ZWISCHENFAZIT: Effizienzvorteile werden verschenkt

Mit solch günstigen Einzellösungen sind laut Einschätzung vieler Experten in Häusern mit Zentralheizung beachtliche Energieeinsparungen möglich.

Durchaus praktisch sind diese reinen Thermostatregelungen für Wohnungen mit Zentralheizungen, in denen die Mieter keinen eigenen Kessel haben. Allerdings wäre mehr Ersparnis zu erreichen, wenn Hersteller den direkten Zugriff auf die Steuerung der eigenen Heizung erlauben würden. Schließlich heizt der Kessel auch dann weiter, wenn in absehbarer Zeit gar keine Wärme gebraucht wird. Um die am Raumthermostaten eingestellten Soll-Temperaturen zu erreichen, messen moderne Heizungen über einen Fühler zunächst die Außentemperatur. Aus diesem Wert und der am Kessel eingestellten Heizkurve berechnet die Anlage dann den Sollwert der Vorlauftemperatur für den Heizkreislauf. Wenn der Fühler beispielsweise knackige Minus-Temperaturen meldet, fährt der Kessel sein Heizprogramm hoch, selbst wenn die Heizkörper abgeregelt sind.

Bei Systemen, die vor allem die Heizung in den Räumen regeln, bleibt die Heizzentrale „dumm". So bleibt Potenzial ungenutzt, das sich in einem dynamischen Heizbetrieb heben ließe. Denn dieser könnte sich am Tagesrhythmus der Hausbewohner orientieren, den die smarten Funksysteme ja ohnehin ermitteln. Voraussetzung wäre hier allerdings eine entsprechende Schnittstelle zur Heizungssteuerung.

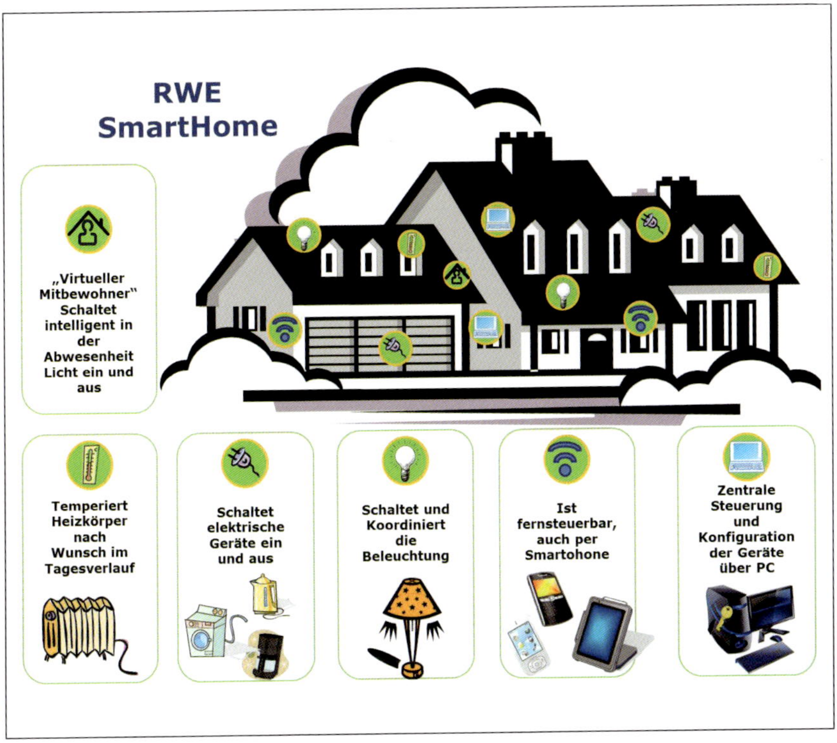

FUNKLÖSUNG 3: Erweiterte Intelligenz

Einen ersten Schritt in diese Richtung macht die RWE Effizienz GmbH mit ihrem bereits hundertausendfach verkauften „RWE Smart Home". Als Erfolgsfaktor gilt die breite Produktpalette für Neubauten und Nachrüstungen in allen Bereichen der Gebäudeautomatisierung. Philips, Miele und Heizungsbauer Buderus sind Kooperationspartner. So bekommen Nutzer zumindest teilweise die Kontrolle über den Kessel. Zwar können sie die Vorlauftemperatur nicht ändern, dafür aber die Temperaturwerte und Stellzeiten der Heizprogramme.

Durch die Einbindung von internetfähigen Buderus-Heizungen in die RWE-Haussteuerung kommuniziert der Kessel mit den Heizkörperregelungen und erfährt, auf welcher Stufe die Heizkörper tatsächlich stehen. Zudem hat der Kesselbauer für RWE seine Schnittstellen geöffnet und erlaubt über die App „EasyControl" auch den Zugriff auf die Vorlauftemperaturen oder die verschiedenen Heizprogramme. So kann man sich die Therme sozusagen in die Hosentasche stecken und sie per App aus der Ferne bedienen.

Abb.: RWE

FUNKLÖSUNG 4: Smart heizen mit Tado

Weit mehr hat sich die Tado GmbH vorgenommen. Der Anbieter geht direkt an die Heizung und bezieht Außentemperaturen in die Steuerung mit ein. Da alle Temperaturfühler ähnlich funktionieren, kann Tado nach eigenen Angaben mit 5.000 Heizungen von 290 Herstellern kommunizieren und zur Steuerung ihrer Kessel die Vorlauftemperatur um bis zu 20 Grad Celsius verschieben. Statt einer Vielzahl von Ventilen und Fensterkontakten enthält das Paket für 299 Euro nur einen solarbetriebenen Temperatursensor, ein Gateway sowie die „Tado Box". Auch Laien können sie entweder per Kabel direkt mit der Heizung verbinden oder anstelle eines Thermostaten an die Wand schrauben. Hierfür gibt es bereits vorkonfektionierte und beschriftete Kabel sowie eine ausführliche Installationsanleitung via Internet, die alles Schritt für Schritt erklärt. Für den einzigen Sensor ist ein Zimmer auszuwählen, das der Heizung fortan als Referenzraum dient. Die separate Steuerung einzelner Räume ist bei Tado nicht möglich. Für den Komfort gibt es zusätzlich eine Heiz-App. Sie erkennt durch Ortung der verbundenen Smartphones, ob jemand im Haus ist oder sich Bewohner nähern. Je weiter sich diese entfernen, desto tiefer senkt Tado die Temperaturen. Wenn sich die Bewohner auf dem Rückweg befinden, startet das System die Heizung wieder. Auch soll die Software mit der Zeit lernen, wie lange es dauert, die Räume nach einer Temperaturabsenkung wieder mollig warm zu heizen.

Spezielle Häuser erfordern spezielle Lösungen

Ganz anders sieht die smarte Praxis aus, wenn es um Gebäude mit hohen Effizienzstandards geht. Etwa Passivhäuser mit Wärmerückgewinnung, bei denen der geringe Wärmebedarf von elektrischen Heizungen, Wärmepumpen, Holzöfen oder thermischen Solaranlagen gedeckt wird. Kompaktgeräte übernehmen dann das Lüften, Heizen und die Heißwasserbereitung. Wirklich notwendig ist hier eine smarte Beschattung, um die Wärme zu regulieren. Lösungen für eine derartige „Schattensteuerung" bietet beispielsweise die österreichische Loxone GmbH, die auch Fertighäuser mit Gebäudeautomation anbietet. Ihr System bindet den elektrischen Antrieb von Markisen, Jalousien oder Rollläden in die Steuerung ein. Über Sensorsysteme reagieren die Beschattungsmodule auf Licht, Zeit

Förderung

Die Kreditanstalt für Wiederaufbau fördert einzelne Elemente eines Smart Home. So wird im Programm 159 der altersgerechte Umbau mit einem Zuschuss von maximal 50.000 Euro pro Wohneinheit bedacht. Im Programm 455 wird ein Investitionszuschuss von maximal 5.000 Euro pro Wohneinheit gewährt.

oder Temperaturen – und fahren bei Sturm automatisch ein. Im Angebot ist auch ein Miniserver, der online aktuelle Wetterberichte abruft und in die Steuerung einbezieht.

Sinnvoll für Selbstversorger

Im Bereich der Energiemanagementsysteme sind Wechselrichter-Hersteller wie SMA schon recht weit. Das international tätige Unternehmen hat sich auf flexible Strompreise eingestellt und kann Wärmepumpen oder Elektromobilität einbinden – und damit den Eigenstromverbrauch erhöhen. Statt Haushaltsstrom für 28 Cent je Kilowattstunde verbrauchen die eigenen Geräte dann den Strom vom Dach, der bei einer neuen PV-Anlage etwa 13 Cent kostet.

Im Duett mit Loxone bietet auch Fronius eine Schnittstelle an, damit die Steuerung beispielsweise auf die Produktionswerte der PV-Anlage zugreifen und den Verbrauch im Haus besser steuern kann. Noch allerdings kommen solche Lösungen, die Verbrauch und Erzeugung im Einklang mit dem Tagesrhythmus der Bewohner und dem Wetter steuern, meist als teure Maßanzüge daher.

Einen ersten Versuch, dies zu ändern, hat die alphaEOS AG in der Stuttgarter Weißenhofsiedlung gewagt. Dort wurde ein Aktivhaus mit PV-Anlage gebaut, die doppelt so viel Strom produziert, wie das Haus verbraucht. Aufmerken lässt insbesondere die vorausschauende Haussteuerung, die nicht nur den Tagesablauf der Wohngemeinschaft meistert, sondern zudem in ein virtuelles Kraftwerk eingebunden ist. So wird ein Museum mit überschüssigem Strom versorgt, und das System behält darüber hinaus den Ladezustand und die Geoposition der zum Projekt gehörenden Elektrofahrzeuge im Blick. Allerdings bewohnen dieses Forschungshaus vorerst nur Studenten und Wissenschaftler. ■

Fazit: Viel ist möglich, aber nicht alles nötig

Ob tatsächlich alle Smart-Home-Funktionen notwendig sind und sich energetisch und finanziell amortisieren, sei dahingestellt. Einsparpotenzial versprechen dagegen Taster, die überflüssige Stromverbraucher vom Netz nehmen oder das Haus in den Sparmodus versetzen. Da es allerdings noch keine Stromtarife gibt, die das Anschalten von Geschirrspülern oder Waschmaschinen bei geringer Netzlast belohnen, lässt sich damit auch kein Geld einsparen. Das können nur Hausbesitzer, die über PV-Anlagen und Stromspeicher verfügen. Sie können ihr Gebäude tatsächlich günstig und weitgehend autark versorgen, wenn sie in ein Energiemanagementsystem investieren.

Elektromobilität im Kleinformat auf einer Modellrennbahn.

21 | ELEKTROMOBILITÄT

Energiewende auf der Straße

Die Elektromobilität kommt. Die Auswahl an Modellen, die an Steckdosen geladen werden können, wächst ebenso wie die Ladeinfrastruktur. Abrechnungssysteme werden vorbereitet. Die Energiewende auf der Straße kann beginnen – die Erneuerbaren Energien werden mobil.

„Wir müssen das Auto neu erfinden", meinte Daimler-Chef Dieter Zetsche. Und Carlos Ghosn, Vorstandschef von Renault-Nissan war sich sicher, dass effizientere Verbrennungsmotoren angesichts der globalen Fahrzeugzuwächse für eine Entlastung des weltweiten Klimas nicht reichen werden: „Nur Elektromobilität kann unsere Erde davor schützen, zu explodieren."

Beide Zitate stammen aus dem Jahr 2008. Mittlerweile ist es still geworden um die Elektromobilität. Doch diese Stille ist kein schlechtes Zeichen – denn es wird gearbeitet. Gemeinsam mit Politik, Verbänden und Wissenschaft haben Unternehmen aus der Automobil-, Energie-, IT- und Maschinenbau-Branche die Nationale Plattform Elektromobilität (NPE) ins Leben gerufen und einen Plan für die Energiewende im Straßenverkehr erarbeitet. Er sieht drei Phasen vor: Die Marktvorbereitung ging 2014 wie geplant in die bis 2017 terminierte Phase des Markthochlaufs über. Sie soll spätestens zum Ende des Jahrzehnts in den Massenmarkt münden.

Foto: Paul-Langrock.de / Agentur Zenit

Der neue eGolf wird fotografisch in Szene gesetzt.

Auswahl an elektrisch angetriebenen Modellen wächst

Die Auswahl an reinen Elektrofahrzeugen und vor allem Plug-in-Hybriden hat schon 2014 deutlich zugenommen. Zudem kündigen die Hersteller stetig neue Autotypen an. Da die Marktforschung die Skepsis vieler Kunden gegenüber den begrenzten Reichweiten reiner Stromer deutlich aufgezeigt hat, setzen Hersteller vorerst auf die intelligente Kombination aus Verbrennungsmotor und Elektroantrieben, deren Batterien sich per Ladekabel am Stromnetz laden lassen. Solche Plug-in-Hybride kommen mit einer vollen Batterie 30 – 60 Kilometer weit, ohne einen Tropfen Benzin zu verbrennen. Damit können sie einen Großteil der üblichen Fahrten ohne lokale Emissionen absolvieren.

Laden sie zu 100 Prozent Strom aus Wind und Sonne, fahren Steckdosen-Hybride elektrisch zurückgelegte Strecken nahezu klimaneutral. Und der Anteil dieser Strecken ist höher als gedacht: Zulieferer Continental hat in einer aufwendigen internationalen Befragung von Autofahrern ermittelt, dass über 75 Prozent aller Autos weniger als 50 Kilometer pro Tag zurücklegen. Bei 90 Prozent sind es unter 100 Kilometer, wobei viele zwischen den Fahrten stundenlang an festen Stellplätzen parken – Nachladen wäre somit kein Problem. Plug-in-Hybride sind also eine elegante Lösung, im Alltag emissionsfrei zu pendeln und einzukaufen, bei Wochenendausflügen und Reisen aber weiter von der hohen Energiedichte flüssiger Kraftstoffe zu profitieren.

Foto: Paul-Langrock.de / Agentur Zenit

Problem Energiedichte

Im Vergleich der Energiedichten wird deutlich, warum Batteriefahrzeuge es gegenüber Verbrennungsantrieben so schwer haben: Benzin enthält 12.800 Wattstunden pro Kilogramm (Wh/kg), Diesel immerhin 11.800 Wh/kg. Dagegen mühen sich Hersteller von Lithium-Ionen-Batterien, von 150 Wh/kg auf 200 Wh/kg zu kommen. Optimisten hoffen auf 280 Wh/kg bis zum Jahr 2020. Der schwache Trost: Verbrenner vergeuden zwei Drittel der im Sprit enthaltenen Energie als Abwärme und Reibungsverluste, wogegen die Verluste bei Elektroantrieben im einstelligen Prozentbereich liegen. Der hohe Wirkungsgrad kann den Unterschied in der Energiedichte aber nicht wettmachen.

Und so forschen Batteriehersteller, wie sich mehr Energie pro Gewicht speichern lässt. Ein Trend sind steigende Nickelanteile der im Fahrzeugbau favorisierten Lithium-Nickel-Mangan-Cobaltoxid-(NMC)-Zellen, die aufgrund der Reaktionsfreudigkeit des Nickels allerdings verbesserte Elektrolyte voraussetzen. Wie die Elektrochemie steckt aber auch die Produktionstechnik für großformatige Hochvolt-Batterien noch in den Kinderschuhen. Mittlerweile macht sich allerdings bemerkbar, dass weltweit Milliarden in Forschung und Entwicklung fließen. Marktbeobachter stellen mittelfristig deutlich steigende Energiedichten und sinkende Batteriepreise in Aussicht. Noch ist jedoch ein elektrischer Antrieb laut Volkswagen in der Herstellung um den Faktor 5 kostenintensiver als ein vergleichbarer Antrieb mit Verbrennungsmotor.

Serienmodelle deutscher Hersteller (bis 2014)

Fahrzeugsegment	Serienmodelle
Minis	smart fortwo electric drive, VW e-up!
Kleinwagen	BMW i3
Kompaktklasse	Audi A3 Sportback e-tron, Ford Focus Electric, Opel Ampera, VW Golf GTE, VW e-Golf
Oberklasse	MB S 500 Plug-in-hybrid, Porsche Panamera S E-Hybrid
Geländewagen	Porsche Cayenne S E-Hybrid
Sportwagen	BMW i8, MB SLS AMG Coupé Electric Drive, Porsche 918 Spyder
Mini-Vans	Ford C-MAX Energi, MB B-Klasse Electric Drive
Utilities	MB Vito E-CELL

Quelle: Kraftfahrt Bundesamt

Internationaler Benchmark

Die verfügbaren Daten in Deutschland beziehen sich auf den Stand Juli 2014.
In den übrigen Ländern beziehen sich die verfügbaren Daten zu Elektrofahrzeugen auf den Stand Juni 2014 und zu Ladesäulen auf den Stand Dezember 2013.

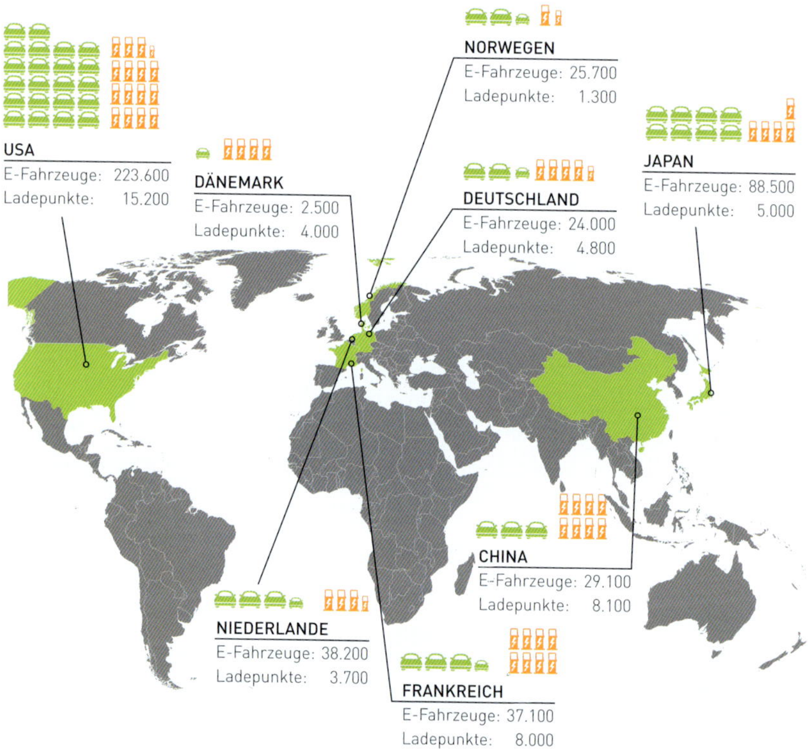

Quelle: Kraftfahrt Bundesamt

Umstieg auf Elektromobilität ist ein Muss

Dass Elektromobilität dennoch politisch gewollt ist und von den Automobilherstellern mit Milliardeninvestitionen vorangetrieben wird, liegt nicht an ihrer technischen Überlegenheit. Der zentrale Treiber für die Energiewende in der Mobilität ist der Klimaschutz. In einer Studie für das Bundesumweltministerium zeigt das Beratungsunternehmen McKinsey auf, dass der Umstieg von fossilen Kraftstoffen auf Strom eine zwingende Voraussetzung dafür ist, den klimabedingten Temperaturanstieg auf 2 Grad Celsius zu begrenzen. Der Studie zufolge dürfen Neuwagen im Jahr 2040 nur noch 10 – 35 Gramm Kohlendioxid je Kilometer emittieren. Heute sind es bei Neuwagen im EU-Durchschnitt 130 Gramm. Und das nur vom Tank bis zum Auspuff. Dagegen muss der zukünftige Durchschnittswert vom Bohrloch bis zum Auspuff beziehungsweise von der Windenergie- oder Solaranlage bis zum Elektromotor gelten. Diesen Durchschnittswert hat McKinsey ermittelt, indem es vom 2-Grad-Ziel zurückgerechnet hat: Der Pro-Kopf-Ausstoß von Kohlendioxid muss in der Rechnung von aktuell über 13 Tonnen auf maximal 2,4 Tonnen sinken. Das sei nur möglich, wenn deutsche Autofahrer im Jahr 2050 mindestens zwei Drittel aller Strecken mit Strom oder Wasserstoff aus regenerativen Quellen zurücklegen werden.

Reichweiten vorerst begrenzt – Preise noch sehr hoch

So wenig Zweifel die McKinsey-Studie an der Notwendigkeit zum Umstieg lässt, so viele Fragen bleiben dem einzelnen Autokäufer. Fraglich ist insbesondere, wie schnell die bisher noch hohen Preise für Elektroautos sinken werden. Noch schlagen sich der hohe Forschungsaufwand zur Steigerung der Energiedichten, der Sicherheit, Lebensdauer und Zyklenfestigkeit der Batterien und die vergleichsweise unreife Produktionstechnik in extrem hohen Batteriekosten nieder. Optimistische Studien stellen eine Kostensenkung von aktuell 500 – 800 Euro pro Kilowattstunde auf 120 – 160 Euro

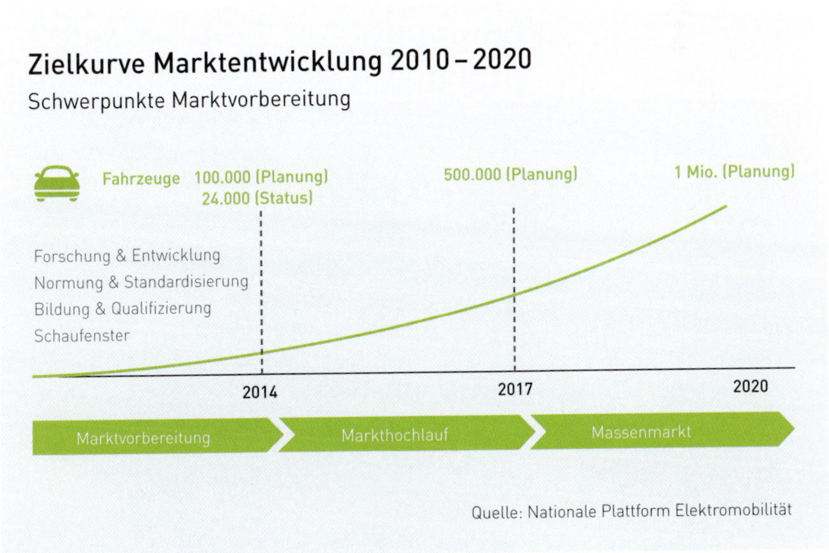

innerhalb der nächsten zehn Jahre in Aussicht. Für Pessimisten sind dagegen maximal 25 – 30 Prozent Kostensenkung machbar, weil die Materialien schon jetzt das Gros der Kosten ausmachen. Diese würden zukünftig aber aufgrund einer stark steigenden Nachfrage eher teurer als billiger.

Weil auch die Energiedichte zu wünschen übrig lässt, jeder Kilometer Reichweite also mehr Gewicht und mehr Kosten verursacht, sind die Reichweiten der bisher angebotenen 18 Elektroautos auf dem Markt auf 120 – 200 Kilometer begrenzt. Die Angaben zu Reichweiten und Verbrauch sind allerdings mit Vorsicht zu genießen. Bei Hitze und an kalten Wintertagen sinken sie ebenso beträchtlich wie bei Geschwindigkeiten über 100 Kilometer pro Stunde – zum Teil auf die Hälfte der angegebenen Werte.

Reichweiten sollen in der nächsten Modellgeneration steigen

Allerdings kündigen führende Hersteller für die nächste Generation ihrer Stromer eine Verdopplung der Reichweiten auf dann 300 Kilometer an. Der US-Hersteller Tesla bietet sein „Model S“ schon heute mit 502 Kilometer Reichweite an. Für die dafür benötigten 85 kWh Batteriekapazität stehen allerdings 24.000 Euro Aufpreis auf der Rechnung. Wobei schon das Basismodell mit der 60-kWh-Batterie und 390 Kilometern Reichweite 71.000 Euro kostet. Zum Vergleich: Der kleine „VW e-Up!“ ist mit 26.900 Euro Einstiegspreis zwar erheblich günstiger, bietet aber nur 18,7 kWh Speicherkapazität und 150 Kilometer Reichweite. Bei dem ab 34.950 Euro erhältlichen „BMW i3“ sind dank einer 22-kWh-Batterie immerhin 200 Kilometer möglich. Ebenso wie bei der etwa 5.000 Euro teureren „B-Klasse“ von Mercedes-Benz mit 28 kWh Batteriekapazität.

Der Stecker signalisiert es: Hier gibt es Strom fürs Auto.

Foto: Hendrik Schmidt

Selbst ein „Smart“ kostet in der Elektrovariante stolze 18.900 Euro zuzüglich 65 Euro monatliche Batteriemiete. Angesichts der Reichweite von 145 Kilometer ist das für einen Kleinwagen durchaus viel Geld. Daimler-Chef Zetsche ist sich dessen bewusst: „Es ist einfach so, dass es Elektroautos im Wettbewerb mit traditionellen Antriebskonzepten verdammt schwer haben.“ Auch aus seiner Sicht sei hier sehr viel Einsicht verlangt, wenn man mehr für ein Fahrzeug bezahlen soll, das reihenweise Einschränkungen aufweise.

Sollen Autokäufer also auf sinkende Preise und verbesserte Batterien warten? Ein Grund dafür, dass sich Geduld lohnen könnte, ist der aktuell erkennbare Strategiewechsel der Autobauer. Statt die teure Technik in elektrischen Kleinwagen auf den Markt zu bringen, setzen sie nun auf den bewährten Top-Down-Ansatz: Plug-in-Hybride in der Oberklasse für die solvente Kundschaft sollen die Stückzahlen der elektrischen Antriebskomponenten auf ein deutlich höheres Niveau bringen und so die Kosten herunterschrauben. Mit dem gleichen Ziel bestücken Hersteller wie Mercedes/Smart, BMW und Citroën ihre Car-Sharing-Flotten mit elektrischen Kleinwagen.

Einstiegsmodell Car-Sharing

Gerade für Städter ist Car-Sharing ein vergleichsweise kostengünstiger Einstieg in die Elektromobilität. Herstellergebundene Mietsysteme wie „DriveNow“ von BMW und Sixt, „Car2go“ von Daimler, „Multicity“ von Citroën, „Quicar“ von Volkswagen oder auch herstellerunabhängige wie „Flinkster“ von der Deutschen Bahn AG, „Stadtauto“ oder „Cambio“ haben bundesweit insgesamt 14.000 Elektroautos am Start. Allerdings besteht die Möglichkeit, sich zum kleinen Preis an die Elektromobilität heranzutasten, fast ausschließlich für Städter.

Für Eigenheimbesitzer, die ihre persönliche Energiewende mit selbst erzeugtem Solar- oder Windstrom auf der Straße fortsetzen wollen, sind die Teilzeitautos weniger attraktiv. Sie müssen abwägen, ob sie mit einer stationären Batterie oder einem Elektroauto besser fahren. Dabei sind folgende Aspekte zentral: Stationäre Speicher senken den Strombezug aus dem Netz. Sofern es sich dabei um Ökostrom handelt, ist der positive Effekt für das Klima deutlich geringer, als wenn der Strom in einem Plug-in-Hybrid fossilen Kraftstoff ersetzt. Gleiches gilt, wenn ein reines Elektroauto einen Benziner oder Diesel verdrängen kann. Doch die mobile Variante nützt nichts, wenn das Fahrzeug tagsüber unterwegs ist. Nur wenn es in den ertragreichen Mittagsstunden üblicherweise zu Hause steht, ist die Kombination von Photovoltaikanlage und Elektroauto sinnvoll. Strom stationär zwischenzuspeichern und anschließend zum Laden eines Elektroautos zu nutzen, ist dagegen aus wirtschaftlicher Sicht kaum empfehlenswert. Vor der Investition in Speicher – ob mobil oder stationär – sollte die Kostenkalkulation ohnehin nicht zu kurz kommen.

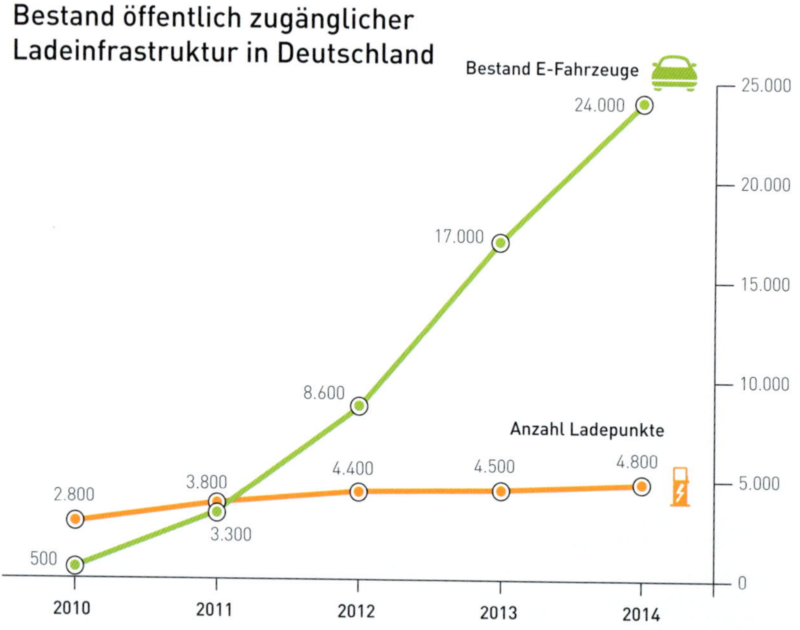

Quelle: KBA, BDEW

Immer mehr Ladesäulen im Land

Die öffentliche Ladeinfrastruktur wächst. Anfang 2015 waren bundesweit knapp 5.000 Ladesäulen verfügbar. Allein in Berlin soll sich die Zahl binnen eines Jahres auf 800 verdoppeln. Die Idee eines Berliner Start-ups, Ladesteckdosen in Straßenlaternen und die Abrechnungselektronik im Ladekabel unterzubringen, könnte dem Ausbau einen weiteren Schub geben. Junge Anbieter wie „Hubject" haben die letzten Jahre genutzt, um IT-Plattformen für die finanzielle Abwicklung der Ladevorgänge aufzubauen. Kunden können dadurch an fast allen Ladesäulen Strom ihres jeweiligen Stromanbieters beziehen.

Neben den öffentlichen Ladestellen sind auch private Anschlüsse wichtig. Im Prinzip können Stromer und Plug-in-Hybride an herkömmlichen Haushaltssteckdosen geladen werden. Gerade bei alten Leitungen sollte allerdings vorher ein Elektriker prüfen, ob der Zustand der Installation das noch hergibt. Außerdem dauert das Laden an der einfachen Steckdose sechs bis zwölf Stunden. Alternativ bieten sowohl

Autohersteller als auch unabhängige Anbieter sogenannte „Wallboxes“ an. Das sind wie Küchenherde abgesicherte Drehstromanschlüsse, die über den vereinheitlichten Typ-2-Stecker bei 400 Volt Spannung je nach Modell 16 – 63 Ampere übertragen. Damit geht das Laden deutlich schneller. Doch die Anschaffung schlägt je nach Anbieter bis zu 1.500 Euro zu Buche – allein für die Hardware und ohne Installation.

Ladestrategie 2020

	Nicht zugänglich		Öffentlich zugänglich			
Bedarfsprognose	**85 % privat** AC: 1.022.000 DC: 0		**10 % halböffentlich** AC: 103.000 DC: 7.100		**5 % öffentlich** AC: 70.000 DC: 0	
Standorttypen	**Heimstellplatz** Eigene Garage oder Stellplatz	**Firmengelände** Arbeitnehmerparkplätze	**Parkhäuser** Kundenparkplätze, z.B. Einkaufszentrum	**Fernverkehr** Rastplatz, Autohof, Tankstelle	**Wohnort** Straßenrand	**Zentrale Stellen** Öffentliche Parkplätze
Besitzfläche für Ladestationen	Privat		Privat	Privat, öffentlich	Öffentlich	
Stromversorgung	Über Hausanschluss/ Anschlussnehmer (Hauseigentümer)		Über Anschluss/ Kundenanlage der Liegenschaft oder separaten Netzanschluss	Neu zu erschließen/ Netzanschluss vom Netzbetreiber	Neu zu erschließen/ Netzanschluss vom Netzbetreiber	
Anschluss	Ggf. separater Lieferpunkt/ Zähler		Ggf. separater Lieferpunkt/ Zähler	Ggf. Nutzung vorhandener Anschüsse	Ggf. Nutzung vorhandener Anschüsse	
Ladedauer	6 Stunden (AC 3,7 kW)		1 Stunde (AC/DC 22 kW)	0,5 Stunden (DC 50 kW)	6 Stunden (AC 3,7 kW)	1-2 Stunden (AC 3,7 kW)

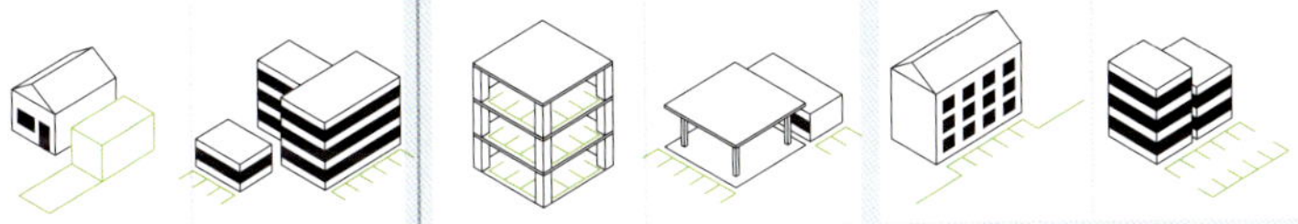

Basierend auf dem Szenario Pro

Quelle: Roadmap Ladeinfrastruktur der NPE

Bei Schnellladung ist Vorsicht geboten

Zudem sind Schnellladungen den empfindlichen Lithium-Ionen-Batterien nicht eben zuträglich. Batterieforscher bringen es mit folgender Faustformel auf den Punkt: „Schnelles Laden schädigt die Batterie beinahe doppelt so stark wie schnelles Entladen." Es sollte daher die Ausnahme bleiben – erst recht bei frostigen Temperaturen. Hintergrund: An der Grenzfläche zwischen Elektrode und Elektrolyt bilden sich mit fortschreitendem Zellalter sowie steigender Zahl und hoher Intensität der Nutzungszyklen Ablagerungen. Sie halten beim Schnellladen den Ionenfluss auf, was zu unerwünschten Reaktionen mit dem Elektrolyt führt. Dabei bilden sich Lithium-Salze. Das darin gebundene Lithium ist für die Batterie verloren. Dieser Effekt ist umso stärker, je schneller geladen wird.

Dies sollte vor der Anschaffung einer „Wallbox" bedacht werden. Oft reicht es aber, das Elektroauto unterwegs schnell zu „bestromen" und dann daheim bei 230 Volt in aller Ruhe nachts aufzuladen. Experten empfehlen, den Ladevorgang in die zweite Nachthälfte zu legen, damit die Batterie vor dem Losfahren nicht wieder auskühlt. Allein dieser Trick könne die Lebensdauer der kostspieligen Speicher um bis zu zwei Jahre verlängern. Mittelfristig könnte die heimische Ladeinfrastruk-

Elektroautos sind so grün wie ihr Strom

„Mitsubishi i-MiEV": Verschiedene Treibstoffe und das Klima

Treibstoff	Benzin	Strom / Braunkohle	Strom / Steinkohle	Strom / deutscher Energiemix	Strom / Erneuerbare Energien
Emissionen (g CO_2 / km)	131	156	117	84	4
Differenz in Prozent	-	+ 20	-11	-36	-97

CO_2-Emissionen des Elektro-Kleinwagens „Mitsubishi i-MIEV" nach Stromerzeugung im Vergleich zum Benzin-Fahrzeug. Die CO_2-Emissionen beinhalten die Produktion der Energieträger („Well-to-Wheel"-Analyse).

tur solche Strategien vollautomatisch umsetzen. Alle Hersteller treiben zudem das sogenannte induktive Laden voran. Dann wird es genügen, eine Spule im Fahrzeugboden über einer Spule im Garagenboden zu parken. Solche Systeme werden in Demonstrationsprojekten bereits umgesetzt und erreichen Wirkungsgrade über 90 Prozent. Busse werden induktiv mit bis zu 200 kW Ladeleistung geladen. Für Autos setzen die Hersteller auf 3,6 kW Leistung, die bei 16 Ampere und 230 Volt in jedem Haushalt abrufbar sind.

Foto: www.m-buehner.de - Fotolia

Alternative Wasserstoff

Toyota bringt 2015 als erster Autohersteller ein Serienmodell mit Wasserstoff-Brennstoffzelle auf den Markt. Mit einer Tankfüllung soll es 500 Kilometer weit fahren. Auch Honda und Hyundai haben angekündigt, 2016 in die serienmäßige Wasserstoffmobilität einzusteigen. Und im Jahr darauf will eine Allianz aus Daimler, Ford und Nissan nachziehen. VW und Audi zögern noch, bekennen sich aber ebenfalls zur intensiven Brennstoffzellenforschung. Derweil treibt eine breite Konzernallianz,

Wasserstoff-Tankstelle in Berlin. Die Wasserstoffinfrastruktur wächst von Jahr zu Jahr.

die Clean Energy Partnership, hierzulande den Aufbau eines Wasserstoff-Tankstellennetzes voran. Bis Ende 2015 werden es 50 solcher Tankstellen sein, und schon im Jahr 2023 sollen Brennstoffzellenfahrzeuge an bundesweit 400 Stationen tanken können.

Die Wasserstoffmobilität ist ebenfalls fester Bestandteil in den Plänen der Nationalen Plattform Elektromobilität. Mit regenerativ erzeugtem Wasserstoff soll in Zukunft die Langstreckenmobilität abgedeckt werden, mit grünem Strom in Batterien die Kurz- und Mittelstreckenmobilität. So könnte das von McKinsey formulierte Emissionsziel von 10 – 35 Gramm Kohlendioxid je Kilometer tatsächlich erreicht werden.

Alternative Power-to-Gas und Biogas

Erdgasfahrzeuge basieren auf einer ausgereiften Technik und sind schon heute erschwinglich. Autokäufer haben die Wahl zwischen 25 Modellen verschiedener Her-

Foto: Pierre Adenis

steller, die vom Kleinwagen über den Van bis zum Transporter reichen. Viele von ihnen können dank Turbotechnik mit den Fahrleistungen herkömmlicher Verbrennungsmotoren mithalten und bewegen sich dabei im Spitzenfeld der effizientesten Fahrzeuge (Effizienzklasse A+). Schon mit fossilem Erdgas kommt der kleine „Skoda Citigo G-TEC" auf einen Emissionswert von nur 79 Gramm Kohlendioxid je Kilometer. Sein großer Bruder „Octavia G-TEC" stößt im Normzyklus 94 Gramm des Treibhausgases pro Kilometer aus. Und selbst bei großen Vans wie dem „Opel Combo 1.4 CNG ecoFLeX" oder dem „Fiat Doblo 1.4 T-Jet 16V Natural Power" sind es vergleichsweise gute 134 Gramm.

Tanken diese Fahrzeuge Biogas oder in Methan gewandelten Windstrom, dann bessern sich diese Werte nochmals drastisch. So sinkt der Kohlendioxid-Ausstoß beim „Audi A3 G-Tron" nach Berechnungen des Herstellers von 92 Gramm pro Kilometer in einer Bilanz von Tank zu Auspuff auf 27 Gramm von der Gasquelle zum Auspuff, wenn sein Halter das von Audi angebotene Power-to-Gas-Paket bucht. Der Hersteller betreibt dafür im Emsland eine Anlage, die Windstrom per Elektrolyse zu Wasserstoff und dann unter Zugabe von Kohlendioxid zu Methan verarbeitet. Käufer des Erdgas-A3 können das „e-gas" an jeder Erdgastankstelle nachfüllen. Audi speist die entsprechende Menge ins Erdgasnetz ein.

Das vorhandene Erdgasnetz ist ein entscheidender Vorteil bei dieser Variante der mobilen Energiewende. Denn es kann genug Erdgas – oder Biogas, Windgas und bis zu einer gewissen Obergrenze auch reinen Wasserstoff – speichern, um den deutschen Bedarf monatelang zu decken. Die Speicherkapazität beträgt laut einer Studie des Fraunhofer-Instituts für Windenergie und Energiesystemtechnik (IWES) rund 200 Terawattstunden. Zum Ausgleich saisonaler Schwankungen bei Wind und Sonne werden in Deutschland 30 Terawattstunden benötigt. Die Mobilität mit methanisiertem Windstrom, dessen Produktion an Tagen mit starkem Wind Netze entlasten und Abschaltungen von Windparks ein Ende setzen könnte, könnte auch Autofahrern die Investition in teure Batterien oder Brennstoffzellenfahrzeuge ersparen. Zumindest als Übergangslösung würde so der massenhafte Einsatz von Wind- und Solarstrom im Verkehr Realität werden. ■

ANHANG

22 | WIRTSCHAFTLICHKEITSVERGLEICH EINFAMILIENHAUS

Welche Heizung ist die beste?

Von Dipl.-Ing. Christian Feddersen

Vom Brennwertkessel über die Pelletheizung bis zum Blockheizkraftwerk stehen für neue und sanierungsbedürftige Einfamilienhäuser unterschiedliche Wärmeerzeuger zur Verfügung. Was zeichnet die einzelnen Techniken aus? Wie hoch sind die Investitionen und laufenden Kosten? Dipl.-Ing. Christian Feddersen realisiert für Bauherren seit vielen Jahren umweltfreundliche und günstige Wärmeversorgungen. Er zeigt auf: Bei Einfamilienhäusern – egal ob Effizienzhaus oder älteres Gebäude – kommen in der Regel sechs verschiedene Varianten infrage.

Variante 1:	**Brennwertkessel** mit Gas oder Öl befeuert
Variante 2:	**Brennwertkessel** mit solarer Warmwasserbereitung und solarer Heizungsunterstützung (als Standard- bzw. Minimalausstattung bei Neubauten nach EEWärmeG)
Variante 3:	**Blockheizkraftwerk (BHKW)** mit 100 Prozent Stromeinspeisung ins öffentliche Stromnetz und einem Gas-Brennwertkessel als Spitzenlastkessel
Variante 4:	**Blockheizkraftwerk (BHKW)** mit Eigenstromverwendung und Stromeinspeisung ins öffentliche Stromnetz und einem Gas-Brennwertkessel als Spitzenlastkessel
Variante 5:	**Pelletkessel**
Variante 6:	**Elektrische Sole/Wasser-Wärmepumpe**

Variante 1: Brennwertkessel mit Gas oder Öl befeuert

Bei Gas-Brennwertkesseln kondensiert die feuchte (sogenannte latente) Wärme im Abgas, indem kühleres Rücklaufwasser aus der Heizung über einen Wärmeübertrager das Abgas abkühlt, so dass der Brennwert des Brennstoffs genutzt wird und der Wirkungsgrad gegenüber einem konventionellen Niedertemperaturkessel bei Erdgas um 8 – 11 Prozent und bei Heizöl um 4 – 6 Prozent steigt. Dieser zusätzliche Energiegewinn resultiert zu ungefähr gleichen Teilen aus der Kondensation der Abgase und den tieferen Abgastemperaturen. Ein Niedertemperaturkessel kann nur den Heizwert des Brennstoffs nutzen und muss mittels einer Rücklauftemperaturanhebung möglichst rasch die feuchte, kondensierende Phase des Aufheizvorgangs durchfahren. Eine Kondensation der latenten Wärme im Abgas findet bei Erdgas bei Rücklauftemperaturen unter etwa 58 °C und bei Heizöl unter 47 °C statt. Je niedriger die Rücklauftemperatur, desto stärker ist die Kondensation und somit auch der Kesselnutzungsgrad des Brennwertkessels. Auch bei Auslegungstemperaturen von Vorlauf/Rücklauf von 70/50 °C ist die Installation eines Brennwertkessels wirtschaftlich, da im Teillastbetrieb deutlich geringere Temperaturen herrschen als im Volllastbetrieb des Auslegungszustandes. Im Durchschnitt wird zum Beispiel im Berliner Raum nur an zehn Tagen im Jahr die Auslegungstemperatur von -14 °C erreicht bzw. unterschritten. Im Kondensationsbetrieb können bei Erdgas bis zu 1,5 Liter pro Kubikmeter verbranntes Erdgas und bei Heizöl bis zu 100 Prozent als Kondensat anfallen.

Für einen einwandfreien Betrieb des Verbrennungsvorgangs ist eine ausreichende und saubere Verbrennungsluftzufuhr notwendig. Die Luft muss frei von Waschpulverzusätzen, Chemikalien, Lacken und Stäuben sein. Die Luftzufuhr sollte möglichst raumluftunabhängig über eine zweischalige Abgasanlage erfolgen, um den Kaltlufteintrag ins Gebäude zu minimieren.

Der Gas-Brennwertkessel wird für den berechneten Wärmebedarf ausgelegt zuzüglich eines Zuschlags für die zentrale Warmwasserbereitung. Dieser kann bei kleineren Objekten wie Ein- und Zweifamilienhäusern ein Mehrfaches des Wärmebedarfs betragen. Bei einer dezentralen Warmwasserbereitung mittels Elektro-Durchlauferhitzer erfolgt kein Zuschlag.

Inspektion und Wartung einer Heizungsanlage sind durch die Energieeinsparverordnung EnEV und EN 806 gesetzlich vorgeschrieben.

Praxishinweise

- Vor dem Einbau einer neuen Heizungsanlage ist die korrekte Ermittlung des tatsächlichen Wärmebedarfs (Heizlast) des Gebäudes notwendig.

- Wie bei Neuanlagen ist auch bei Altanlagen ein hydraulischer Abgleich des Heizungsnetzes mittels voreinstellbarer Ventile an den Heizkörpern sowie Strangregulierventilen – ggf. ergänzt durch Differenzdruckregler – notwendig, um eine gleichmäßige und energiesparende Wärmeverteilung sicherzustellen. Nach neuesten Untersuchungen sind Energieeinsparungen von 10 – 20 Prozent erreichbar.

- Im Zuge der Maßnahme sind alle Heizkörperthermostatköpfe, die älter als 15 Jahre sind, auszutauschen.

- Das Ausdehnungsgefäß ist zu überprüfen. Zustand, Druckhaltung und die für die Anlage angemessene Größe sollten überprüft werden.

- Das Heizungswasser muss den Anforderungen der VDI 2035 entsprechen und somit aufbereitet, also entkalkt oder besser noch entmineralisiert werden, um Verkalkung und Korrosion in der Anlage zu verhindern. Chemische Stabilisatoren sollten nicht verwendet werden, da diese einer ständigen Überwachung bedürfen und bei falscher Anwendung die Korrosion beschleunigen können.

- Eventuell vorhandene 4-Wege-Mischer und Überströmventile sollten, wenn technisch und herstellerseitig möglich, entfernt werden, da diese die Rücklauftemperatur anheben und so den Brennwerteffekt verringern. Insbesondere Wandgeräte weisen oft so geringe Kesselwasserinhalte auf, dass zum Schutz der Wärmeübertragungsflächen vor einer thermischen Überbelastung eine gewisse Mindestumlaufwassermenge durch Überströmventile sichergestellt werden muss. Bei der Gerätewahl ist daher auf eine möglichst kleine Mindestumlaufwassermenge zu achten.

- Durch die starke Abkühlung des Abgases findet eine auftreibende Thermik in der Abgasleitung kaum noch statt. Daher muss das Abgas mittels Ventilatorunterstützung über Dach gefördert werden. Die Abgasanlagen von Brennwertkesseln sind somit überdruckdicht und feuchtigkeitsbeständig auszuführen. Hierfür werden meist korrosionsbeständige Kunststoffrohre verwendet, die z. B. in Bestandsgebäuden in vorhandenen Schornsteinzügen heruntergelassen werden können.

Eine Abstimmung mit dem zuständigen Bezirks-Schornsteinfegermeister ist sinnvoll und notwendig.

- Aufgrund des anfallenden Kondensats benötigen Brennwertgeräte einen Abwasseranschluss. Das Kondensat ist leicht sauer, so dass bei der Ableitung weder Kupferrohre noch Betonwerkstoffe im Abwassernetz eingesetzt werden dürfen. Bei Brennwertkesseln ab 200 kW sind gemäß ATV-DVWK-A 251 Neutralisationseinrichtungen vorzusehen. Dieser Aufwand kann vermieden werden, wenn bei der zuständigen Wasserbehörde ein schriftlicher Antrag mit der Begründung gestellt wird, dass das parallel anfallende häusliche Abwasser durch die darin enthaltenen basischen Waschmittel das saure Kondensat neutralisiert. Vorausgesetzt, das Abwasserrohrnetz erfüllt die eingangs erwähnten Materialanforderungen.

- Die bei der Verbrennung anfallenden hohen Temperaturen ermöglichen eine hohe Vorlauftemperatur von bis zu 75 °C, so dass die aus hygienischen Gründen geforderte Trinkwassertemperatur von 60 °C zur Legionellenvermeidung bei zentraler Warmwasserbereitung erreicht wird. Aufgrund der hohen Temperaturen im Rücklauf fällt die Brennwertnutzung sehr gering aus. Daher wird empfohlen, die Anlage nicht im üblichen Brauchwasservorrangbetrieb zu betreiben, sondern im Parallelbetrieb. Dadurch wird fortlaufend kaltes Rücklaufwasser beigemischt und die Brennwertnutzung verbessert. Voraussetzung ist hier ein ausreichend groß ausgelegter Wärmeerzeuger.

- Falls im ersten Schritt die kostengünstigen Maßnahmen wie Dämmung der Kellerdecke und der obersten Geschossdecke sowie die Installation einer Brennwertanlage ausgeführt werden, kommt es bei einer späteren Erneuerung der Fenster und der Dämmung der Fassade zu einer Überdimensionierung der Brennwertanlage. Bei neueren Modellen ist dies unschädlich, da diese Brennwertkessel mit niedrigen Betriebsbereitschaftsverlusten arbeiten und aufgrund ihrer Konstruktion im Teillastbetrieb höhere Nutzungsgrade erreichen. Bei einer umgekehrten Sanierungsmaßnahme, also zunächst einer Erneuerung der Fenster und einer Dämmung der Fassade und einer erst deutlich später folgenden Installation einer neuen Brennwertanlage, würde die bis dahin laufende alte Heizungsanlage aufgrund der Überdimensionierung deutlich mehr Energie verbrauchen. Die geringe Auslastung des Kessels würde zu häufigeren Brennerstarts führen, welche einen größeren Verschleiß der Anlage und eine stärkere Umweltbelastung zur Folge hätten. Gleichfalls wären die Betriebsbereitschaftsverluste altersbedingt deutlich höher.

Variante 2: Gas-Brennwertkessel mit solarer Warmwasserbereitung und solarer Heizungsunterstützung

Diese Variante ist gemäß EEWärmeG (Erneuerbare-Energien-Wärmegesetz) der Mindeststandard für Wohn-Neubauten. Um die nach EEWärmeG geforderte 15-prozentige Energieverbrauchssenkung zu erreichen, ist eine entsprechende Vergrößerung der Solarkollektorfläche erforderlich, so dass neben der solaren Warmwasserbereitung auch eine solare Heizungsunterstützung möglich wird. Weiterhin ist ein mehrjähriges externes Monitoring zur Überwachung und Optimierung der gesamten Anlage sinnvoll, um einen wirtschaftlichen und energiesparenden Betrieb zu gewährleisten und auf Dauer aufrechtzuerhalten. Die Gebäudeheizlast wird hierbei zum kleinen Teil durch die Solaranlage und zum großen Teil durch die Gasbrennwertkessel abgedeckt.

Aufgrund der heutzutage immer besseren Dämmung der Gebäude sinkt die Gebäudeheizlast, und so können auch die Wärmeerzeuger kleiner dimensioniert werden. Bei der Auslegung der Wärmeerzeuger ist jedoch zu berücksichtigen, dass für die zentrale Warmwassererzeugung eine bestimmte Heizlast notwendig ist, die einen Zuschlag auf die Wärmeerzeugerleistung bedingen kann.

Die thermische Solaranlage besteht aus Flach- oder Röhrenkollektoren, welche möglichst auf einem nach Süden ausgerichteten Dach installiert werden. Aufstellwinkel von 45° bis 55° sind optimal. Die Sonnenwärme wird in einen oder mehrere Speicher geleitet. Im Sommer kann dadurch die Warmwasserbereitung bis zu 100 Prozent und über das Jahr bis zu 60 Prozent abgedeckt werden. Die solare Heizungsunterstützung führt zu einer durchschnittlichen Heizkosteneinsparung von 15 – 20 Prozent.

Foto: Rainer Weisflog

Variante 3: Blockheizkraftwerk mit 100 Prozent Stromeinspeisung ins öffentliche Netz und einem Gas-Brennwertkessel als Spitzenlastkessel

Bei dem Blockheizkraftwerk (BHKW) handelt es sich um einen mit Gas betriebenen Ottomotor, der über eine direkte Verbindung einen Elektrogenerator antreibt. Der vom BHKW erzeugte Strom wird bei dieser Variante vollständig ins öffentliche Netz eingespeist und nicht für die Wohnungselektroversorgung verwendet. Bei der Einspeisung ins öffentliche Netz setzt sich der an den Betreiber ausgezahlte Strompreis aus dem sogenannten „üblichen Preis" an der Strombörse EEX in Leipzig von 3,482 Cent/kWh (Stand: 1. Quartal 2015), der KWK-Einspeisevergütung von 5,41 Cent/kWh begrenzt auf 10 Jahre (bei BHKW bis 50 kW Leistung) und den vermiedenen Netzkosten (je nach Netzbetreiber 0,4 – 1,5 Cent/kWh, hier angenommen: 0,5 Cent/kWh) zu insgesamt 9,392 Cent/kWh zusammen. Die KWK-Einspeisevergütung ist im Wohnungsbau auf zehn Jahre begrenzt. Weiterhin erfolgt eine Erstattung der Energiesteuer (früher: Mineralölsteuer) in Höhe von 0,55 Cent/kWh für die verbrauchte Gasmenge. Die parallel erzeugte Wärme des BHKW wird in das Heizungsnetz oder die Speicher zur Warmwasserbereitung eingespeist. Ein BHKW wird nur für die Grundlast (rund 10 – 20 Prozent der Heizlast) ausgelegt, um eine möglichst hohe Anzahl von Betriebsstunden zu erreichen (> 5.500 h/a). Zur Abdeckung der restlichen Heizlast für Gebäude und Warmwasserbereitung wird zusätzlich ein Gas-Brennwertkessel als Spitzenlastkessel installiert. Bis zur Freigabe des Spitzenlastkessels kann das BHKW die Heizlast vollständig decken und bleibt darüber hinaus weiterhin in Betrieb. Dies ermöglicht eine lange Laufzeit und somit einen wirtschaftlichen Betrieb des BHKW.

Wenn bei einem Neubau eines Wärmenetzes bereits eine Versorgung durch ein bestehendes Wärmenetz gewährleistet werden kann (z. B. Fernwärme), ist vor der Antragstellung bei der BAfA eine Stellungnahme/Bestätigung des Versorgers einzuholen, dass keine Verdrängung durch den Neubau gegeben ist. Hierzu ist die Größe des neu zu errichtenden Wärmenetzes anzugeben und beim örtlichen Versorger anzufragen. Wenn der Versorger des bestehenden Netzes bestätigt, dass die Gefahr der Verdrängung nicht gegeben ist, besteht eine Zuschlagsberechtigung, die dann bei der BAfA beantragt werden kann.

Praxishinweise

- BHKW sollten mit 10 – 20 Prozent der Heizlast ausgelegt werden, da eine größere Auslegung die jährlichen Betriebsstunden verringern und somit einen wirtschaftlichen Betrieb gefährden würde.

- Aufgrund der hohen Vorlauftemperaturen von BHKW und Spitzenlastkessel ist eine weitere Nutzung von vorhandenen Heizkörpern ohne Einschränkung möglich.

- BHKW benötigen eine separate Abgasleitung und eine ausreichende Verbrennungsluftzufuhr. Da sie oftmals recht laut sind, ist auf eine gute Körperschallentkopplung der Installationen vom Gebäude sowie auf ausreichende akustische Schalldämmmaßnahmen zu achten. Gleiches gilt für evtl. auftretende Vibrationen. Die Herstellervorgaben sind hier strikt zu beachten.

- Die bei der Verbrennung anfallenden hohen Temperaturen ermöglichen eine Vorlauftemperatur von bis zu 70 °C, so dass die aus hygienischen Gründen geforderte Trinkwassertemperatur von 60 °C zur Legionellenvermeidung bei zentraler Warmwasserbereitung erreicht wird.

- Um die wirtschaftlich erforderlichen langen Laufzeiten des BHKW zu realisieren, muss auch im Sommer ein Wärmeabnehmer vorhanden sein, wie z. B. die zentrale Warmwasserbereitung. Die parallele Installation einer thermischen Solaranlage für die Warmwasserbereitung ist daher nicht wirtschaftlich.

-

- Bei entsprechender Leistungsgröße kann ein BHKW mit passender Zusatzeinrichtung auch als Notstromaggregat fungieren.

- Auslegung und Installation von BHKW und Spitzenlastkessel sollten nur durch erfahrene und qualifizierte Unternehmen erfolgen.

Variante 4: Blockheizkraftwerk mit Eigenstromverwendung und Stromeinspeisung ins öffentliche Stromnetz und einem Gas-Brennwertkessel als Spitzenlastkessel

Blockheizkraftwerke mit Eigenstromverwendung und Stromeinspeisung ins öffentliche Stromnetz werden in der gleichen Kombination wie bei Variante 3 geplant, allerdings wird hier der Strom vorrangig ins Hausnetz (Eigenstromverwendung) und nur der Überschuss ins öffentliche Netz eingespeist. Durch die Eigenstromverwendung wird der Anteil des durch den öffentlichen Versorger bezogenen Stroms verringert, und somit führt diese sogenannte Stromvermeidung zur Entlastung der Stromnetze.

Die Vergütung des erzeugten Stroms setzt sich zusammen aus den vermiedenen Stromkosten in Höhe von 26,42 Cent/kWh und der KWK-Einspeisevergütung von 5,41 Cent/kWh (bei BHKW bis 50 kW Leistung) zu insgesamt 31,83 Cent/kWh. Zudem erfolgt eine Erstattung der Energiesteuer (früher: Mineralölsteuer) in Höhe von 0,55 Cent/kWh für die verbrauchte Gasmenge. Die vermiedenen Netzkosten werden bei der Eigenstromversorgung gemäß KWK-Gesetz nicht vergütet.

Seit 01.08.2014 ist bei der Eigenstromverwendung oberhalb von 10 MWh/a eine anteilige EEG-Abgabe von 40 Prozent der jeweiligen EEG-Umlage (derzeit 6,24 Cent, Stand: September 2014) zu entrichten. Die Belastungshöhe wird in drei Stufen erreicht:

- bis 31.12.2015: 30 Prozent (entspricht 1,87 Cent)
- bis 31.12.2016: 35 Prozent
- ab 01.01.2017: 40 Prozent

Im Wohnungsbau ist eine einfache und überschaubare Abrechnung der Eigenstromverwendung im Bereich der allgemeinen Stromversorgung für Hauslicht, Aufzüge, Umwälzpumpen und dergleichen ohne großen Aufwand möglich. Allerdings reichen diese Verbräuche nicht, um ein BHKW über Eigenstromverwendung wirtschaftlich zu betreiben.

Um eine Erhöhung der Eigenstromverwendung zu erwirken, müsste die Versorgung von Wohnungen und Gewerbe einbezogen werden. Dies hat dann allerdings eine deutlich aufwendigere Abrechnung des Stromverbrauchs zur Folge. Bei einer 100-prozentigen Einspeisung ins öffentliche Netz wird der eingespeiste Strom über einen sogenannten Einspeisezähler ermittelt. Hiernach wird mit dem örtlichen Energieversorgungsunternehmen die Einspeisevergütung abgerechnet. Der vom BHKW erzeugte Strom ist nicht ausreichend, um den gesamten Strombedarf aller Nutzeinheiten zu decken, so dass stets zusätzlicher Strom vom öffentlichen Energieversorger benötigt wird. Der Wohnungsstromzähler ist aber nicht in der Lage, zu unterscheiden, ob es sich um BHKW-Strom oder öffentlichen Strom handelt. Die Installation eines zweiten Zählers in jeder Nutzeinheit ist technisch ebenfalls nicht möglich. Es bleibt daher nur die Lösung, den gesamten Hausstrom über einen Stromzähler einzuspeisen und ihn so mit dem öffentlichen Energieversorger abzurechnen. Innerhalb des Hauses wird dann der öffentliche Strom gemeinsam mit dem vom BHKW erzeugten in die Nutzeinheiten eingespeist und abgerechnet. Der vom BHKW erzeugte Strom muss demnach über einen Schlüssel (m^2-Wohnfläche oder Wohnungsanzahl) umgelegt werden und reduziert somit die Kosten, die sonst an den öffentlichen Energieversorger gezahlt würden.

Zu beachten ist hierbei, dass die Stromabrechnung mit den einzelnen Nutzern nicht vom Energieversorgungsunternehmen, sondern vom Vermieter oder von einem zu beauftragenden Dienstleister zu erstellen ist. Weiterhin muss der Vermieter bzw. der Dienstleister in Vorleistung treten, da er den Strom beim öffentlichen Energieversorger für das gesamte Haus einkaufen muss. Erst im zweiten Schritt erhält der Vermieter bzw. Dienstleister nach erstellter Abrechnung den von den Wohnungen verbrauchten Strom erstattet bzw. kann er die verauslagten Kosten mit den von den Wohnungsnutzern erhaltenen monatlichen Abschlägen verrechnen.

Um einen BHKW-Stromverkauf mit vorhandenen Mietern umzusetzen, ist deren Einwilligung erforderlich und zudem eine vertragliche Vereinbarung unabdingbar. Für einen wirkungsvollen Anreiz sollte der BHKW-Strom etwas preiswerter sein als der Strom aus dem öffentlichen Netz.

Einfacher umsetzbar ist ein BHKW-Stromverkauf bei Neuvermietung wie folgt: Den Strom als Bestandteil der Betriebskosten festsetzen (siehe § 556 Abs. 1 BGB in Verb. mit § 2 BetrKV).

- Der Mieter erhält Warmmiete mit Wärme und Strom.
- Der Strom wird 1 Cent unter dem ortsüblichen Preis verkauft.
- Der Vermieter hat zusätzliche Einnahmen und Erträge.

Ein 100-prozentiger Verkauf des Stroms an Dritte (KWG-Gesetz § 4 Abs. 3 Satz 4 – 5) ist nur unter den nachfolgenden Voraussetzungen möglich:

- wenn der Stromkäufer sich auf dem gleichen oder einem angrenzenden Grundstück befindet wie der Stromverkäufer (es muss ein kundeneigenes Netz existieren);
- wenn der Stromverkäufer sich als Netzbetreiber eintragen lässt, Netzentgelte entrichtet und mit allen Rechten und Pflichten als Netzbetreiber auftritt. Dies ist sehr aufwendig und wirtschaftlich nicht darstellbar.

Bei einem Stromverkauf an Dritte, wie z. B. die Mieter des Hauses, ist die EEG-Umlage zu 100 Prozent abzuführen (Stand 2014: 6,24 ct/kWh). Dies schmälert die Einnahmen und somit die Rendite. Gründen die Mieter jedoch eine GbR und mieten das BHKW vom Vermieter, so fallen nur die eingangs erwähnten 40 Prozent der EEG-Umlage für die Eigenstromverwendung oberhalb von 10 MWh/a an. Hierzu sollte sich der Betreiber steuerliche und rechtliche Beratung einholen.

Fazit: Die BHKW-Eigenstromverwendung ist abrechnungsseitig sehr aufwendig und durch die neue 40-prozentige EEG-Umlage wirtschaftlich schwieriger geworden. Ein BHKW-Betrieb ist wirtschaftlich sinnvoll, wenn nur ein Stromabnehmer existiert, wie z. B. in Hotels, Krankenhäusern, Pflegeheimen, Industriebetrieben usw. Voraussetzung ist aber stets, dass auch im Sommer ein Wärmeabnehmer wie beispielsweise die zentrale Warmwasserbereitung vorhanden ist. Die parallele Installation einer thermischen Solaranlage für die Warmwasserbereitung ist daher nicht wirtschaftlich.

Variante 5:
Holzpelletkessel

Ein Holzpelletkessel ist ein Kessel zur Verfeuerung fester Biomasse (Holzpellets oder Holzhackschnitzel). Die Holzpellets werden mittels einer oder mehrerer Saugleitungen bzw. über ein Bodenrührwerk mit Gelenkarmaustragung und Förderschnecke aus dem Pelletspeicher zum Kessel befördert. Die Förderleistung passt sich der erforderlichen Heizleistung an. Der Brennstoff wird in der Brennkammer durch ein Zündgebläse aufgeheizt. Dieses zündet das Brennstoff-Luftgemisch, welches beim Erhitzen der Pellets entsteht (Holzvergasungsprozess). Durch den mittels einer Lambda-Sonde optimierten Betrieb bei Sekundär- und Primärluft erreicht man mit einem Luftüberschuss eine Minimierung der Ruß- und Rauchentwicklung. Denn beim Abfahren wird mittels einer Tendenz-Früherkennung des Kessels die Brennstoffmenge frühzeitig reduziert, so dass dieser ohne Rußbildung komplett verbrennt. Durch die schamottierte Brennkammer wird die Wärme gespeichert, so dass der Brennstoff nach einer Betriebsunterbrechung selbstständig zündet. Das An- und Abfahren ist daher unproblematisch. Die Häufigkeit hängt stark vom Wärmebedarf des Gebäudes in Abhängigkeit von der Außentemperatur ab. Um möglichst lange Laufzeiten zu gewährleisten, wird die Heizwärme in Pufferspeichern zwischengelagert. Aus diesen Pufferspeichern werden die Heizung und die Warmwasserbereitung versorgt. Nach der Verbrennung der Pellets bleibt ein Ascherest von 0,5 Prozent zurück. Bei einem 20-kW-Kessel fallen ca. 40 kg Asche im Jahr an. Die Asche wird bei größeren Anlagen automatisch in eine fahrbare Aschetonne befördert. Die Aschetonne hat ein Fassungsvermögen von 65 Litern und sollte bei einem Füllungsgrad von 75 Prozent (= 50 kg) entleert werden. Neben der regelmäßigen Leerung der Aschetonne ist es zudem sinnvoll, während der Heizperiode eine monatliche Begehung durchzuführen, außerhalb der Heizperiode kann diese alle zwei bis drei Monate erfolgen. Die Asche kann auf dem Gelände zur Düngung verwendet oder kompostiert werden.

In der aktuellen Bundes-Immissionsschutzverordnung (BImSchVO) wurde der bisherige Grenzwert für Feinstaub von 60 mg/Norm-m^3 zum 01.01.2015 auf 20 mg/Norm-m^3 herabgesenkt. Mittels eines zusätzlichen Gewebefilters (Metallkassette mit Metallstreckfilter) ist eine Reduzierung des Feinstaubs auf 10 – 15 mg/Norm-m^3 möglich. Ein geringerer Feinstaubwert als 10 mg/Norm-m^3 ist zurzeit technisch nicht darstellbar.

Holzpellets und Holzhackschnitzel stehen preisgünstig und direkt vor Ort zur Verfügung. Holz verbrennt CO_2-neutral und ist diesbezüglich nicht umweltbelastend. Der Abbrand verursacht lediglich so viel Kohlendioxid wie die natürliche Verrottung. Wobei in beiden Fällen ohnehin nur die Menge CO_2 freigesetzt wird, die wäh-

Wartung

Neben der Entleerung der Aschetonne sind je nach Fabrikat folgende Arbeiten durchzuführen:

Nach 300 Betriebsstunden:

- Kontrollglas prüfen und reinigen, Ascheraum prüfen.

Nach 900 Betriebsstunden, mindestens vierteljährlich:

- Abgasgebläse reinigen. Hierzu Schrauben lösen und Gebläsegehäuse entnehmen und mit Aschesauger aussaugen.
- Wendekammer und Röhren-Wärmetauscher reinigen. Hierzu Schrauben lösen, Deckel öffnen und Wendekammer und Röhren-Wärmetauscher mit Aschesauger aussaugen.
- Wirbelturbulatoren reinigen. Hierzu Schrauben lösen, Deckel öffnen, Wirbelturbulatoren herausziehen und mit Aschesauger aussaugen.

rend des Wachstums gebunden wurde. Holzpellets werden aus überschüssigen Holzspänen oder gemahlenem Abfallholz, Holzhackschnitzel aus Bruchholz oder Einschlagholz hergestellt. Da in Deutschland lediglich ein Drittel des sogenannten Holzeinschlagpotenzials genutzt wird, steht der nachwachsende Brennstoff auf lange Zeit in ausreichenden Mengen zur Verfügung. Nach Aussage des Bundesagrarministeriums werden in deutschen Wäldern bei einem jährlichen Waldwachstum von 120 Millionen Kubikmeter jedes Jahr 60 – 100 Millionen Kubikmeter Holz geschlagen. Deutschland hat gemäß Bundeswaldagentur mit 3.663 Millionen Kubikmetern den größten Holzvorrat in Europa. Auf Platz 2 liegt Schweden mit 2.928 Millionen Kubikmetern Holz, gefolgt von Frankreich mit 2.892 Millionen Kubikmetern (Stand 2011). Fast 30 Prozent der Fläche Deutschlands sind bewaldet.

Voraussetzung für die soeben dargestellte CO_2-Neutralität der Pellets ist allerdings, dass sie nicht aus weiter Ferne angefahren und nicht aus Frischholz hergestellt werden, welches durch Verbrennen von fossilen Brennstoffen getrocknet wird.

Praxishinweise

- Vor dem Einbau einer neuen Heizungsanlage ist die korrekte Ermittlung des tatsächlichen Wärmebedarfs (Heizlast) des Gebäudes notwendig.

- Aufgrund des erheblichen Platzbedarfs für Pelletkessel, Ascheauskragarm mit Aschetonne, Pelletlager, Pelletbeschickung und Pufferspeicher sind vor der weiteren Planung der vorhandene Platz und die Einbringöffnungen sorgfältig zu prüfen. Weiterhin sind Lage und Einbringung der Abgasleitung mit dem Bezirks-Schornsteinfegermeister zu klären.

- Die bei der Verbrennung anfallenden hohen Temperaturen ermöglichen eine Vorlauftemperatur von bis zu 75 °C, so dass die aus hygienischen Gründen geforderte Trinkwassertemperatur von 60 °C zur Legionellenvermeidung bei zentraler Warmwasserbereitung erreicht wird.

- Im Sommer besteht nur noch ein geringer Wärmebedarf für die zentrale Warmwasserbereitung. Daher ist die Installation einer thermischen Solaranlage für die Warmwasserbereitung sinnvoll, denn so kann der Pelletkessel im Sommer ganz ausgeschaltet werden.

Variante 6:
Elektrische Kompressions-Wärmepumpen

Bei einer elektrisch angetriebenen Kompressions-Wärmepumpe wird Umgebungswärme auf niedrigem Temperaturniveau im Verdampfer aufgenommen. Dieser wird von einem Kältemittel durchströmt, welches bereits bei niedrigen Temperaturen verdampft. Ein Kompressor komprimiert den Kältemitteldampf, wodurch dieser auf ein höheres Temperaturniveau gehoben wird (ähnlich der Erwärmung einer Luftpumpe). Der Kompressor benötigt Antriebsenergie in Form von elektrischem Strom, Gas oder Dieselkraftstoff. In einem zweiten Wärmeübertrager, dem Kondensator, gibt der nun heiße Kältemitteldampf Wärme an die Heizung oder das Trinkwasser ab. Die Abkühlung führt zur Verflüssigung des Kältemitteldampfes. Durch ein Expansionsventil wird das noch unter Druck stehende Kältemittel entspannt, wobei es weiter bis unter die Temperatur der Umgebungswärmequelle abkühlt. Der Kreislauf kann nun von Neuem beginnen. Bei diesem Prozess werden in Abhängigkeit von Wärmequelle und Wärmeverteilsystem Jahresarbeitszahlen (JAZ) von 3 bis 5 erreicht: Somit muss nur ein Drittel bis ein Fünftel der gewonnenen Wärme als Antriebsenergie bereitgestellt werden, zwei Drittel bis vier Fünftel sind kostenlose und umweltfreundliche Umgebungswärme. Luft/Wasser-Wärmepumpen haben hierbei die schlechteren, Sole/Wasser- und Wasser/Wasser-Wärmepumpen die deutlich besseren Jahresarbeitszahlen.

Als Kältemittel werden heute ausschließlich FCKW-freie Kältemittel eingesetzt. Handelsübliche Kompressionswärmepumpen erreichen aufgrund der eingesetzten Kältemittel maximale Heizwassertemperaturen von ca. 55 °C, was Niedertemperaturheizsysteme wie Flächenheizungen voraussetzt. Spezielle Hochtemperaturausführungen für höhere Temperaturen zur Trinkwarmwasserbereitung werden auf dem Markt angeboten.

In kleineren Objekten wie Ein- und Zweifamilienhäusern werden zumeist Luft/Wasser-Wärmepumpen oder Sole/Wasser-Wärmepumpen mit Erdreichkollektor oder Erdsonden installiert. Seltener sind Wasser/Wasser-Wärmepumpen, da diese wegen der Grundwassernutzung einer besonderen behördlichen Genehmigung bedürfen. Zudem können im Grundwasser hohe Gehalte von gelöstem Eisen und Mangan in einigen Systemen zu Ablagerungen (Verockerung, Verschlammung) führen. Weiterhin führt der relativ hohe Strombedarf für die Grundwasserpumpen zu einer Verschlechterung der ansonsten sehr guten Jahresarbeitszahl, so dass diese Anlagen oft schlechtere Jahresarbeitszahlen aufweisen als Sole/Wasser-Wärmepumpen. Luft/Wasser-Wärmepumpen sind zwar in der Anschaffung deutlich günstiger als Sole/Wasser-Wärmepumpen, da bei letzteren die Erschließung der Erdwärme kostenintensiv ist. Dafür ist die Erdwärme bei den Sole/Wasser-Pumpen relativ konstant. Im Gegensatz dazu wird bei einer Luft/Wasser-Wärmepumpe dann am meisten Leistung abverlangt, wenn die Luft als regenerative Energiequelle am kältesten ist. Aus diesem Grund liegen die Jahresarbeitszahlen bei Luft/Wasser-Wärmepumpen meist unter dem Wert 3.

In größeren Objekten wie Mehrfamilienhäuser und Bürogebäuden werden größtenteils Sole/Wasser-Wärmepumpen mit Erdsonden oder mit verrohrten Betonerdpfeilern installiert. Wasser/Wasser-Wärmepumpen sind hier ebenfalls die Ausnahme.

Erdsonden mit einer Länge von bis zu 99 Metern sind beim zuständigen Bauamt, Sonden ab 100 Metern Länge zusätzlich beim Bergbauamt zu beantragen. In einigen Gemeinden wird bei größeren Anlagen auch die Errichtung von – voraussichtlich zwei – Temperaturmessstellen zur Auflage gemacht. Bei Großanlagen über 30 kW ist gemäß VDI 4640 ein Geothermal-Response-Test vorgesehen, und dieser wird dementsprechend auch von den zuständigen Behörden gefordert. Erdkollektoren sind üblicherweise genehmigungsfrei.

Neben der Bereitstellung der Erdwärme für den Heizbetrieb kann bei Wärmepumpenanlagen mit Erdsonden das Gebäude zudem über das Erdsondenfeld mittels passiver Kühlung nahezu kostenlos gekühlt werden. Die Energiekosteneinsparung gegenüber einer Kühlung durch einen Kaltwassersatz (Kältemaschine) beträgt hier bis zu 95 Prozent. Durch die passive Kühlung wird die Wärme aus dem Gebäude in die Erdsondenanlage eingebracht, so dass sich die Erdsonden nach der Entwärmung während der Heizperiode schneller regenerieren und sich zusätzlich mit Wärme aufladen. Aktuellen Untersuchungen zufolge verbessert sich dadurch die Jahresarbeitszahl um 8 – 12 Prozent. Die Verbesserung der Jahresarbeitszahl führt zu einer Senkung des Energieverbrauchs.

Nach EEWärmeG sind beim Einsatz von Wärmepumpen in Neubauten die vorgegebenen Jahresarbeitszahlen einzuhalten. Gleiches gilt bei Altbauten für die Beantragung der Förderung beim BAfA. Hier sind insbesondere die JAZ für die Luft/Wasser-Wärmepumpen recht ambitioniert.

Praxishinweise

- Wärmepumpen sind gemäß der ermittelten Gebäudeheizlast auszulegen und eher etwas kleiner zu wählen. Eine Überdimensionierung ist unbedingt zu vermeiden, da diese zu kürzeren Laufzeiten, häufigeren Startzyklen und somit zu einer deutlichen Verschlechterung der Jahresarbeitszahl führt.

- Der Einsatz von Wärmepumpen ist nur in gut gedämmten Häusern mit ausreichend groß dimensionierten Heizflächen (möglichst Fußboden-, Wand- und/oder Deckenheizflächen) zu empfehlen. In Altbauten kann ihr Einsatz sinnvoll sein, wenn durch entsprechende Dämmmaßnahmen die verbliebenen Heizkörper zu groß geworden sind. Je größer die Heizflächen sind, desto geringer ist die Vorlauftemperatur. Dies ist maßgeblich für eine gute Jahresarbeitszahl.

- Eine energiesparende Flächenheizung gewährleistet eine hohe Behaglichkeit in den Räumen. Aufgrund der guten Wärmestrahlung ist die empfundene Raumtemperatur höher als die tatsächliche, die daher um 1 – 2 Kelvin abgesenkt werden kann. Je Kelvin Raumtemperatursenkung werden rund 5 – 6 Prozent Heizenergie eingespart. Aufgrund der großen Fläche benötigen Flächenheizungen nur eine geringe Vorlauftemperatur und sind daher ideal für den Einsatz von regenerativen Wärmeerzeugern, wie Wärmepumpen und Solarkollektoren, geeignet. Weiterhin entfallen bei Flächenheizungen die optisch störenden Heizkörper. Darüber hinaus können Flächenheizungen ebenfalls zum Kühlen verwendet werden, wobei über den Fußboden in Abhängigkeit vom Fußbodenbelag eine Kühllast von 15 – 25 W/m^2 abgeführt werden kann.

- Aktuellen Untersuchungen zufolge sind Heizungspufferspeicher bei Kleinanlagen zu vermeiden. Sie führen zu einer Vergrößerung der Systemträgheit. Besser ist es, einen Großteil der Wohnfläche – z. B. Wohnzimmer, Flur und Küche – ohne Raumtemperaturregler zu betreiben, so dass der Fußboden als Speicher dient und somit die von den Herstellern geforderte Mindestumlaufwassermenge ermöglicht. Im Wohnzimmer wird die zentrale Steuerungseinheit für die Heizung installiert, um eine Überhitzung der Räume zu vermeiden und die Fremdwärmenutzung durch Sonnenschein zu berücksichtigen. Gemäß Energieeinsparverordnung EnEV müssen alle Räume mit mehr als 6 m^2 jedoch mit einer Einzelraumregelung versehen werden. Daher ist der vorgenannte Vorschlag im Einzelfall zu prüfen und ggf. ein entsprechender Ausnahmeantrag beim Bauamt zu stellen.

- Ein oft unterschätztes Problem bei elektrischen Kompressions-Wärmepumpen ist die Warmwasserbereitung. Um die aus hygienischen Gründen geforderte Trinkwassertemperatur von 60 °C zur Legionellenvermeidung bei zentraler Warmwasserbereitung zu erreichen, ist eine Vorlauftemperatur von etwa 70 °C erforderlich. Bei Vorlauftemperaturen oberhalb 45 °C sinkt die Jahresarbeitszahl deutlich ab, so dass in vielen Fällen mittels Heizstab oder eines nachgeschalteten Durchlauferhitzers das Warmwasser erwärmt wird. Für die Warmwasserbereitung bieten sich daher dezentrale Frischwassser-Wohnungsstationen oder dezentrale elektrische Durchlauferhitzer an. Letztere sind zwingend in elektronischer Ausführung zu wählen, da hydraulische Durchlauferhitzer systembedingt unwirtschaftlich sind und keinen ausreichenden Warmwasserkomfort bieten.

- Entscheidend ist die Wahl der Quelle für die Umweltenergie. Eine fachlich fundierte Beratung von erfahrenen Unternehmen ist bei Erdsonden, Erdkollektoren und Grundwasser zwingend erforderlich. Bei Erdkollektoren, die in einer Tiefe von 1,5 – 2,0 Metern verlegt werden, und bei Spiralkörben mit einer Tiefe von bis zu 6,0 Metern ist es wichtig zu beachten, dass diese nicht in sandigen, trockenen Böden, sondern in feuchten Böden mit einer deutlich besseren Wärmeleitfähigkeit verlegt werden. Bei Erdsonden müssen die Bodenverhältnisse über die ganze Bohrtiefe bekannt sein, um Spätschäden zu vermeiden. Die Bohrungen sind nur von erfahrenen und zertifizierten Bohrunternehmen durchzuführen. Nach Möglichkeit sollte eine Vereinbarung über die Entzugsleistung getroffen werden. Die Verbraucherzentralen stellen entsprechende Musterschreiben zur Verfügung.

- Die Auslegung der Wärmepumpe, die Prüfung der Nutzbarkeit des Erdreichs für die thermische Nutzung und die akustische Beeinträchtigung der Nachbarschaft durch die Luft/Wasser-Wärmepumpe, die Beurteilung der Größe der Heizflächen bei Bestandsgebäuden und die Ausführung der Arbeiten – all diese Schritte bedürfen erfahrener und fachlich qualifizierter Berater und Unternehmen.

In Zukunft könnte die Wärmepumpe als steuerbarer Verbraucher je nach Stromangebot einige Stunden früher oder später eingeschaltet werden und somit dabei helfen, Stromverbrauch und Stromerzeugung auszugleichen. Damit würden Wärmepumpen dazu beitragen, mehr erneuerbaren Strom sinnvoll zu nutzen.

↗ Informationen zum Autor Dipl.-Ing. Christian Feddersen finden Sie auf der Seite 79.

Wirtschaftlichkeitsberechnung

Die folgende Wirtschaftlichkeitsberechnung (nach VDI 2067 – Annuitätsmethode) des Ingenieurbüros Feddersen in Berlin vergleicht die Investitions- und laufenden Kosten für sechs verschiedene Varianten der Wärmeversorgung eines Einfamilienhauses (EFH).

Dabei werden zwei typische Einfamilienhäuser mit jeweils 140 Quadratmeter Wohnfläche betrachtet:

- **ein Bestandsgebäude**, das der Wärmeschutzverordnung von 1995 (WSVO 1995) entspricht und eine **Heizlast von 100 W/m²** aufweist;
- **ein Effizienzhaus 70**, das einem guten Neubau entspricht und eine **Heizlast von nur 60 W/m²** aufweist.

Es zeigt sich, dass Pelletheizung und Gasbrennwertkessel mit und ohne Solarunterstützung die günstigsten der folgenden sechs Varianten sind:

Variante 1:	**Brennwertkessel** mit Gas oder Öl befeuert
Variante 2:	**Brennwertkessel** mit solarer Warmwasserbereitung und solarer Heizungsunterstützung (als Standard- bzw. Minimalausstattung bei Neubauten nach EEWärmeG)
Variante 3:	**Blockheizkraftwerk (BHKW)** mit 100 Prozent Stromeinspeisung ins öffentliche Stromnetz und einem Gas-Brennwertkessel als Spitzenlastkessel
Variante 4:	**Blockheizkraftwerk (BHKW)** mit Eigenstromverwendung und Stromeinspeisung ins öffentliche Stromnetz und einem Gas-Brennwertkessel als Spitzenlastkessel
Variante 5:	**Pelletkessel**
Variante 6:	**Elektrische Sole/Wasser-Wärmepumpe**

Variante 1: Gasbrennwertkessel

A	Kapitalgebundene Kosten für Anlagen, Bauwerksteile usw.	Anzahl
A1	Gasbrennwertkessel 2,5 bis 20 kW mit integriertem Warmwasserspeicher inkl. Regelung u. Zubehör	1
A2	Abgasanlage, Einbau in vorhandenen Schornsteinzug	1
A3	Gasleitungsinstallationen inkl. Anschluss an den Gas-Brennwertkessel	1
A50		

B	Verbrauchsgebundene Kosten	Std. [h/a]	Kesselleistung / Heizlast [kW]	Wärmemenge [kWh]	eta / LZ
B1	Gas Heizung				
B2	Grundpreis		20,00		
B3	Arbeitspreis Heizung	1.750	14,00	24.500	0,98
B4	Warmwasser, 12,5 kWh/m²a			1.750	0,98

C	Betriebsgebundene Kosten, Wartung, Instandhaltung usw.
C1	Instandhaltung
C1d	Instandhaltung
C2	Wartung Kesselanlage
C3	Schornsteinfegerkosten

D	
	Jahresgesamtkosten (Summe stat. 1. Jahr)
	Jahresgesamtkosten (Summe dyn. Barwert 1. Jahr)
	Dynamische Jahresgesamtkosten im Zeitraum von 20 Jahren unter Berücksichtigung der Investitionskosten

Einfamilienhaus mit ca. 140 m² Wohnfläche

WSVO 1995 mit 100 W/m² Heizlast

(Bruttokostenaufstellung)

Einzelpreis [Euro]	**Kosten Investitionen** [Euro]	**Nutzdauer TN** [a]	**Kapital-Jahreskosten** [Euro/a]	**Instandhaltungskosten** [Euro/a]
8.500,00	8.500,00	20	532,46	85,00
650,00	650,00	20	40,72	6,50
400,00	400,00	25	21,09	4,00
Summen:	**9.550,00**		**594,27**	**95,50**

Menge [kW/a] [kWh/a]	**Energie-Preis** [Euro/kW] [Euro/kWh]			**Kosten** [Euro]
	150,00			150,00
25.000	0,068			1.700,00
1.786	0,068			121,43
		Zwischensumme B stat. 1. Jahr		**1.971,43**
		Zwischensumme B dyn. Barwert		**2.851,72**

		Kosten [Euro]
	Summe aus Zeile A50, stat. 1. Jahr	**95,50**
	Summe aus Zeile A50, dyn. Barwert	**114,34**
		155,00
		60,00
	Zwischensumme C stat. 1. Jahr	**215,00**
	Zwischensumme C dyn. Barwert	**282,62**

jährliche Betriebskosten ohne Kapital (Summe aus B und C)	stat.	**2.186,43**
	dyn.	**3.134,34**

	2.876,20
	3.842,94
	86.408,90

Variante 2: Gasbrennwertkessel

mit solarer Warmwasserbereitung und solarer Heizungsunterstützung

A	Kapitalgebundene Kosten für Anlagen, Bauwerksteile usw.	Anzahl
A1	Gasbrennwertkessel 2,5 bis 20 kW mit integriertem Warmwasserspeicher inkl. Regelung u. Zubehör	1
A2	Abgasanlage, Einbau in vorhandenen Schornsteinzug	1
A3	Gasleitungsinstallationen inkl. Anschluss an den Gas-Brennwertkessel	1
A4	Solaranlage zur Warmwasserbereitung und Heizungsunterstützung	1
A50		

B	Verbrauchsgebundene Kosten	Std. [h/a]	Kesselleistung / Heizlast [kW]	Wärmemenge [kWh]	eta / LZ
B1	Gas Heizung				
B2	Grundpreis		20,00		
B3	Arbeitspreis Heizung	1.750	14,00	24.500	0,98
B4	Warmwasser, 12,5 kWh/m²a			1.750	0,98
B5	Einsparung durch solare Heizungsunterstützung. ca. 20%				
B6	Einsparung durch solare Warmwasserbereitg. ca. 60%				

C	Betriebsgebundene Kosten, Wartung, Instandhaltung usw.
C1	Instandhaltung
C1d	Instandhaltung
C2	Wartung Kesselanlage
C3	Wartung Solaranlage
C4	Schornsteinfegerkosten

D	
	Jahresgesamtkosten (Summe stat. 1. Jahr)
	Jahresgesamtkosten (Summe dyn. Barwert 1. Jahr)
	Dynamische Jahresgesamtkosten im Zeitraum von 20 Jahren unter Berücksichtigung der Investitionskosten

Einfamilienhaus mit ca. 140 m² Wohnfläche

WSVO 1995 mit 100 W/m² Heizlast

(Bruttokostenaufstellung)

Einzelpreis [Euro]	**Kosten Investitionen** [Euro]	**Nutzdauer TN** [a]	**Kapital-Jahreskosten** [Euro/a]	**Instandhaltungskosten** [Euro/a]
8.500,00	8.500,00	20	532,46	85,00
650,00	650,00	20	40,72	6,50
400,00	400,00	25	21,09	4,00
9.850,00	9.850,00	25	519,45	98,50
Summen:	**19.400,00**		**1.113,72**	**194,00**

Menge [kW/a] [kWh/a]	**Energie-Preis** [Euro/kW] [Euro/kWh]		**Kosten** [Euro]
	150,00		150,00
25.000	0,068		1.700,00
1.786	0,068		121,43
-5.000	0,068		-340,00
-1.071	0,068		-72,86
		Zwischensumme B stat. 1. Jahr	**1.558,57**
		Zwischensumme B dyn. Barwert	**2.254,51**

	Kosten [Euro]
Summe aus Zeile A50, stat. 1. Jahr	**194,00**
Summe aus Zeile A50, dyn. Barwert	**232,26**
	155,00
	75,00
	60,00
Zwischensumme C stat. 1. Jahr	**290,00**
Zwischensumme C dyn. Barwert	**381,21**

jährliche Betriebskosten ohne Kapital (Summe aus B und C)	stat.	**1.848,57**
	dyn.	**2.635,72**

	3.156,29
	3.981,70
	99.034,07

Variante 3: Blockheizkraftwerk (BHKW)

mit 100% Stromeinspeisung ins öffentliche Stromnetz
und einem Spitzenlastkessel

A	Kapitalgebundene Kosten für Anlagen, Bauwerksteile usw.	Anzahl
A1	Gasbrennwertkessel 2,5 bis 20 kW mit integriertem Warmwasserspeicher inkl. Regelung u. Zubehör	1
A2	Abgasanlage, Einbau in vorhandenen Schornsteinzug	1
A3	BHKW 2,5 kWth/1kWel inkl. Abgasanlage	1
A4	Absperrventile, Filter usw.	1
A5	Pufferspeicherladepumpe	1
A6	Pufferspeicher 500 Liter inkl. Wärmedämmung	1
A7	Elt-Anschluss für BHKW	1
A8	Wärmemengenzähler für BHKW (Bedingung BAfA)	1
A9	Gasleitungsinstallationen inkl. Anschl. an den Gas-Brennwertkessel und BHKW	1
A50		

B	Verbrauchsgebundene Kosten	Std. [h/a]	Kesselleistung / Heizlast [kW]	Wärmemenge [kWh]	eta / LZ
B1	Gas BHKW				
B2	Grundpreis Gas		3,50		
B3	Arbeitspreis Gas	6.000	3,50	21.000	0,9
B4	Abzgl. Vergütung für eingespeisten Strom (KWK-Zulage halbiert, da sie nur für 10 Jahre gewährt wird)	6.000	1,00	6.000	1
B5	Abzgl. Erstattung Energiesteuer	6.000	3,50	21.000	0,9
B6	Gas Heizung BT-Kessel				
B7	Grundpreis Gas		20,00		
B8	Arbeitspreis Heizung	1.750	14,00	24.500	0,98
B9	Warmwasser, 12,5 kWh/m²a			1.750	0,98
B10	Wert der BHKW-Wärme	6.000	2,50	15.000	1

Fortsetzung nächste Seite ↗

Einfamilienhaus mit ca. 140 m² Wohnfläche

WSVO 1995 mit 100 W/m² Heizlast

(Bruttokostenaufstellung)

Einzelpreis [Euro]	**Kosten Investitionen** [Euro]	**Nutzdauer TN** [a]	**Kapital-Jahreskosten** [Euro/a]	**Instandhaltungskosten** [Euro/a]
8.500,00	8.500,00	20	532,46	85,00
650,00	650,00	20	40,72	6,50
13.000,00	13.000,00	15	1.030,75	780,00
500,00	500,00	15	39,64	5,00
350,00	350,00	10	39,48	7,00
1.500,00	1.500,00	25	79,10	15,00
1.000,00	1.000,00	50	33,52	10,00
250,00	250,00	5	28,20	3,75
500,00	500,00	25	26,37	5,00
Summen:	**26.250,00**		**1.850,23**	**917,25**

Menge [kW/a] [kWh/a]	**Energie-Preis** [Euro/kW] [Euro/kWh]		**Kosten** [Euro]
	45,00		45,00
23.333	0,068		1.586,67
6.000	-0,06687		-401,22
23.333	-0,0055		-128,33
	150,00		150,00
25.000	0,068		1.700,00
1.786	0,068		121,43
-15.000	0,068		-1.020,00
		Zwischensumme B stat. 1. Jahr	**2.053,54**
		Zwischensumme B dyn. Barwert	**2.864,22**

Fortsetzung Variante 3: Blockheizkraftwerk (BHKW)

mit 100% Stromeinspeisung ins öffentliche Stromnetz
und einem Spitzenlastkessel

C	Betriebsgebundene Kosten, Wartung, Instandhaltung usw.
C1	Instandhaltung
C1d	Instandhaltung
C2	Wartung Kesselanlage
C3	Schornsteinfegerkosten
C4	Wartung BHKW

D	Jahresgesamtkosten (Summe stat. 1. Jahr)
	Jahresgesamtkosten (Summe dyn. Barwert 1. Jahr)
	Dynamische Jahresgesamtkosten im Zeitraum von 20 Jahren unter Berücksichtigung der Investitionskosten

Einfamilienhaus mit ca. 140 m² Wohnfläche

WSVO 1995 mit 100 W/m² Heizlast

(Bruttokostenaufstellung)

		Kosten [Euro]
	Summe aus Zeile A50, stat. 1. Jahr	917,25
	Summe aus Zeile A50, dyn. Barwert	1.098,16
		155,00
		85,00
0,20 Euro pro Betriebsstunde		1.200,00
	Zwischensumme C stat. 1. Jahr	1.440,00
	Zwischensumme C dyn. Barwert	1.892,92
jährliche Betriebskosten ohne Kapital (Summe aus B und C)	stat.	3.493,54
	dyn.	4.757,15
		6.261,02
		7.705,53
		180.360,69

Variante 4: Blockheizkraftwerk (BHKW)

mit 60% Eigenstromverbrauch und 40% Stromeinspeisung ins öffentliche Stromnetz und einem Spitzenlastkessel

A	Kapitalgebundene Kosten für Anlagen, Bauwerksteile usw.	Anzahl
A1	Gasbrennwertkessel 2,5 bis 20 kW mit integriertem Warmwasserspeicher inkl. Regelung u. Zubehör	1
A2	Abgasanlage, Einbau in vorhandenen Schornsteinzug	1
A3	BHKW 2,5 kWth/1kWel inkl. Abgasanlage	1
A4	Absperrventile, Filter usw.	1
A5	Pufferspeicherladepumpe	1
A6	Pufferspeicher 500 Liter inkl. Wärmedämmung	1
A7	Elt-Anschluss für BHKW	1
A8	Wärmemengenzähler für BHKW (Bedingung BAfA)	1
A9	Gasleitungsinstallationen inkl. Anschl. an den Gas-Brennwertkessel und BHKW	1
A50		

B	Verbrauchsgebundene Kosten	Std. [h/a]	Kesselleistung / Heizlast [kW]	Wärmemenge [kWh]	eta / LZ
B1	Gas BHKW				
B2	Grundpreis Gas		3,50		
B3	Arbeitspreis Gas	6.000	3,50	21.000	0,9
B4	Abzgl. eingesparter Strom durch 60% Eigenverbrauch	3.600	1,00	3.600	1
B5	Abzgl. KWK-Einspeisevergütung für 60% Eigenverbrauch	3.600	1,00	3.600	1
B6	Zzgl. 40% der EEG-Umlage ab 10.000 kWh für 60%igen Eigenstromverbrauch (2015: 30%; 2016: 35%; 2017: 40% von 0,0612 Euro)	3.600	1,00	3.600	1
B7	Abzgl. Vergütung für 40% eingespeisten Strom (KWK-Zulage halbiert, da sie nur für 10 Jahre gewährt wird)	2.400	1,00	2.400	1
B8	Abzgl. Erstattung Energiesteuer	6.000	3,50	21.000	0,9
B9	Gas Heizung BT-Kessel				
B10	Grundpreis Gas		20,00		
B11	Arbeitspreis Heizung	1.750	14,00	24.500	0,98
B12	Warmwasser, 12,5 kWh/m²a			1.750	0,98
B13	Wert der BHKW-Wärme	6.000	2,50	15.000	1

Fortsetzung nächste Seite ↗

Einfamilienhaus mit ca. 140 m² Wohnfläche
WSVO 1995 mit 100 W/m² Heizlast

(Bruttokostenaufstellung)

Einzelpreis [Euro]	**Kosten Investitionen** [Euro]	**Nutzdauer TN** [a]	**Kapital-Jahreskosten** [Euro/a]	**Instandhaltungskosten** [Euro/a]
8.500,00	8.500,00	20	532,46	85,00
650,00	650,00	20	40,72	6,50
13.000,00	13.000,00	15	1.030,75	780,00
500,00	500,00	15	39,64	5,00
350,00	350,00	10	39,48	7,00
1.500,00	1.500,00	25	79,10	15,00
1.000,00	1.000,00	50	33,52	10,00
250,00	250,00	5	28,20	3,75
500,00	500,00	25	26,37	5,00
Summen:	**26.250,00**		**1.850,23**	**917,25**

Menge [kW/a] [kWh/a]	**Energie-Preis** [Euro/kW] [Euro/kWh]			**Kosten** [Euro]
	45,00			45,00
23.333	0,06800			1.586,67
3.600	-0,27			-972,00
3.600	-0,05410			-194,76
3.200	0,02468		kleiner als 10.000 kWh, daher keine EEG-Umlage	0,00
2.400	-0,06687			-160,49
23.333	-0,0055			-128,33
	150,00			150,00
25.000	0,06800			1.700,00
1.786	0,06800			121,43
-15.000	0,06800			-1.020,00
		Zwischensumme B stat. 1. Jahr		**1.127,51**
		Zwischensumme B dyn. Barwert		**1.313,53**

Fortsetzung Variante 4: Blockheizkraftwerk (BHKW)

mit 60% Eigenstromverbrauch und 40% Stromeinspeisung ins öffentliche Stromnetz und einem Spitzenlastkessel

C	Betriebsgebundene Kosten, Wartung, Instandhaltung usw.
C1	Instandhaltung
C1d	Instandhaltung
C2	Wartung Kesselanlage
C3	Schornsteinfegerkosten
C4	Wartung BHKW

D	Jahresgesamtkosten (Summe stat. 1. Jahr)
	Jahresgesamtkosten (Summe dyn. Barwert 1. Jahr)
	Dynamische Jahresgesamtkosten im Zeitraum von 20 Jahren unter Berücksichtigung der Investitionskosten

Einfamilienhaus mit ca. 140 m² Wohnfläche

WSVO 1995 mit 100 W/m² Heizlast

(Bruttokostenaufstellung)

		Kosten [Euro]
	Summe aus Zeile A50, stat. 1. Jahr	**917,25**
	Summe aus Zeile A50, dyn. Barwert	**1.098,16**
		155,00
		85,00
0,20 Euro pro Betriebsstunde		1.200,00
	Zwischensumme C stat. 1. Jahr	**1.440,00**
	Zwischensumme C dyn. Barwert	**1.892,92**
jährliche Betriebskosten ohne Kapital (Summe aus B und C)	**stat.**	**2.567,51**
	dyn.	**3.206,45**
		5.335,00
		6.154,84
		149.346,86

Variante 5: Holzpelletkessel

A	Kapitalgebundene Kosten für Anlagen, Bauwerksteile usw.	Anzahl
A1	Holzpelletkessel inkl. Regelung 20 kW und Zubehör	1
A2	Pelletlager	1
A3	Pufferspeicher 1.000 Liter inkl. Wärmedämmung	1
A4	Pufferspeicherladepumpe	1
A5	Abgasanlage, Einbau in vorhandenen Schornsteinzug	1
A50		

B	Verbrauchsgebundene Kosten	Std. [h/a]	Kesselleistung / Heizlast [kW]	Wärmemenge [kWh]	eta / LZ
B1	Pellets Heizung				
B2	Grundpreis		20,00		
B3	Arbeitspreis Heizung	1.750	14,00	24.500	0,92
B4	Warmwasser, 12,5 kWh/m²a			1.750	0,92

C	Betriebsgebundene Kosten, Wartung, Instandhaltung usw.
C1	Instandhaltung
C1d	Instandhaltung
C2	Wartung Kessel
C3	Schornsteinfegerkosten

D	
	Jahresgesamtkosten (Summe stat. 1. Jahr)
	Jahresgesamtkosten (Summe dyn. Barwert 1. Jahr)
	Dynamische Jahresgesamtkosten im Zeitraum von 20 Jahren unter Berücksichtigung der Investitionskosten

Einfamilienhaus mit ca. 140 m² Wohnfläche

WSVO 1995 mit 100 W/m² Heizlast

(Bruttokostenaufstellung)

Einzelpreis [Euro]	**Kosten Investitionen** [Euro]	**Nutzdauer TN** [a]	**Kapital-Jahreskosten** [Euro/a]	**Instandhaltungskosten** [Euro/a]
13.500,00	13.500,00	15	1.070,40	405,00
900,00	900,00	40	34,36	9,00
2.100,00	2.100,00	25	110,75	21,00
350,00	350,00	10	39,48	3,50
950,00	950,00	25	50,10	9,50
Summen:	**17.800,00**		**1.305,08**	**448,00**

Menge [kW/a] [kWh/a]	**Energie-Preis** [Euro/kW] [Euro/kWh]		**Kosten** [Euro]
			0,00
26.630	0,0504		1.342,17
1.902	0,0504		95,87
		Zwischensumme B stat. 1. Jahr	**1.438,04**
		Zwischensumme B dyn. Barwert	**1.644,45**

		Kosten [Euro]
	Summe aus Zeile A50, stat. 1. Jahr	**448,00**
	Summe aus Zeile A50, dyn. Barwert	**536,36**
		300,00
		60,00
	Zwischensumme C stat. 1. Jahr	**360,00**
	Zwischensumme C dyn. Barwert	**473,23**
jährliche Betriebskosten ohne Kapital (Summe aus B und C)	stat.	**1.798,04**
	dyn.	**2.117,69**

	3.551,12
	3.959,12
	96.982,36

Variante 6: Elektrische Kompressions-Wärmepumpe mit Erdsonde

A	Kapitalgebundene Kosten für Anlagen, Bauwerksteile usw.		Anzahl
A1	Sole/Wärmepumpe 14 kW mit 200-l-Speicher und integriertem Elt-Durchlauferhitzer für Warmwasser		1
A2	Erdsonden	(Angabe in m)	240
A50			

B	Verbrauchsgebundene Kosten	Std. [h/a]	Kesselleistung / Heizlast [kW]	Wärme-menge [kWh]	eta / LZ
B1	Strom WP-Heizung				
B2	Grundpreis		14,0		
B3	Arbeitspreis WP-Tarif	1.750	14,0	24.500	4,9
B4	Warmwasser, 12,5 kWh/m²a			1.750	4,9

C	Betriebsgebundene Kosten, Wartung, Instandhaltung usw.
C1	Instandhaltung
C1d	Instandhaltung
C2	Wartungskosten Wärmepumpe

D	Jahresgesamtkosten (Summe stat. 1. Jahr)
	Jahresgesamtkosten (Summe dyn. Barwert 1. Jahr)
	Dynamische Jahresgesamtkosten im Zeitraum von 20 Jahren unter Berücksichtigung der Investitionskosten

Einfamilienhaus mit ca. 140 m² Wohnfläche

WSVO 1995 mit 100 W/m² Heizlast

(Bruttokostenaufstellung)

Einzelpreis [Euro]	**Kosten Investitionen** [Euro]	**Nutzdauer TN** [a]	**Kapital-Jahreskosten** [Euro/a]	**Instandhaltungskosten** [Euro/a]
17.950,00	17.950,00	20	1.124,43	359,00
65,00	15.600,00	40	595,57	156,00
Summen:	**33.550,00**		**1.719,99**	**515,00**

Menge [kW/a] [kWh/a]	**Energie-Preis** [Euro/kW] [Euro/kWh]		**Kosten** [Euro]
	125,00		125,00
5.000	0,1949		974,50
357	0,1949		69,61
		Zwischensumme B stat. 1. Jahr	**1.169,11**
		Zwischensumme B dyn. Barwert	**2.167,78**

		Kosten [Euro]
	Summe aus Zeile A50, stat. 1. Jahr	**515,00**
	Summe aus Zeile A50, dyn. Barwert	**616,57**
		85,00
	Zwischensumme C stat. 1. Jahr	**85,00**
	Zwischensumme C dyn. Barwert	**111,74**
jährliche Betriebskosten ohne Kapital (Summe aus B und C)	stat.	**1.254,11**
	dyn.	**2.279,52**

	3.489,10
	4.616,08
	125.871,61

Variante 1: Gasbrennwertkessel

A	Kapitalgebundene Kosten für Anlagen, Bauwerksteile usw.	Anzahl
A1	Gasbrennwertkessel 1,9 bis 16 kW mit integriertem Warmwasserspeicher inkl. Regelung u. Zubehör	1
A2	Abgasanlage, Einbau in vorhandenen Schornsteinzug	1
A3	Gasleitungsinstallationen inkl. Anschluss an den Gas-Brennwertkessel	1
A50		

B	Verbrauchsgebundene Kosten	Std. [h/a]	Kesselleistung / Heizlast [kW]	Wärmemenge [kWh]	eta / LZ
B1	Gas Heizung				
B2	Grundpreis		16,00		
B3	Arbeitspreis Heizung	1.550	8,50	13.175	0,98
B4	Warmwasser, 12,5 kWh/m²a			1.750	0,98

C	Betriebsgebundene Kosten, Wartung, Instandhaltung usw.
C1	Instandhaltung
C1d	Instandhaltung
C2	Wartung Kesselanlage
C3	Schornsteinfegerkosten

D	
	Jahresgesamtkosten (Summe stat. 1. Jahr)
	Jahresgesamtkosten (Summe dyn. Barwert 1. Jahr)
	Dynamische Jahresgesamtkosten im Zeitraum von 20 Jahren unter Berücksichtigung der Investitionskosten

Einfamilienhaus mit ca. 140 m² Wohnfläche

Effizienzhaus 70 mit 60 W/m² Heizlast

(Bruttokostenaufstellung)

Einzelpreis [Euro]	**Kosten Investitionen** [Euro]	**Nutzdauer TN** [a]	**Kapital-Jahreskosten** [Euro/a]	**Instandhaltungskosten** [Euro/a]
6.300,00	6.300,00	20	394,65	63,00
600,00	600,00	20	37,59	6,00
350,00	350,00	25	18,46	3,50
Summen:	**7.250,00**		**450,69**	**72,50**

Menge [kW/a] [kWh/a]	**Energie-Preis** [Euro/kW] [Euro/kWh]			**Kosten** [Euro]
	115,00			115,00
13.444	0,068			914,18
1.786	0,068			121,43
		Zwischensumme B stat. 1. Jahr		**1.150,61**
		Zwischensumme B dyn. Barwert		**1.664,39**

		Kosten [Euro]
	Summe aus Zeile A50, stat. 1. Jahr	72,50
	Summe aus Zeile A50, dyn. Barwert	86,80
		155,00
		60,00
	Zwischensumme C stat. 1. Jahr	**215,00**
	Zwischensumme C dyn. Barwert	**282,62**

jährliche Betriebskosten ohne Kapital (Summe aus B und C)	stat.	**1.365,61**
	dyn.	**1.947,01**

	1.888,80
	2.484,50
	56.939,95

Variante 2: Gasbrennwertkessel

mit solarer Warmwasserbereitung und solarer Heizungsunterstützung

A	Kapitalgebundene Kosten für Anlagen, Bauwerksteile usw.	Anzahl
A1	Gasbrennwertkessel 1,9 bis 16 kW mit integriertem Warmwasserspeicher inkl. Regelung u. Zubehör	1
A2	Abgasanlage, Einbau in vorhandenen Schornsteinzug	1
A3	Gasleitungsinstallationen inkl. Anschluss an den Gas-Brennwertkessel	1
A4	Solaranlage zur Warmwasserbereitung und Heizungsunterstützung	1
A50		

B	Verbrauchsgebundene Kosten	Std. [h/a]	Kesselleistung / Heizlast [kW]	Wärme-menge [kWh]	eta / LZ
B1	Gas Heizung				
B2	Grundpreis		16,00		
B3	Arbeitspreis Heizung	1.550	8,50	13.175	0,98
B4	Warmwasser, 12,5 kWh/m²a			1.750	0,98
B5	Einsparung durch solare Heizungsunterstützung. ca. 20%				
B6	Einsparung durch solare Warmwasserbereitg. ca. 60%				

C	Betriebsgebundene Kosten, Wartung, Instandhaltung usw.
C1	Instandhaltung
C1d	Instandhaltung
C2	Wartung Kesselanlage
C3	Wartung Solaranlage
C4	Schornsteinfegerkosten

D	
	Jahresgesamtkosten (Summe stat. 1. Jahr)
	Jahresgesamtkosten (Summe dyn. Barwert 1. Jahr)
	Dynamische Jahresgesamtkosten im Zeitraum von 20 Jahren unter Berücksichtigung der Investitionskosten

Einfamilienhaus mit ca. 140 m² Wohnfläche

Effizienzhaus 70 mit 60 W/m² Heizlast

(Bruttokostenaufstellung)

Einzelpreis [Euro]	**Kosten Investitionen** [Euro]	**Nutzdauer TN** [a]	**Kapital-Jahreskosten** [Euro/a]	**Instandhaltungskosten** [Euro/a]
6.300,00	6.300,00	20	394,65	63,00
600,00	600,00	20	37,59	6,00
350,00	350,00	25	18,46	3,50
7.650,00	7.650,00	25	403,43	76,50
Summen:	**14.900,00**		**854,12**	**149,00**

Menge [kW/a] [kWh/a]	**Energie-Preis** [Euro/kW] [Euro/kWh]			**Kosten** [Euro]
	115,00			115,00
13.444	0,068			914,18
1.786	0,068			121,43
-2.689	0,068			-182,84
-1.071	0,068			-72,86
		Zwischensumme B stat. 1. Jahr		**894,92**
		Zwischensumme B dyn. Barwert		**1.294,52**

		Kosten [Euro]
	Summe aus Zeile A50, stat. 1. Jahr	**149,00**
	Summe aus Zeile A50, dyn. Barwert	**178,39**
		155,00
		75,00
		60,00
	Zwischensumme C stat. 1. Jahr	**290,00**
	Zwischensumme C dyn. Barwert	**381,21**

jährliche Betriebskosten ohne Kapital (Summe aus B und C)	stat.	**1.184,92**
	dyn.	**1.675,73**

	3.156,29
	3.981,70
	69.064,77

Variante 3: Blockheizkraftwerk (BHKW)

mit 100% Stromeinspeisung ins öffentliche Stromnetz
und einem Spitzenlastkessel

A	Kapitalgebundene Kosten für Anlagen, Bauwerksteile usw.	Anzahl
A1	Gasbrennwertkessel 1,9 bis 16 kW mit integriertem Warmwasserspeicher inkl. Regelung u. Zubehör	1
A2	Abgasanlage, Einbau in vorhandenen Schornsteinzug	1
A3	BHKW 2,5 kWth/1kWel inkl. Abgasanlage	1
A4	Absperrventile, Filter usw.	1
A5	Pufferspeicherladepumpe	1
A6	Pufferspeicher 500 Liter inkl. Wärmedämmung	1
A7	Elt-Anschluss für BHKW	1
A8	Wärmemengenzähler für BHKW (Bedingung BAfA)	1
A9	Gasleitungsinstallationen inkl. Anschl. an den Gas-Brennwertkessel und BHKW	1
A50		

B	Verbrauchsgebundene Kosten	Std. [h/a]	Kesselleistung / Heizlast [kW]	Wärmemenge [kWh]	eta / LZ
B1	Gas BHKW				
B2	Grundpreis Gas		3,50		
B3	Arbeitspreis Gas	4.750	3,50	16.625	0,9
B4	Abzgl. Vergütung für eingespeisten Strom (KWK-Zulage halbiert, da sie nur für 10 Jahre gewährt wird)	4.750	1,00	4.750	1
B5	Abzgl. Erstattung Energiesteuer	4.750	3,50	16.625	0,9
B6	Gas Heizung BT-Kessel				
B7	Grundpreis Gas		16,00		
B8	Arbeitspreis Heizung	1.550	8,50	13.175	0,98
B9	Warmwasser, 12,5 kWh/m²a			1.750	0,98
B10	Wert der BHKW-Wärme	4.750	2,50	11.875	1

Fortsetzung nächste Seite ↗

Einfamilienhaus mit ca. 140 m² Wohnfläche

Effizienzhaus 70 mit 60 W/m² Heizlast

(Bruttokostenaufstellung)

Einzelpreis [Euro]	Kosten Investitionen [Euro]	Nutzdauer TN [a]	Kapital-Jahreskosten [Euro/a]	Instandhaltungskosten [Euro/a]
6.300,00	6.300,00	20	394,65	63,00
600,00	600,00	20	37,59	6,00
13.000,00	13.000,00	15	1.030,75	780,00
500,00	500,00	15	39,64	5,00
350,00	350,00	10	39,48	7,00
1.500,00	1.500,00	25	79,10	15,00
1.000,00	1.000,00	50	33,52	10,00
250,00	250,00	5	28,20	3,75
450,00	450,00	25	23,73	4,50
Summen:	**23.950,00**		**1.706,65**	**894,25**

Menge [kW/a] [kWh/a]	Energie-Preis [Euro/kW] [Euro/kWh]			Kosten [Euro]
	45,00			45,00
18.472	0,068			1.256,11
4.750	-0,06687			-317,63
18.472	-0,0055			-101,60
	115,00			115,00
13.444	0,068			914,18
1.786	0,068			121,43
-11.875	0,068			-807,50
		Zwischensumme B stat. 1. Jahr		**1.224,99**
		Zwischensumme B dyn. Barwert		**1.687,85**

Fortsetzung Variante 3: Blockheizkraftwerk (BHKW)
mit 100% Stromeinspeisung ins öffentliche Stromnetz
und einem Spitzenlastkessel

C	Betriebsgebundene Kosten, Wartung, Instandhaltung usw.
C1	Instandhaltung
C1d	Instandhaltung
C2	Wartung Kesselanlage
C3	Schornsteinfegerkosten
C4	Wartung BHKW

D	Jahresgesamtkosten (Summe stat. 1. Jahr)
	Jahresgesamtkosten (Summe dyn. Barwert 1. Jahr)
	Dynamische Jahresgesamtkosten im Zeitraum von 20 Jahren unter Berücksichtigung der Investitionskosten

Einfamilienhaus mit ca. 140 m² Wohnfläche

Effizienzhaus 70 mit 60 W/m² Heizlast

(Bruttokostenaufstellung)

		Kosten [Euro]
	Summe aus Zeile A50, stat. 1. Jahr	894,25
	Summe aus Zeile A50, dyn. Barwert	1.070,62
		155,00
		85,00
0,20 Euro pro Betriebsstunde		950,00
	Zwischensumme C stat. 1. Jahr	1.190,00
	Zwischensumme C dyn. Barwert	1.564,29
jährliche Betriebskosten ohne Kapital (Summe aus B und C)	stat.	2.414,99
	dyn.	3.252,14
		5.015,90
		6.029,41
		144.538,21

Variante 4: Blockheizkraftwerk (BHKW)

mit 60% Eigenstromverbrauch und 40% Stromeinspeisung ins öffentliche Stromnetz und einem Spitzenlastkessel

A	Kapitalgebundene Kosten für Anlagen, Bauwerksteile usw.	Anzahl
A1	Gasbrennwertkessel 1,9 bis 16 kW mit integriertem Warmwasserspeicher inkl. Regelung u. Zubehör	1
A2	Abgasanlage, Einbau in vorhandenen Schornsteinzug	1
A3	BHKW 2,5 kWth/1kWel inkl. Abgasanlage	1
A4	Absperrventile, Filter usw.	1
A5	Pufferspeicherladepumpe	1
A6	Pufferspeicher 500 Liter inkl. Wärmedämmung	1
A7	Elt-Anschluss für BHKW	1
A8	Wärmemengenzähler für BHKW (Bedingung BAfA)	1
A9	Gasleitungsinstallationen inkl. Anschl. an den Gas-Brennwertkessel und BHKW	1
A50		

B	Verbrauchsgebundene Kosten	Std. [h/a]	Kesselleistung / Heizlast [kW]	Wärmemenge [kWh]	eta / LZ
B1	Gas BHKW				
B2	Grundpreis Gas		3,50		
B3	Arbeitspreis Gas	4.750	3,50	16.625	0,9
B4	Abzgl. eingesparter Strom durch 60% Eigenverbrauch	2.850	1,00	2.850	1
B5	Abzgl. KWK-Einspeisevergütung für 60% Eigenverbrauch	2.850	1,00	2.850	1
B6	Zzgl. 40% der EEG-Umlage ab 10.000 kWh für 60%igen Eigenstromverbrauch (2015: 30%; 2016: 35%; 2017: 40% von 0,0612 Euro)	2.850	1,00	2.850	1
B7	Abzgl. Vergütung für 40% eingespeisten Strom (KWK-Zulage halbiert, da sie nur für 10 Jahre gewährt wird)	1.900	1,00	1.900	1
B8	Abzgl. Erstattung Energiesteuer	4.750	3,50	16.625	0,9
B9	Gas Heizung BT-Kessel				
B10	Grundpreis Gas		16,00		
B11	Arbeitspreis Heizung	1.550	8,50	13.175	0,98
B12	Warmwasser, 12,5 kWh/m²a			1.750	0,98
B13	Wert der BHKW-Wärme	4.750	2,50	11.875	1

Fortsetzung nächste Seite ↗

Einfamilienhaus mit ca. 140 m² Wohnfläche

Effizienzhaus 70 mit 60 W/m² Heizlast

(Bruttokostenaufstellung)

Einzelpreis [Euro]	**Kosten Investitionen** [Euro]	**Nutzdauer TN** [a]	**Kapital-Jahreskosten** [Euro/a]	**Instandhaltungskosten** [Euro/a]
6.300,00	6.300,00	20	394,65	63,00
600,00	600,00	20	37,59	6,00
13.000,00	13.000,00	15	1.030,75	780,00
500,00	500,00	15	39,64	5,00
350,00	350,00	10	39,48	7,00
1.500,00	1.500,00	25	79,10	15,00
1.000,00	1.000,00	50	33,52	10,00
250,00	250,00	5	28,20	3,75
450,00	450,00	25	23,73	4,50
Summen:	**23.950,00**		**1.706,65**	**894,25**

Menge [kW/a] [kWh/a]	**Energie-Preis** [Euro/kW] [Euro/kWh]			**Kosten** [Euro]
	45,00			45,00
18.472	0,06800			1.256,11
2.850	-0,27			-769,50
2.850	-0,05410			-154,19
3.200	0,02468		kleiner als 10.000 kWh, daher keine EEG-Umlage	0,00
1.900	-0,06687			-127,05
18.472	-0,0055			-101,60
	115,00			115,00
13.444	0,06800			914,18
1.786	0,06800			121,43
-11.875	0,06800			-807,50
		Zwischensumme B stat. 1. Jahr		**491,89**
		Zwischensumme B dyn. Barwert		**460,22**

Fortsetzung Variante 4: Blockheizkraftwerk (BHKW)

mit 60% Eigenstromverbrauch und 40% Stromeinspeisung ins öffentliche Stromnetz und einem Spitzenlastkessel

C	Betriebsgebundene Kosten, Wartung, Instandhaltung usw.
C1	Instandhaltung
C1d	Instandhaltung
C2	Wartung Kesselanlage
C3	Schornsteinfegerkosten
C4	Wartung BHKW

D	Jahresgesamtkosten (Summe stat. 1. Jahr)
	Jahresgesamtkosten (Summe dyn. Barwert 1. Jahr)
	Dynamische Jahresgesamtkosten im Zeitraum von 20 Jahren unter Berücksichtigung der Investitionskosten

Einfamilienhaus mit ca. 140 m² Wohnfläche

Effizienzhaus 70 mit 60 W/m² Heizlast

(Bruttokostenaufstellung)

		Kosten [Euro]
	Summe aus Zeile A50, stat. 1. Jahr	894,25
	Summe aus Zeile A50, dyn. Barwert	1.070,62
		155,00
		85,00
0,20 Euro pro Betriebsstunde		950,00
	Zwischensumme C stat. 1. Jahr	1.190,00
	Zwischensumme C dyn. Barwert	1.564,29
jährliche Betriebskosten ohne Kapital (Summe aus B und C)	stat.	1.681,89
	dyn.	2.024,51
		4.282,79
		4.801,78
		119.985,59

Variante 5: Holzpelletkessel

A	Kapitalgebundene Kosten für Anlagen, Bauwerksteile usw.	Anzahl
A1	Holzpelletkessel inkl. Regelung 16 kW und Zubehör	1
A2	Pelletlager	1
A3	Pufferspeicher 800 Liter inkl. Wärmedämmung	1
A4	Pufferspeicherladepumpe	1
A5	Abgasanlage, Einbau in vorhandenen Schornsteinzug	1
A50		

B	Verbrauchsgebundene Kosten	Std. [h/a]	Kesselleistung / Heizlast [kW]	Wärmemenge [kWh]	eta / LZ
B1	Pellets Heizung				
B2	Grundpreis		16,00		
B3	Arbeitspreis Heizung	1.550	8,50	13.175	0,92
B4	Warmwasser, 12,5 kWh/m²a			1.750	0,92

C	Betriebsgebundene Kosten, Wartung, Instandhaltung usw.
C1	Instandhaltung
C1d	Instandhaltung
C2	Wartung Kessel
C3	Schornsteinfegerkosten

D	Jahresgesamtkosten (Summe stat. 1. Jahr)
	Jahresgesamtkosten (Summe dyn. Barwert 1. Jahr)
	Dynamische Jahresgesamtkosten im Zeitraum von 20 Jahren unter Berücksichtigung der Investitionskosten

Einfamilienhaus mit ca. 140 m² Wohnfläche

Effizienzhaus 70 mit 60 W/m² Heizlast

(Bruttokostenaufstellung)

Einzelpreis [Euro]	**Kosten Investitionen** [Euro]	**Nutzdauer TN** [a]	**Kapital-Jahreskosten** [Euro/a]	**Instandhaltungskosten** [Euro/a]
10.350,00	10.350,00	15	820,64	310,50
750,00	750,00	40	28,63	7,50
1.850,00	1.850,00	25	97,56	18,50
350,00	350,00	10	39,48	3,50
900,00	900,00	25	47,46	9,00
Summen:	**17.800,00**		**1.305,08**	**349,00**

Menge [kW/a] [kWh/a]	**Energie-Preis** [Euro/kW] [Euro/kWh]			**Kosten** [Euro]
				0,00
14.321	0,0504			721,76
1.902	0,0504			95,87
		Zwischensumme B stat. 1. Jahr		**817,63**
		Zwischensumme B dyn. Barwert		**934,99**

		Kosten [Euro]
	Summe aus Zeile A50, stat. 1. Jahr	**349,00**
	Summe aus Zeile A50, dyn. Barwert	**417,83**
		300,00
		60,00
	Zwischensumme C stat. 1. Jahr	**360,00**
	Zwischensumme C dyn. Barwert	**473,23**

jährliche Betriebskosten ohne Kapital (Summe aus B und C)	stat.	**1.177,63**
	dyn.	**1.408,22**
		2.560,40
		2.859,82
		71.396,43

Variante 6: Elektrische Kompressions-Wärmepumpe mit Erdsonde

A	Kapitalgebundene Kosten für Anlagen, Bauwerksteile usw.		Anzahl
A1	Sole/Wärmepumpe 8,3 kW mit 200-l-Speicher und integriertem Elt-Durchlauferhitzer für Warmwasser		1
A2	Erdsonden	(Angabe in m)	145
A50			

B	Verbrauchsgebundene Kosten	Std. [h/a]	Kesselleistung / Heizlast [kW]	Wärmemenge [kWh]	eta / LZ
B1	Strom WP-Heizung				
B2	Grundpreis		5,9		
B3	Arbeitspreis WP-Tarif	1.550	8,5	13.175	4,9
B4	Warmwasser, 12,5 kWh/m²a			1.750	4,9

C	Betriebsgebundene Kosten, Wartung, Instandhaltung usw.
C1	Instandhaltung
C1d	Instandhaltung
C2	Wartungskosten Wärmepumpe

E	Jahresgesamtkosten (Summe stat. 1. Jahr)
	Jahresgesamtkosten (Summe dyn. Barwert 1. Jahr)
	Dynamische Jahresgesamtkosten im Zeitraum von 20 Jahren unter Berücksichtigung der Investitionskosten

Einfamilienhaus mit ca. 140 m² Wohnfläche

Effizienzhaus 70 mit 60 W/m² Heizlast

(Bruttokostenaufstellung)

Einzelpreis [Euro]	**Kosten Investitionen** [Euro]	**Nutzdauer TN** [a]	**Kapital-Jahreskosten** [Euro/a]	**Instandhaltungskosten** [Euro/a]
14.365,00	14.365,00	20	899,85	287,30
65,00	9.425,00	40	359,82	94,25
Summen:	**23.790,00**		**1.259,68**	**381,55**

Menge [kW/a] [kWh/a]	**Energie-Preis** [Euro/kW] [Euro/kWh]			**Kosten** [Euro]
	107,40			107,40
2.689	0,1949			524,04
357	0,1949			69,61
		Zwischensumme B stat. 1. Jahr		**701,05**
		Zwischensumme B dyn. Barwert		**1.299,90**

		Kosten [Euro]
	Summe aus Zeile A50, stat. 1. Jahr	**381,55**
	Summe aus Zeile A50, dyn. Barwert	**456,80**
		85,00
	Zwischensumme C stat. 1. Jahr	**85,00**
	Zwischensumme C dyn. Barwert	**111,74**

jährliche Betriebskosten ohne Kapital (Summe aus B und C)	stat.	**786,05**
	dyn.	**1.411,63**

	2.427,27
	3.128,11
	86.352,23

23 | SOLARMODULE – DIE BESTEN IM TEST

„Echte Verbesserungen"

Anne Kreutzmann, Chefredakteurin der Fachzeitschrift Photon, lobt den raschen technischen Fortschritt bei Solarmodulen und erklärt, welche Werte beim Modulkauf entscheidend sind – es kommt auf das Kosten-Nutzen-Verhältnis an.

Photon misst auf seinem Teststand in Aachen seit 2005 die Erträge vieler marktgängiger Solarmodule. Mittlerweile liegt die Bewertung des ersten Halbjahrs 2014 vor. Wie beurteilen Sie die technische Entwicklung?
Anne Kreutzmann: Modulhersteller haben es in den letzten Jahren geschafft, den Ertrag je Watt Modulleistung spürbar zu steigern. Dies kann man am besten an der sogenannten Performance Ratio eines Moduls erkennen, die wir seit dem Jahr 2010 bestimmen. Letztlich gibt dieser Wert an, wie viel Prozent der Sonnenstrahlung ein Modul unter Berücksichtigung seines Wirkungsgrades in Strom verwandelt. 2010 lag dieser Wert für neu auf dem Testfeld installierte Module bei durchschnittlich 86,6 Prozent, 2011 bei 87,7 Prozent, 2012 bei 90,0 Prozent und 2013 dann bereits bei 91,5 Prozent. Die Performance Ratio ist unabhängig vom Wetter, es handelt sich also hier um echte Verbesserungen bei den Neuzugängen. Oder anders ausgedrückt: In vier Jahren haben es die Modulhersteller geschafft, bezogen auf das Watt Leistung rund 5 Prozent mehr Ertrag herauszuholen. Eine beachtliche Leistung. Inzwischen wird die Luft allerdings dünner – wir nähern uns zumindest in der kristallinen Silizium-Solartechnik den physikalischen Grenzen.

Der Wirkungsgrad eines Solarmoduls ist also zweitrangig?
Die Performance Ratio hat höhere Aussagekraft. Ein Modul erreicht eine – theoretisch mögliche – Performance Ratio von 100 Prozent, wenn es stets exakt seinen unter Standardtestbedingungen ermittelten Wirkungsgrad erreicht – wenn ein Modul mit beispielsweise 15 Prozent Wirkungsgrad aus 1000 Watt Sonneneinstrahlung 150 Watt elektrische Leistung erzeugt, aus 100 Watt Einstrahlung 15 Watt und aus 10 Watt Einstrahlung 1,5 Watt. Tatsächlich liegt der Wirkungsgrad aber je nach aktuellen Bedingungen wie der Einstrahlung,

Interview

der Temperatur und des Lichtspektrums meist niedriger und nur selten höher. Der Unterschied zwischen den beiden Kenngrößen Ertrag und Performance Ratio besteht somit in der Vergleichbarkeit: Die Erträge verschiedener Module bilden immer nur für jeweils ein Jahr am selben Standort eine Aussage, während die Performance-Ratio-Werte durch den Bezug zur jeweils verfügbaren Einstrahlung auch über mehrere Jahre hinweg miteinander vergleichbar sind.

Ist davon auszugehen, dass sich die Jahreswerte gegenüber den hier abgebildeten Halbjahreswerten gravierend ändern?
Um herauszufinden, ob ein Modul unter allen Wetterverhältnissen gute Ergebnisse bringt, sollte man die Jahresauswertung abwarten, die wir Anfang jedes Jahres in unserer Zeitschrift Photon veröffentlichen. Gravierend werden die Abweichungen aber sicher nicht sein, da die typischen Wetterbedingungen alle abgearbeitet sind. In den ersten Monaten 2014 hatten wir allerdings keinen Schnee in Aachen. Sollte diese Wettersituation in den letzten Monaten des Jahres noch auftauchen, könnten hier Module zurückfallen, von denen Schnee schlecht abrutscht.

Auf welche Werte sollte ein Kunde beim Modulkauf sonst achten?
Eine gute Perfomance Ratio sollte immer in Relation zum Preis gesehen werden. Letztlich stellt das Ranking in unserer Jahresauswertung keine Empfehlung dar, nur die bestplatzierten Module zu kaufen, sondern gibt eine Information darüber, wie viel man für einen bestimmten Modultyp zahlen sollte. Bringt ein Modul zum Beispiel 10 Prozent weniger Ertrag als der Spitzenreiter, kostet aber nur die Hälfte – und solche Preisdifferenzen sind durchaus möglich –, dann wäre es immer noch die richtige Kaufentscheidung.

„Bringt ein Modul zehn Prozent weniger, kostet aber nur die Hälfte, dann wäre es immer noch die richtige Kaufentscheidung.“

Module reagieren unterschiedlich auf Sonneneinstrahlung und Temperatur. Die einen liefern bei hoher Einstrahlung im Juni besonders hohe Erträge, die anderen bei diffuser Strahlung im Winter. Welche Moduleigenschaften passen am besten für Deutschland?
Module, die in den Sommermonaten patzen, in denen immer ein großer Teil des Jahresertrags hereinkommen muss, haben keine Chance auf einen guten Platz im Jahresergebnis. Schwächen bei Schwachlicht fallen dagegen nicht so stark ins Gewicht, weil hier ein vergleichsweise geringer Anteil des Jahresertrags generiert wird. Für absolute

Spitzenerträge ist das sogenannte Schwachlichtverhalten trotzdem wichtig. Als es früher vor allem um eine hohe Leistung unter Standardtestbedingungen ging, die bei 1.000 Watt je Quadratmeter gemessen wird, haben viele Hersteller das Verhalten ihrer Module bei geringeren Einstrahlungen vernachlässigt. Dies hat sich inzwischen geändert. Auf immer mehr Datenblättern finden sich Angaben zur Leistung des Moduls auch bei geringeren Einstrahlungsverhältnissen. Und diese werden durchweg immer besser.

Chinesische Module belegen in Ihrer Auswertung Top-Platzierungen. Zudem ist China-Ware bekannt dafür, relativ günstig zu sein. Sollten Kunden sie bevorzugt ins Auge fassen?

Das kann man so nicht sagen. In China gibt es einfach viel mehr Hersteller, so dass automatisch mehr Module aus China in den Top-Platzierungen auftauchen. Richtig ist aber sicher, dass der schlechte Ruf, den China-Module in Deutschland hatten und vielleicht auch noch haben, nicht gerechtfertigt ist. Gute Module zu bauen, ist kein Hexenwerk, das Know-how hat sich in China schnell verbreitet. Richtig ist zudem, dass chinesische Module im Durchschnitt immer noch rund 10 Prozent günstiger sind als europäische. Die Wahrscheinlichkeit, bei einem chinesischen Anbieter das beste Preis-Leistungs-Verhältnis zu finden, ist somit immer noch hoch.

Monokristalline Module schneiden in der Photon-Auswertung besonders gut ab, sind aber in der Regel auch teurer als multikristalline. Können Kunden davon ausgehen, dass an einem Standort wie Deutschland die Mehrkosten durch höhere Erträge kompensiert werden? Wann sollte ein Kunde Multikristallin erwägen?

Monokristalline Module erreichen höhere Wirkungsgrade als multikristalline. Doch die Performance Ratio wird ja gerade so berechnet, dass die Höhe des Wirkungsgrades keine Rolle spielt. Insofern eine sehr gute und nicht einfach zu beantwortende Frage. Schaut man sich das gesamte Testfeld an, gibt es mit Ausnahme der Spitzengruppe eine gute Durchmischung zwischen mono- und multikristallinen Modulen. Beide Varianten sind halbwegs gleich verteilt unter den guten, mittleren und schlechten Modulen. Nur eben im Spitzenfeld sind die Monos unter sich. Offensichtlich ist es also möglich, aus monokristallinen Wafern sowohl schlechte, mittelprächtige als auch exzellente Solarzellen herzustellen. Für multikristalline Wafer gilt dies ebenso, allerdings bleibt ihnen der Bereich der Spitzenzellen verwehrt.

Warum?

Mit ein bisschen Kenntnis der Solarzellenphysik lässt sich das gut verstehen. Multikristalline Wafer bestehen aus zahlreichen separaten Kristallen, die anein-

» Nicht die Platzierung im Ranking der ertragreichsten Module ist das entscheidende Kaufkriterium, sondern der zu erwartende Ertrag in Relation zum Preis.

ander stoßen. Diese Korngrenzen sind Störstellen, an denen Elektronen mit Elektronenlöchern rekombinieren, statt Strom zu erzeugen. Hier können Shunts entstehen, also Kurzschlüsse, wenn das leitende Metall des Kontaktgitters in die Ritzen dringt. Zwar lassen sich diese Effekte heute auf ein Minimum reduzieren, unter anderem durch die sogenannte Wasserstoffpassivierung, aber eben doch nicht ganz beseitigen. Diese Nachteile des multikristallinen Materials führen zu einer geringeren Leistung unter Standardtestbedingungen und damit zu einem niedrigeren Wirkungsgrad als bei monokristallinem Silizium. Sie führen aber auch zu schlechteren Ergebnissen im Schwachlichtverhalten und somit am Ende zu geringeren Erträgen je Watt Leistung. Da Multis in der Regel preiswerter sind, gilt auch hier: Nicht die Platzierung im Ranking der ertragreichsten Module ist das entscheidende Kaufkriterium, sondern der zu erwartende Ertrag in Relation zum Preis.

Module des Herstellers Sunpower schneiden in der Auswertung sehr gut ab, sind für jeden Investor verlockend. Lohnt sich diese Technik?
Die drei Modultypen von Sunpower, die auf dem Testfeld installiert sind, haben in den Sommermonaten aufgeholt. Besonders in den heißen Monaten sind sie besonders ertragreich. Fest steht zudem, dass Sunpower nicht nur sehr ertragsstarke Module baut, sondern diese auch – zumindest in den ersten zweieinhalb Jahren – fast keine Leistungsminderung zeigen; die derzeit auf dem Testfeld vermessenen Typen wurden bereits Ende 2011 installiert. Ob sich Sunpower-Module rein finanziell betrachtet lohnen, muss letztlich jeder selbst entscheiden. Die vom Hersteller aufgerufenen Preise sind jedenfalls deutlich höher, als es die reine Ertragsdifferenz zum Durchschnittsmodul rechtfertigen würde.

Auch wenn man sinkende Begleitkosten berücksichtigt?
Ja, auch wenn man den etwas geringeren Flächenverbrauch dieser Hochleistungsmodule berücksichtigt, der Ersparnisse bei Montagesystem und Kabeln mit sich bringt. Zudem bekommt Sunpower gerade Konkurrenz von neuen Herstellern wie Silveo oder Tetrasun, die vom Wirkungsgrad her in der selben Liga spielen. Ob diese ähnlich ertragsstark sind, wollen wir mit künftigen Messungen auf unserem Testfeld herausfinden.

Auswertung der PHOTON-Ertragsmessung für den Monat Juni 2014

Hersteller	Modultyp	Zelltyp	Herkunftsland
Aleo Solar	Aleo S_18 225	poly	DE, ES
Alex Solar Energy Science & Technology	ALM-190D-24	mono	CN
Amerisolar, Worldwide Energy & Manufacturing	AS-5M (190)	mono	k. A.
	AS-6P30-230W	poly	k. A.
Apollo Solar Energy	ASEC-235G6M	poly	TW
ASE (jetzt bei Schott Solar)	ASE-300-DG-FT (300 W)	ribbon	US
Axitec	AC-236P/156-60S	poly	DE
	AC-250M/156-60S	mono	CN, EU
Bisol	BMU-215-2/221	poly	SI
	BMU-215-2/233	poly	SI
Bosch Solar Energy	Bosch c-Si M 60 230	mono	DE
BP Solar International	BP 3220 T	poly	CN
	BP 3280 T	poly	k. A.
	BP 7185 S	mono	ES, IN
BYD	BYD 240P6-30	poly	CN
Calrays	CPM 250-A-96	mono	k. A.
Canadian Solar	CS6A-170P	poly	CN
CEEG Solar Science & Technology	SST 265-72P	poly	CN
CH Solar	CH Solar 180 mono	mono	CN
Chaori Solar Energy	CRM240S156P-60	poly	k. A.
	CRM245S156M-60	mono	k. A.

Produktionsdatum[1]	im Test seit	STC-Leistung (W)	Platz 2013	Performance Ratio 2013 (%)	Performance Ratio Juni 2014 (%)	Performance Ratio Jan.–Juni 2014 (%)	Ertrag Juni 2014 (kWh/kW)	Ertrag Jan.–Juni 2014 (kWh/kW)
2005	4/2010	230,5	38	91,3	87,6	91,7	143,8	633,5
2009	7/2011	187,8	–	–	86,3	89,9	141,7	620,8
k. A.	1/2012	195	92	89,9	88	91,3	144,6	630,8
k. A.	1/2012	236,8	81	90,2	87,8	91,6	144,1	632,5
2011	1/2012	238	–	–	88,3	92,2	144,9	636,6
1997–2006	2007	308,1 [2]	–	–	78,7	82,1	129,3	566,8
bis 2011	2/2011	232,9	59	90,7	87,2	91,4	143,1	631,3
k. A.	1/2012	248,9	111	89,3	86,8	90,5	142,5	625,5
2007	2/2010	229,1	108	89,4	85,3	89,8	140,1	620,6
2009	2/2011	234,2	88	90	86,6	90,4	142,2	624,2
2009–2010	2/2011	233,2	67	90,5	86,7	91,1	142,4	629,3
bis 2011	7/2011	232,5	51	90,8	85,7	90,1	140,7	622,4
bis 2011	5/2011	287,4	76	90,3	87,6	91,3	143,8	630,4
k. A.	2005	185,1 [2]	147	81,1	78,3	80,8	128,5	558,1
k. A.	9/2012	243,6	82	90,1	88,3	91,7	145	633,1
k. A.	7/2011	244	126	87,5	84,2	87,8	138,2	606,6
2007 (E)	2007	174,4 [2]	142	83,3	80,5	84,4	132,1	582,6
2005	2/2011	281	89	90	86,7	90,5	142,3	625,4
bis 2010	4/2010	184,4	40	91,2	88,2	92,3	144,9	637,8
k. A.	5/2012	241	55	90,7	88	91,6	144,5	633
k. A.	5/2012	246,3	60	90,7	89,3	92,5	146,6	638,8

Hersteller	Modultyp	Zelltyp	Herkunfts-land
China Sunergy	CSUN240-60P	poly	CN
	CSUN250-60M	mono	CN
	CSUN260-60M	mono	CN
Chint Solar / Astronergy	CHSM 5612M (185)	mono	k. A.
	CHSM 6610P (230)	poly	k. A.
CNPV Solar Power	CNPV-185M	mono	CN
	CNPV-190M	mono	CN
	CNPV-220P	poly	CN
	CNPV-240M	mono	CN
	CNPV-240P	poly	CN
Conergy	Conergy PowerPlus 220P	poly	DE
	Conergy PowerPlus 235P	poly	DE
CSG PV Tech	CSG180S1-35/36	mono	CN
	CSG230M2-30	poly	CN
	CSG240M2	poly	k. A.
	CSG250S2	mono	k. A.
Daqo New Energy	DQ235PSCa	poly	CN
Day4 Energy	Day4 48MC 185	poly	CA
Eging Photovoltaic Technology	EGM-185	mono	CN
Emmvee Photovoltaics	ES-230P60	poly	IN
Eoplly New Energy Technology	EP125M/72-190W	mono	CN
	EP156P/60-235W	poly	CN
ET Solar Industry	ET-M660250WW	mono	CN
	ET-P660240	poly	CN
Evergreen Solar	ES-180-RL	ribbon	DE
	ES-A-210-fa2	ribbon	US
	ES-E-210-fc3	ribbon	US
Fluitecnik	FTS-220 P	poly	PT

Produktions-datum[1]	im Test seit	STC-Leistung (W)	Platz 2013	Performance Ratio 2013 (%)	Performance Ratio Juni 2014 (%)	Performance Ratio Jan.–Juni 2014 (%)	Ertrag Juni 2014 (kWh/kW)	Ertrag Jan.–Juni 2014 (kWh/kW)
k. A.	1/2012	243,7	119	88,9	86,3	90	141,8	621,7
k. A.	1/2012	248,4	68	90,5	87,9	91,9	144,4	634,8
k. A.	1/2012	254,0	61	90,7	88,3	92,2	144,9	637,0
k. A.	1/2012	187,4	–	–	89,2	92,7	146,4	640,1
k. A.	1/2012	234,2	72	90,4	87,4	91,0	143,5	628,6
2006	3/2010	193,8	78	90,3	87,0	90,9	142,9	627,9
2006	7/2011	197,4	95	89,8	85,8	89,7	140,9	619,5
2006	7/2011	224,2	26	91,8	88,0	92,2	144,4	636,7
2006	7/2011	249,7	122	88,3	84,2	88,7	138,2	612,7
2006	7/2011	243,1	–	–	86,9	91,4	142,7	631,0
2009	3/2010	224,2	87	90,0	86,4	90,7	141,8	626,5
k. A.	1/2012	240,0	–	–	86,9	90,6	142,6	625,8
2008	6/2010	184,1	19	92,1	88,4	92,4	145,2	637,9
2008	6/2010	228,3	32	91,5	88,0	92,0	144,5	635,2
k. A.	1/2013	242,8	7	93,1	89,4	93,4	146,8	645,0
k. A.	1/2013	250,1	10	93,0	89,7	93,3	147,2	644,7
k. A.	1/2012	238,0	–	–	87,8	91,9	144,2	634,5
2006	2/2011	186,5	136	86,1	84,2	88,4	138,3	610,3
2010	2/2011	188,4	105	89,5	86,3	90,1	141,8	622,4
2008–2011	3/2010	234,0	134	86,6	79,5	84,7	130,6	585,3
k. A.	1/2013	187,3	45	91,0	88,8	92,1	145,9	636,2
k. A.	1/2013	237,8	71	90,4	87,0	90,9	142,8	627,9
k. A.	12/2012	248,9	3	93,4	90,7	94,4	149,0	652,0
k. A.	7/2011	236,1	16	92,2	88,9	93,1	146,0	643,0
2006–2008	2007	185,4 [2]	150	76,6	71,5	75,4	117,3	520,8
2008	3/2011	210,0	129	87,2	82,7	87,1	135,8	601,5
k. A.	2/2011	211,2	–	–	82,8	86,8	135,9	599,4
k. A.	11/2011	231,8	–	–	89,1	92,8	146,4	640,8

Hersteller	Modultyp	Zelltyp	Herkunfts-land
Frankfurt Solar	FS215W-POLY	poly	CN
Galaxy Energy	GS260m-96	mono	DE
Hanwha Q Cells	Q.PRO-G2 235	poly	PL
Hanwha Solar One	SF160 M5-24 (175 W)	mono	CN
	SF160-24-1M175 (scac)	mono	CN
Hareon Solar Technology	HR-230P-18/Bb	poly	k. A.
Helios Technology	H3A230P	poly	EU
Hengdian Group DMEGC	DM190-M125-72	mono	CN
Himin Clean Energy	HG-190S/Ba	mono	k. A.
Huanghe Photovoltaic Technology	HH190(36)M	mono	CN
	HH230(30)P	poly	CN
IBC Solar	IBC MonoSol 240 TT	mono	DE
Isofoton	I-110/24	mono	ES
	IS-170/24	mono	ES
	ISF-255	mono	ES
ITS Innotech Solar	EcoPlus ITS220ECU5	poly	SE
JA Solar Technology	JAM6-60-250/SI	mono	k. A.
	JAP6 60-240/3BB	poly	k. A.
JCS Solar	JCSM290M-72	mono	k. A.
Jetion Solar	JT230(30)P1655x992	mono	CN
Jinko Solar	JKM190M-72	mono	k. A.
	JKM235P-60	poly	k. A.
	JKM255PP-60	poly	k. A.
	JKM275P-72	poly	k. A.
Kenmec Mechanical Engineering	TKSA-23001	poly	TW
Kinmac Solar	KSS-6P6A-230	poly	TW
Kioto Photovoltaics	KPV 210 PE	poly	AT
Kyocera	KC170GT-2	poly	JP

Produktionsdatum[1]	im Test seit	STC-Leistung (W)	Platz 2013	Performance Ratio 2013 [%]	Performance Ratio Juni 2014 [%]	Performance Ratio Jan.–Juni 2014 [%]	Ertrag Juni 2014 (kWh/kW)	Ertrag Jan.–Juni 2014 (kWh/kW)
k. A.	2009	221,3	110	89,4	86,3	90,0	141,6	621,8
k. A.	2/2011	252,9	77	90,3	87,2	91,1	143,2	629,5
k. A.	11/2012	236,9	4	93,3	90,5	94,2	148,6	650,6
k. A.	2007	174,6 [2]	141	83,7	79,5	83,5	130,5	576,4
k. A.	2/2010	183,0	–	–	83,5	87,6	137,0	605,3
k. A.	7/2011	230,6	20	92,1	89,2	93,4	146,5	644,9
k. A.	1/2012	232,2	–	–	87,7	90,4	144,1	624,5
k. A.	4/2012	196,6	–	–	88,1	91,4	144,7	631,1
k. A.	1/2012	194,5	–	–	89,5	92,5	147,0	639,3
k. A.	1/2012	190,9	47	90,9	88,9	92,4	145,9	638,6
k. A.	1/2012	231,7	–	–	90,7	94,2	149,0	650,5
bis 2011	2/2011	246,0	96	89,8	86,0	90,4	141,2	624,3
bis 2005	2006	102,5 [2]	146	81,3	79,0	82,1	129,7	567,1
2007	2009	172,8	144	82,9	79,0	82,6	129,8	570,7
2012	4/2012	255,0	124	87,9	85,3	88,9	140,1	613,9
2011	1/2012	242,7	–	–	88,6	92,1	145,5	636,3
k. A.	1/2013	253,1	17	92,1	89,0	92,6	146,1	639,5
k. A.	1/2013	242,1	–	–	89,1	93,0	146,4	642,6
k. A.	1/2012	296,9	54	90,8	88,6	92,4	145,5	638,0
2005	2/2011	232,4	73	90,4	87,4	91,1	143,5	628,9
2010	7/2011	191,1	13	92,6	89,4	93,3	146,7	644,2
k. A.	1/2012	231,4	70	90,5	86,1	91,2	141,4	629,8
seit 3/2013	1/2014	254,4	–	–	87,7	92,2	144,0	637,0
k. A.	4/2012	275,5	14	92,6	89,5	93,9	147,0	648,3
k. A.	7/2011	235,0	99	89,6	87,3	91,2	143,3	630,1
2010	2/2011	234,1	28	91,7	88,5	92,7	145,4	640,4
2008–2010	2009	206,6	84	90,1	88,4	91,8	145,2	633,8
bis 2006	2006	178,4 [2]	145	82,8	79,9	83,8	131,2	579,0

Hersteller	Modultyp	Zelltyp	Herkunftsland
Kyocera	KD210GH-2PU	poly	EU
Lightway Green New Energy	LW235(29)P1650x990	poly	CN
Lilie Energie	Lilie SPL 185	mono	k. A.
	Lilie SPL 185-I	mono	k. A.
Linsun Power Technology (LSP)	SK60P6225	poly	k. A.
Linuo Group	LN180(36)M-185	mono	k. A.
	LN240(30)P-225	poly	k. A.
	LN240(30)P-3-240	poly	k. A.
Luxor Solar	LX-250M/156-60+	mono	k. A.
Mage Solar	Mage Powertec Plus 225/6PJ	poly	CN
	Mage Powertec Plus 230/6PH-US	poly	US
	Mage Powertec Plus 230/6PO	poly	CN
M-Prime Solar Solutions	M 235P	poly	PT
NESL Solartech	DJ-235P	poly	CN
Nexpower Technology	NT-125AX	µc-Si / a-Si	TW
Ningbo Solar Electric Power	Sun Earth TDB125x125-72-P 160W	mono	CN
	Sun Earth TDB125x125-72-P 180W	mono	CN
Perfectenergy	PEM-180/185-72M-SCC	mono	CN
Phono Solar	PS190M-24/F	mono	CN
	PS230P-20/U	poly	CN
Photowatt International	PW 1650-175W	poly	FR
PV Power Technologies	PVQ3 220	poly	IN
Qixin Solar Electrical Appliance	SL230CE-30P	poly	k. A.
	SL250CE-48M	mono	k. A.

Produktions-datum[1]	im Test seit	STC-Leistung (W)	Platz 2013	Performance Ratio 2013 (%)	Performance Ratio Juni 2014 (%)	Performance Ratio Jan.–Juni 2014 (%)	Ertrag Juni 2014 (kWh/kW)	Ertrag Jan.–Juni 2014 (kWh/kW)
2009	2/2011	212,1	123	88,2	84,7	88,7	139,1	613,0
k. A.	4/2012	235,7	42	91,1	88,9	92,2	146,0	637,1
k. A.	2/2011	185,3	103	89,5	86,2	90,3	141,5	623,8
k. A.	2/2011	187,1	115	89,0	85,8	89,9	140,9	620,6
k. A.	7/2011	228,3	23	92,0	87,4	91,8	143,5	634,1
2003	7/2011	191,8	–	–	88,4	92,2	145,2	637,1
2003	7/2011	236,5	48	90,9	87,2	91,2	143,2	630,1
k. A.	1/2013	239,5	25	91,9	88,8	92,3	145,8	637,7
k. A.	1/2013	247,5	69	90,5	88,0	91,7	144,5	633,5
bis 2011	2009	232,0	101	89,6	86,6	90,5	142,2	625,3
k. A.	7/2011	231,8	58	90,7	87,6	91,7	143,9	633,2
k. A.	1/2012	229,9	94	89,9	86,2	91,3	141,6	630,8
k. A.	1/2012	240,7	–	–	88,1	91,8	144,6	634,3
k. A.	5/2012	237,7	39	91,2	88,6	92,0	145,6	635,8
2009–2010	11/2010	125,4	57	90,7	89,3	89,3	146,7	617,1
k. A.	2/2011	161,6	112	89,2	85,9	89,9	141,1	621,2
bis 2010	2/2011	179,2	43	91,1	87,8	92,0	144,1	635,4
2008	6/2010	191,3	121	88,5	85,6	89,4	140,5	617,8
k. A.	5/2012	192,0	24	92,0	89,9	92,9	147,6	641,9
k. A.	5/2012	235,8	41	91,1	88,8	91,9	145,8	634,8
2005 (E)	2006	171,4 [2]	148	80,6	72,9	79,4	119,8	548,2
2008	2009	223,6	117	89,0	86,8	90,7	142,6	626,5
k. A.	4/2012	239,6	–	–	88,6	92,1	145,4	636,0
k. A.	4/2012	255,9	56	90,7	88,7	92,3	145,6	637,8

Hersteller	Modultyp	Zelltyp	Herkunftsland
Realforce Power	RF-240P60	poly	CN
REC	Premium 210	poly	SE
	REC230AE	poly	SE
	REC230PE	poly	SG
	REC245PE	poly	SG
Renesola	JC245M-24/Bb	poly	k. A.
	JC245M-24/Bbv	quasi-mono	k. A.
	JC250S-24/Bb	mono	k. A.
Risen Energy	SYP185S-M	mono	CN
	SYP190S-M	mono	CN
	SYP250M	mono	CN
Runda PV	RS230P-60	poly	CN
Scheuten Solar Systems	Multisol P6-60	poly	DE
Schott Solar	SCHOTT POLY TM 220	poly	CZ
S-Energy	SM-220PA8	poly	KR
Seraphim Solar System	SRP-220-6PB	poly	CN
Sharp	NT-R5E3E	mono	JP
	NU-185E1	mono	GB
Shell Solar (jetzt bei Solarworld)	Shell SQ 150-C	mono	PT
Shinsung	SS-BM260C	mono	KR
Siliken	SLK60P6L 230Wp	poly	ES
Solar Modules Nederland	TC245-MO	mono	NL
Solarbest Energy-Tech	ZSB M190	mono	CN
Solar-Fabrik	Premium L poly (225)	poly	DE
	SF 130/4-130	mono	DE
	SF 145A	ribbon	DE
Solargate	SG-2350	poly	TW

Produktions-datum[1)]	im Test seit	STC-Leistung (W)	Platz 2013	Performance Ratio 2013 [%]	Performance Ratio Juni 2014 [%]	Performance Ratio Jan.–Juni 2014 [%]	Ertrag Juni 2014 (kWh/kW)	Ertrag Jan.–Juni 2014 (kWh/kW)
k. A.	1/2013	241,9	11	92,8	89,5	93,3	146,9	644,2
bis 2008	2/2011	212,2	18	92,1	87,9	92,0	144,4	635,1
2007–2010	2/2010	228,6	31	91,6	85,4	90,5	140,2	625,3
2010	2/2011	237,6	53	90,8	87,2	91,2	143,1	629,8
k. A.	1/2013	242,4	64	90,6	86,6	92,0	142,3	635,5
k. A.	10/2012	247,7	30	91,7	88,9	92,5	145,9	638,9
k. A.	10/2012	246,6	8	93,1	90,5	94,5	148,6	652,8
k. A.	6/2012	246,5	–	–	89,4	93,0	146,8	642,3
k. A.	7/2011	191,7	–	–	86,1	91,0	141,3	628,2
k. A.	10/2012	188,9	2	93,8	92,3	95,5	151,6	659,4
k. A.	7/2012	243,7	6	93,1	90,7	94,5	148,9	652,4
k. A.	1/2012	237,8	33	91,5	89,5	93,3	146,9	644,2
k. A.	6/2011	238,1	128	87,4	85,1	88,9	139,8	613,8
2008–2009	2/2011	224,7	125	87,5	83,6	87,8	137,2	606,1
k. A.	2009	224,4	50	90,9	87,1	91,2	143,1	630,2
k. A.	10/2011	226,1	12	92,6	90,0	93,9	147,8	648,4
2003	2005	187,9 [2)]	149	79,8	76,8	80,4	126,1	555,0
2005	3/2011	186,1	127	87,4	83,6	88,1	137,3	608,8
bis 2005	2006	155,8 [2)]	130	87,0	84,0	88,1	137,9	608,3
k. A.	4/2012	258,8	120	88,9	86,8	90,1	142,5	622,2
k. A.	2009	229,7	15	92,4	86,7	91,4	142,4	631,1
2010–2011	2/2011	246,7	34	91,4	87,5	91,9	143,7	634,4
k. A.	12/2011	186,1	102	89,5	86,7	90,4	142,3	624,6
k. A.	2/2011	223,6	49	90,9	87,5	91,5	143,7	631,7
2006–2010	3/2010	130,7	138	85,4	81,2	84,7	133,4	584,8
2003–2004	2005	145,8 [2)]	140	84,2	81,4	85,2	133,7	588,8
k. A.	1/2012	246,3	100	89,6	87,1	91,0	143,0	628,8

Hersteller	Modultyp	Zelltyp	Herkunftsland
Solaria Energía y Medio Ambiente	S6P2G225	poly	ES
Solarwatt	M220-60 GET AK (230)	mono	DE
Solarworld	Sunmodule Plus SW 210 poly	poly	DE
	Sunmodule Plus SW 225 mono	mono	US
	Sunmodule Plus SW 225 poly	poly	DE
	Sunmodule Plus SW 245 poly	poly	DE
Solon	SOLON Blue 230/07(225)	poly	DE
Sonalis	SL-180CE-36M	mono	CN
	SL190TU-36M	mono	CN
Sopray Energy	SR-156P-235	poly	k. A.
	SR-190	mono	k. A.
Sovello	SV-X-200-fa1	ribbon	DE
	SV-X-205-fa1	ribbon	DE
Sunage	SAM 96/5	mono	CH
Sunerg Solar	XP 60/156-230	poly	IT
Sunflower Light	SF125x125-72-M(180)	mono	CN
Sungen	SGM-195D	mono	CN
	SGM-235P	poly	CN
Sunlink PV	SL220-20M230	mono	CN
Sunpower	SPR-245NE-WHT-D	mono	k. A.
	SPR-320NE-WHT-D	mono	k. A.
	SPR-327NE-WHT-D	mono	k. A.
Sunrise Solartech	SRM 180D72-GE	mono	CN
Suntech Power	STP190-18/Ub	poly	CN
	STP205-18/Ud	poly	CN

Produktions-datum[1]	im Test seit	STC-Leistung (W)	Platz 2013	Performance Ratio 2013 (%)	Performance Ratio Juni 2014 (%)	Performance Ratio Jan.–Juni 2014 (%)	Ertrag Juni 2014 (kWh/kW)	Ertrag Jan.–Juni 2014 (kWh/kW)
2010	5/2011	232,7	97	89,7	87,0	90,8	142,9	626,9
2005	2/2011	231,5	65	90,6	86,7	91,3	142,4	630,4
2004	2006	212,2 [2]	132	86,8	84,0	88,2	138,0	609,2
2009	3/2010	233,4	37	91,3	88,1	92,3	144,7	637,8
2004–2011	2/2011	228,6	75	90,3	88,1	91,7	144,6	633,2
k. A.	1/2012	245,3	80	90,2	87,7	91,4	144,0	631,2
2008	2/2011	226,9	21	92,0	88,3	92,6	145,0	639,5
k. A.	3/2010	185,1	86	90,1	86,7	90,7	142,3	626,7
k. A.	8/2012	196,6	5	93,3	91,7	95,4	150,6	659,2
k. A.	1/2013	235,6	9	93,0	89,8	93,4	147,4	645,1
k. A.	1/2013	190,8	1	94,0	92,0	95,6	151,0	660,5
2009–2011	1/2011	205,0	137	85,5	81,8	85,0	134,3	587,3
k. A.	2/2011	206,1	131	86,8	82,6	86,7	135,6	598,5
k. A.	7/2011	256,6	66	90,5	87,6	91,4	143,9	631,5
k. A.	2/2011	226,0	29	91,7	87,1	91,7	143,0	633,7
k. A.	2/2011	176,6	63	90,6	88,9	92,1	146,0	635,9
k. A.	5/2012	196,5	109	89,4	86,9	90,4	142,7	624,3
k. A.	5/2012	235,4	46	90,9	88,7	92,3	145,6	637,4
k. A.	2/2011	237,9	22	92,0	88,4	92,7	145,2	640,4
k. A.	1/2012	245,2	–	–	92,0	94,9	151,1	655,7
k. A.	1/2012	325,5	–	–	91,2	94,0	149,7	649,3
k. A.	1/2012	325,8	–	–	91,6	94,5	150,4	652,6
k. A.	2009	181,5	118	89,0	85,6	89,3	140,6	616,7
2005	2/2011	182,9	139	85,3	82,3	85,9	135,1	593,6
k. A.	2/2011	213,8	114	89,1	86,4	90,1	141,8	622,3

Hersteller	Modultyp	Zelltyp	Herkunftsland
Sunways	MHH plus 190 (190 Wp)	poly	DE
SWAT International	SWAT-240-PS	poly	k. A.
Talesun Solar	TP572M 195W	mono	CN
Topray Solar	TPS105T-180W	mono	CN
Topsolar Green Energy	TSM72-125M-190W	mono	CN
	TSM96-125M-250W	mono	CN
Trina Solar Energy	TSM-180DC01	mono	CN
	TSM-225PC05	poly	CN
	TSM-250PC05	poly	k. A.
Upsolar	UP-M180M	mono	CN
	UP-M185M	mono	CN
V-Energy	VE260PV	poly	IT
Vikram Solar	ELDORA 220 (220)	poly	k. A.
Win Win Precision Technology	Winaico WSP-230P6	poly	TW
	Winaico WSP-235P6	poly	TW
	Winaico WSP-240P6	poly	k. A.
Yingli Green Energy Holding	YL210P-29b	poly	CN
	YL240P-29b	poly	CN
ZN Shine PV-Tech	ZX250(48)MS	mono	CN
ZSD (Zentralsolar Deutschland)	Genius SDM 185-10004-185	mono	k. A.
Zytech Engineering Technology	ZT 230P	poly	CN

#1) In einigen Fällen war das Produktionsdatum nicht zu ermitteln, hier hat Photon das Datum des Einkaufs (E) angegeben, sofern möglich

#2) Pstc-Angabe beruht nicht auf einer PHOTON-Flasher-Messung

Produktionsdatum[1]	im Test seit	STC-Leistung (W)	Platz 2013	Performance Ratio 2013 (%)	Performance Ratio Juni 2014 (%)	Performance Ratio Jan.–Juni 2014 (%)	Ertrag Juni 2014 (kWh/kW)	Ertrag Jan.–Juni 2014 (kWh/kW)
2003–2005	2005	199,5 [2]	143	83,3	81,2	84,9	133,4	586,8
k. A.	5/2011	245,1	62	90,6	86,6	90,7	142,2	626,4
2011	1/2012	196,1	104	89,5	87,8	91,1	144,2	629,0
k. A.	5/2011	184,8	44	91,0	88,4	91,8	145,1	634,1
k. A.	7/2011	185,9	–	–	88,3	92,1	144,9	636,3
k. A.	3/2012	246,6	–	–	89,6	93,5	147,1	645,7
2007	2009	176,2	79	90,3	87,4	90,8	143,5	627,1
k. A.	2/2010	233,0	91	89,9	85,3	89,5	140,1	618,4
k. A.	6/2012	249,3	93	89,9	87,6	90,9	143,8	627,9
2010–2011	3/2010	181,5	90	90,0	87,4	91,2	143,5	629,7
2010–2011	2/2011	189,2	–	–	86,5	90,1	142,0	622,2
k. A.	1/2012	234,6	35	91,4	88,5	92,6	145,3	639,5
k. A.	7/2011	233,3	–	–	88,1	91,9	144,7	634,6
2009	2009	234,4	36	91,4	88,1	91,9	144,7	634,7
k. A.	5/2010	240,1	74	90,4	87,1	91,3	143,1	630,3
k. A.	4/2012	245,2	107	89,4	89,5	91,2	146,9	629,8
2009	2/2011	214,3	106	89,5	86,2	90,2	141,6	622,9
k. A.	1/2012	246,6	–	–	88,7	92,5	145,6	638,7
k. A.	07/2011	252,3	–	–	88,6	92,3	145,6	637,5
k. A.	07/2011	190,6	52	90,8	87,8	91,5	144,2	632,1
k. A.	2/2011	230,8	116	89,0	85,9	90,0	141,1	621,5

24 | KLEINWINDANLAGEN

Die Favoriten der Experten

Wir haben die Experten der Keywind Energy GmbH in Berlin und Jochen Twele, Professor an der Hochschule für Technik in Berlin, gebeten, ihre persönlichen Top-Kleinwindanlagen für „Energiewende selber machen“ auszuwählen. Diese gemeinsame Liste der Windkraft-Insider basiert auf ihrer langjährigen Erfahrung und den Untersuchungen, die sie für das **BWE-Buch „Kleinwindanlagen. Handbuch der Technik und Wirtschaftlichkeit kleiner Windräder“** (siehe Seite 381) durchgeführt haben. Wenn Sie eine Anlage aus der Favoriten-Liste auswählen, sind Sie zumindest davor geschützt, Ihr Kleinwindrad bei einem unzuverlässigen Billiganbieter oder einem Schwarzen Schaf der Branche auszuwählen. Wie viel Strom diese Anlage an Ihrem individuellen Standort schlussendlich erzeugt, hängt aber weiter vom Windangebot ab.

Alle KWEA haben eine Zertifizierung. Allen potenziellen Betreibern von Windenergieanlagen wird empfohlen, sich nicht allein auf die Herstellerangaben zu verlassen. Insbesondere sind die Leistungsangaben teils sehr optimistisch. Es sind stets die Standortbedingungen zu vergleichen, insbesondere was die Höhe der Anlage und das dort vorherrschende Windangebot angeht. Eine Sicherheit, dass die Herstellerangaben zutreffen, hat der Betreiber bei Anlagen, bei denen eine Zertifizierung oder eine Überprüfung durch eine unabhängige Organisation vorliegt. Hersteller von hochwertigen KWEA lassen daher ihre Anlagen meist von einer akkreditierten Zertifizierstelle prüfen und zertifizieren. Bevorzugt sollte in Deutschland das Zertifizierungsverfahren nach IEC 61400-2 angewandt werden, da nur dieses die Richtlinie des DIBt (Deutsches Institut für Bautechnik) vollständig abdeckt und somit den Baugenehmigungsprozess unterstützt oder sogar verkürzt.

Zertifizierungsverfahren sind unter anderem folgende:

- IEC 61400-2 (International Electrotechnical Commission)
- MCS 006 (Microgeneration Certification Scheme)
- AWEA Standard 9.1 (American Wind Energy Association)

Im Rahmen des Plausibilitäts-Checks des TÜV Rheinland konnten die Herstellerangaben nicht im Einzelnen überprüft werden. Dazu wäre eine individuelle Untersuchung bzw. eine Zertifizierung erforderlich, die bisher nur bei sehr wenigen Kleinwindenergieanlagen (KWEA) erfolgt ist. Geprüft wurde, ob die Herstellerangaben in sich schlüssig sind und auch technisch und physikalisch plausibel erscheinen.

Wir wünschen viel Spaß und Erfolg mit Ihrem Projekt.

Die Top 25 unserer Experten

Rutland 504

Marlec Engineering Co Ltd
Corby Northants, Großbritannien

LEISTUNG / JAHRESERTRAG			
Nennleistung	0,025 kW	Einschaltwindgeschwindigkeit	3,0 m/s
Nennwindgeschwindigkeit	10,0 m/s	Ausschaltwindgeschwindigkeit	keine
		Überlebenswindgeschwindigkeit	
Leistung bei 5 m/s	3 W	Leistung bei 11 m/s	24 W
Spezifische Leistung	122 W/m²		
Jahresertrag	v_m= 4 m/s; k = 1,8 31 kWh/a	v_m= 5 m/s; k = 2,0 49 kWh/a	v_m= 6 m/s; k = 2,2 72 kWh/a
TECHNISCHE DATEN			
Anlagentyp	Horizontalachser		
Anzahl der Rotorblätter	6	Blattlänge	
Durchmesser	0,51 m	Überstrichene Rotorfläche	0,20 m²
Rotordrehzahl bei Nennleistung			
Rotorblattspitzengeschwindigkeit			
Material	GFK, Stahl		
Nabenhöhe	6 m	Turmtyp	Rohrturm
Gesamtgewicht	3,5 kg	Getriebe	getriebelos
Generator	Scheibengenerator, bürstenlos, Permanentmagnet		
Spannung	12 V		
Geschwindigkeitssteuerung			
Windrichtungsnachführung	Windfahne		
Hauptbremse			
PREISE / SONSTIGES			
Preis	450 Euro	Garantie	1 Jahr
Installierte Anlagen	weit verbreitet		
Anmerkung	zur Unterstützung des Bordnetzes auf Segelyachten / Wohnmobilen		

Ampair 100

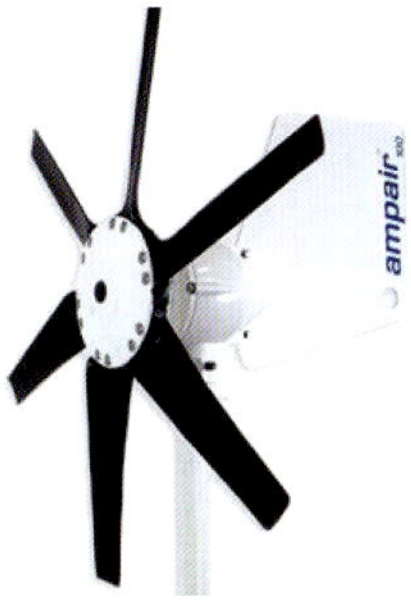

Ampair Energy Ltd
Milborne St. Andrew, Großbritannien

LEISTUNG / JAHRESERTRAG			
Nennleistung	0,1 kW	**Einschaltwindgeschwindigkeit**	3,0 m/s
Nennwindgeschwindigkeit	15,0 m/s	**Ausschaltwindgeschwindigkeit**	keine
		Überlebenswindgeschwindigkeit	70,0 m/s
Leistung bei 5 m/s	20 W	**Leistung bei 11 m/s**	70 W
Spezifische Leistung	147 W/m²		
Jahresertrag	v_m= 4 m/s; k = 1,8 178 kWh/a	v_m= 5 m/s; k = 2,0 232 kWh/a	v_m= 6 m/s; k = 2,2 282 kWh/a
TECHNISCHE DATEN			
Anlagentyp	Horizontalachser		
Anzahl der Rotorblätter	6	**Blattlänge**	
Durchmesser	0,93 m	**Überstrichene Rotorfläche**	0,68 m²
Rotordrehzahl bei Nennleistung			
Rotorblattspitzengeschwindigkeit			
Material	GFK, Aluminiumguss		
Nabenhöhe	2–5 m	**Turmtyp**	Aluturm
Gesamtgewicht	12,5 kg	**Getriebe**	
Generator	Permanentmagnet		
Spannung	12 / 24 / 48 V		
Geschwindigkeitssteuerung			
Windrichtungsnachführung	Windfahne		
Hauptbremse			
PREISE / SONSTIGES			
Preis	1.090 Euro	**Garantie**	5 Jahre
Installierte Anlagen	weltweit 1000-fach		
Anmerkung	seit 25 Jahren bewährt		

Rutland 914i

Marlec Engineering Co Ltd
Corby Northants, Großbritannien

LEISTUNG / JAHRESERTRAG			
Nennleistung	0,14 kW	Einschaltwindgeschwindigkeit	2,5 m/s
Nennwindgeschwindigkeit	11,0 m/s	Ausschaltwindgeschwindigkeit	keine
		Überlebenswindgeschwindigkeit	
Leistung bei 5 m/s	24 W	Leistung bei 11 m/s	143 W
Spezifische Leistung	212 W/m²		
Jahresertrag	v_m= 4 m/s; k = 1,8 209 kWh/a	v_m= 5 m/s; k = 2,0 312 kWh/a	v_m= 6 m/s; k = 2,2 125 kWh/a
TECHNISCHE DATEN			
Anlagentyp	Horizontalachser		
Anzahl der Rotorblätter	6	Blattlänge	
Durchmesser	0,91 m	Überstrichene Rotorfläche	0,65 m²
Rotordrehzahl bei Nennleistung			
Rotorblattspitzengeschwindigkeit			
Material	GFK, Stahl		
Nabenhöhe	6 m	Turmtyp	Rohrturm
Gesamtgewicht	13 kg	Getriebe	getriebelos
Generator	Scheibengenerator, bürstenlos, Permanentmagnet		
Spannung	12 / 24 V		
Geschwindigkeitssteuerung			
Windrichtungsnachführung	Windfahne		
Hauptbremse			
PREISE / SONSTIGES			
Preis	800 Euro	Garantie	1 Jahr
Installierte Anlagen	Vorgänger (Rutland 913) weit verbreitet und bewährt		
Anmerkung	integrierte MPPT-Steuerungstechnik, vorrangig zur Versorgung von Segelyachten eingesetzt		

Air Breeze (Air 40)

Primus Wind Power Inc.
Flagstaff, USA

LEISTUNG / JAHRESERTRAG			
Nennleistung	0,16 kW	Einschaltwindgeschwindigkeit	3,1 m/s
Nennwindgeschwindigkeit	12,5 m/s	Ausschaltwindgeschwindigkeit	22 m/s
		Überlebenswindgeschwindigkeit	49,2 m/s
Leistung bei 5 m/s		Leistung bei 11 m/s	
Spezifische Leistung			
Jahresertrag	v_m= 4 m/s; k = 1,8	v_m= 5 m/s; k = 2,0	v_m= 6 m/s; k = 2,2
TECHNISCHE DATEN			
Anlagentyp	Horizontalachser		
Anzahl der Rotorblätter	3	Blattlänge	
Durchmesser	1,17 m	Überstrichene Rotorfläche	1,07 m²
Rotordrehzahl bei Nennleistung			
Rotorblattspitzengeschwindigkeit			
Material	Aluminium		
Nabenhöhe		Turmtyp	Rohrturm
Gesamtgewicht	5,9 kg	Getriebe	
Generator	Permanentmagnet, bürstenlos		
Spannung	12 / 24 / 48 V		
Geschwindigkeitssteuerung			
Windrichtungsnachführung	Windfahne		
Hauptbremse	elektrisch		
PREISE / SONSTIGES			
Preis	1.200 Euro	Garantie	3 Jahre
Installierte Anlagen	Mehr als 100.000		
Anmerkung			

Air 40

Primus Wind Power Inc.
Flagstaff, USA

LEISTUNG / JAHRESERTRAG			
Nennleistung	0,2 kW	Einschaltwindgeschwindigkeit	2,7 m/s
Nennwindgeschwindigkeit	12,5 m/s	Ausschaltwindgeschwindigkeit	
		Überlebenswindgeschwindigkeit	49,2 m/s
Leistung bei 5 m/s	25 W	Leistung bei 11 m/s	200 W
Spezifische Leistung	185 W/m²		
Jahresertrag	v_m= 4 m/s; k = 1,8 188 kWh/a	v_m= 5 m/s; k = 2,0 316 kWh/a	v_m= 6 m/s; k = 2,2 449 kWh/a
TECHNISCHE DATEN			
Anlagentyp	Horizontalachser		
Anzahl der Rotorblätter	3	Blattlänge	
Durchmesser	1,17 m	Überstrichene Rotorfläche	1,08 m²
Rotordrehzahl bei Nennleistung			
Rotorblattspitzengeschwindigkeit			
Material	CFK, Aluminium		
Nabenhöhe		Turmtyp	Rohrturm
Gesamtgewicht	5,9 kg	Getriebe	getriebelos
Generator	Permanentmagnet, bürstenlos		
Spannung	12 / 24 V		
Geschwindigkeitssteuerung	elektronische Drehmomentregelung		
Windrichtungsnachführung	Windfahne		
Hauptbremse	elektronische Drehmomentregelung		
PREISE / SONSTIGES			
Preis	850 Euro	Garantie	3 Jahre
Installierte Anlagen	ca. 160.000		
Anmerkung	Nachfolger von Air Breeze		

AeroCraft AC 240

Gödecke Energie- und
Antriebstechnik GmbH
Rotenburg, Deutschland

LEISTUNG / JAHRESERTRAG			
Nennleistung	0,24 kW	Einschaltwindgeschwindigkeit	3,0 m/s
Nennwindgeschwindigkeit	9,0 m/s	Ausschaltwindgeschwindigkeit	
		Überlebenswindgeschwindigkeit	40,0 m/s
Leistung bei 5 m/s	95 W	Leistung bei 11 m/s	240 W
Spezifische Leistung	112 W/m²		
Jahresertrag	v_m= 4 m/s; k = 1,8 537 kWh/a	v_m= 5 m/s; k = 2,0 809 kWh/a	v_m= 6 m/s; k = 2,2 1.066 kWh/a
TECHNISCHE DATEN			
Anlagentyp	Horizontalachser		
Anzahl der Rotorblätter	3	Blattlänge	
Durchmesser	1,65 m	Überstrichene Rotorfläche	2,14 m²
Rotordrehzahl bei Nennleistung		700 U/min	
Rotorblattspitzengeschwindigkeit		60 m/s	
Material	GFK, Stahl		
Nabenhöhe	7 / 10 / 12 m	Turmtyp	Mast
Gesamtgewicht	19 kg	Getriebe	getriebelos
Generator	Permanentmagnet, 18-polig		
Spannung	12 / 24 V		
Geschwindigkeitssteuerung			
Windrichtungsnachführung	Windfahne		
Hauptbremse	Helikopterregelung		
PREISE / SONSTIGES			
Preis	2.130 Euro	Garantie	2 Jahre
Installierte Anlagen	viele hundert weltweit installierte Anlagen		
Anmerkung	für Inselsysteme und Batterieladung		

Air 30

Primus Wind Power Inc.
Flagstaff, USA

LEISTUNG / JAHRESERTRAG			
Nennleistung	0,3 kW	Einschaltwindgeschwindigkeit	3,6 m/s
Nennwindgeschwindigkeit	12,5 m/s	Ausschaltwindgeschwindigkeit	
		Überlebenswindgeschwindigkeit	49,2 m/s
Leistung bei 5 m/s	12 W	Leistung bei 11 m/s	253 W
Spezifische Leistung	385 W/m²		
Jahresertrag	v_m= 4 m/s; k = 1,8 182 kWh/a	v_m= 5 m/s; k = 2,0 339 kWh/a	v_m= 6 m/s; k = 2,2 552 kWh/a
TECHNISCHE DATEN			
Anlagentyp	Horizontalachser		
Anzahl der Rotorblätter	3	Blattlänge	
Durchmesser	1,17 m	Überstrichene Rotorfläche	1,04 m²
Rotordrehzahl bei Nennleistung		1700 U/min	
Rotorblattspitzengeschwindigkeit		104 m/s	
Material	CFK, Stahl		
Nabenhöhe		Turmtyp	Rohrturm
Gesamtgewicht	6 kg	Getriebe	getriebelos
Generator	Permanentmagnet, bürstenlos		
Spannung	12 / 24 / 48 V		
Geschwindigkeitssteuerung	elektronische Drehzahlbegrenzung		
Windrichtungsnachführung	Windfahne		
Hauptbremse			
PREISE / SONSTIGES			
Preis	850 Euro	Garantie	3 Jahre
Installierte Anlagen			
Anmerkung	integrierter MPPT-Laderegler, auch als Marine-Version erhältlich, Nachfolger von AirX		

Black 300

preVent GmbH
Limeshain-Himbach, Deutschland

LEISTUNG / JAHRESERTRAG			
Nennleistung	0,3 kW	**Einschaltwindgeschwindigkeit**	1,8 m/s
Nennwindgeschwindigkeit	9,7 m/s	**Ausschaltwindgeschwindigkeit**	
		Überlebenswindgeschwindigkeit	
Leistung bei 5 m/s	38 W	**Leistung bei 11 m/s**	365 W
Spezifische Leistung	256 W/m²		
Jahresertrag	v_m= 4 m/s; k = 1,8 521 kWh/a	v_m= 5 m/s; k = 2,0 799 kWh/a	v_m= 6 m/s; k = 2,2 1.114 kWh/a
TECHNISCHE DATEN			
Anlagentyp	Horizontalachser		
Anzahl der Rotorblätter	3	**Blattlänge**	
Durchmesser	1,22 m	**Überstrichene Rotorfläche**	1,17 m²
Rotordrehzahl bei Nennleistung			
Rotorblattspitzengeschwindigkeit			
Material	CFK, Stahl		
Nabenhöhe		**Turmtyp**	
Gesamtgewicht	16 kg	**Getriebe**	getriebelos
Generator	Permanentmagnet, 3-phasig		
Spannung	12 / 24 / 48 V		
Geschwindigkeitssteuerung			
Windrichtungsnachführung	Windfahne		
Hauptbremse			
PREISE / SONSTIGES			
Preis	750 Euro	**Garantie**	2 Jahre
Installierte Anlagen			
Anmerkung	leichter Anlauf, früher Lade-/Einspeisebeginn		

Superwind 350

superwind GmbH
Brühl, Deutschland

LEISTUNG / JAHRESERTRAG			
Nennleistung	0,35 kW	Einschaltwindgeschwindigkeit	3,5 m/s
Nennwindgeschwindigkeit	12,5 m/s	Ausschaltwindgeschwindigkeit	keine
		Überlebenswindgeschwindigkeit	
Leistung bei 5 m/s	10 W	Leistung bei 11 m/s	235 W
Spezifische Leistung	310 W/m²		
Jahresertrag	v_m= 4 m/s; k = 1,8 142 kWh/a	v_m= 5 m/s; k = 2,0 276 kWh/a	v_m= 6 m/s; k = 2,2 465 kWh/a
TECHNISCHE DATEN			
Anlagentyp	Horizontalachser		
Anzahl der Rotorblätter	3	Blattlänge	
Durchmesser	1,20 m	Überstrichene Rotorfläche	1,13 m²
Rotordrehzahl bei Nennleistung		1.200 U/min	
Rotorblattspitzengeschwindigkeit		82 m/s	
Material	CFK, Stahl		
Nabenhöhe	3 / 7 / 12 m	Turmtyp	Rohrmast
Gesamtgewicht	12 kg	Getriebe	getriebelos
Generator	Permanentmagnet		
Spannung	12 / 24 / 48 V		
Geschwindigkeitssteuerung	passiver Pitch		
Windrichtungsnachführung	Windfahne		
Hauptbremse	Generatorkurzschluss		
PREISE / SONSTIGES			
Preis	1.500 Euro	Garantie	3 Jahre
Installierte Anlagen			
Anmerkung	korrosionsicheres Design, geeignet für Segelyachten		

Black 600

preVent GmbH
Limeshain-Himbach, Deutschland

LEISTUNG / JAHRESERTRAG			
Nennleistung	0,6 kW	**Einschaltwindgeschwindigkeit**	1,8 m/s
Nennwindgeschwindigkeit	11,0 m/s	**Ausschaltwindgeschwindigkeit**	
		Überlebenswindgeschwindigkeit	
Leistung bei 5 m/s	90 W	**Leistung bei 11 m/s**	600 W
Spezifische Leistung	299 W/m²		
Jahresertrag	v_m= 4 m/s; k = 1,8 548 kWh/a	v_m= 5 m/s; k = 2,0 942 kWh/a	v_m= 6 m/s; k = 2,2 1.429 kWh/a
TECHNISCHE DATEN			
Anlagentyp	Horizontalachser		
Anzahl der Rotorblätter	3	**Blattlänge**	
Durchmesser	1,60 m	**Überstrichene Rotorfläche**	2,01 m²
Rotordrehzahl bei Nennleistung			
Rotorblattspitzengeschwindigkeit			
Material	CFK, Stahl		
Nabenhöhe		**Turmtyp**	
Gesamtgewicht	20 kg	**Getriebe**	getriebelos
Generator	Permanentmagnet, 3-phasig		
Spannung	12 / 24 / 48 V		
Geschwindigkeitssteuerung			
Windrichtungsnachführung	Windfahne		
Hauptbremse			
PREISE / SONSTIGES			
Preis	880 Euro	**Garantie**	2 Jahre
Installierte Anlagen			
Anmerkung	leichter Anlauf, früher Lade-/Einspeisebeginn		

Rutland 1803-2 Furlmatic

Marlec Engineering Co Ltd
Corby Northants, Großbritannien

LEISTUNG / JAHRESERTRAG			
Nennleistung	0,84 kW	Einschaltwindgeschwindigkeit	3,0 m/s
Nennwindgeschwindigkeit	15,0 m/s	Ausschaltwindgeschwindigkeit	
		Überlebenswindgeschwindigkeit	
Leistung bei 5 m/s	52 W	Leistung bei 11 m/s	404 W
Spezifische Leistung	283 W/m²		
Jahresertrag	v_m= 4 m/s; k = 1,8 397 kWh/a	v_m= 5 m/s; k = 2,0 656 kWh/a	v_m= 6 m/s; k = 2,2 975 kWh/a
TECHNISCHE DATEN			
Anlagentyp	Horizontalachser		
Anzahl der Rotorblätter	3	Blattlänge	
Durchmesser	1,80 m	Überstrichene Rotorfläche	2,55 m²
Rotordrehzahl bei Nennleistung			
Rotorblattspitzengeschwindigkeit			
Material	GFK, Stahl		
Nabenhöhe		Turmtyp	Rohrmast
Gesamtgewicht	30 kg	Getriebe	
Generator	Scheibengenerator, 3-phasig, bürstenlos		
Spannung	12 /24 V		
Geschwindigkeitssteuerung	Eklipsenregelung		
Windrichtungsnachführung	Windfahne		
Hauptbremse	Eklipsenregelung		
PREISE / SONSTIGES			
Preis	2.200 Euro	Garantie	1 Jahr
Installierte Anlagen			
Anmerkung	für Binnenlandstandorte, für Inselnetze		

Lakota 900 W

Zytech Aerodyne
Saragossa, Spanien

LEISTUNG / JAHRESERTRAG			
Nennleistung	0,9 kW	Einschaltwindgeschwindigkeit	3,0 m/s
Nennwindgeschwindigkeit	12,9 m/s	Ausschaltwindgeschwindigkeit	
		Überlebenswindgeschwindigkeit	
Leistung bei 5 m/s	75 W	Leistung bei 11 m/s	620 W
Spezifische Leistung	262 W/m²		
Jahresertrag	v_m= 4 m/s; k = 1,8 683 kWh/a	v_m= 5 m/s; k = 2,0 1.184 kWh/a	v_m= 6 m/s; k = 2,2 1.803 kWh/a
TECHNISCHE DATEN			
Anlagentyp	Horizontalachser		
Anzahl der Rotorblätter	3	Blattlänge	
Durchmesser	2,09 m	Überstrichene Rotorfläche	3,43 m²
Rotordrehzahl bei Nennleistung			
Rotorblattspitzengeschwindigkeit			
Material	GFK, Aluminium, Edelstahl		
Nabenhöhe	7,3 / 14,6 m	Turmtyp	Rohrmast
Gesamtgewicht	18 kg	Getriebe	getriebelos
Generator	Permanentmagnet		
Spannung	12 / 24 / 48 V		
Geschwindigkeitssteuerung			
Windrichtungsnachführung	Windfahne		
Hauptbremse			
PREISE / SONSTIGES			
Preis	1.800 Euro	Garantie	3 Jahre
Installierte Anlagen			
Anmerkung	leise Anlage, universell einsetzbar		

AeroCraft AC 1002 NE

Gödecke Energie- und Antriebstechnik GmbH
Rotenburg, Deutschland

LEISTUNG / JAHRESERTRAG			
Nennleistung	1 kW	Einschaltwindgeschwindigkeit	3,0 m/s
Nennwindgeschwindigkeit	9,0 m/s	Ausschaltwindgeschwindigkeit	
		Überlebenswindgeschwindigkeit	40,0 m/s
Leistung bei 5 m/s	125 W	Leistung bei 11 m/s	1.060 W
Spezifische Leistung	221 W/m²		
Jahresertrag	v_m= 4 m/s; k = 1,8 1.246 kWh/a	v_m= 5 m/s; k = 2,0 2.128 kWh/a	v_m= 6 m/s; k = 2,2 3.173 kWh/a
TECHNISCHE DATEN			
Anlagentyp	Horizontalachser		
Anzahl der Rotorblätter	3	Blattlänge	
Durchmesser	2,40 m	Überstrichene Rotorfläche	4,52 m²
Rotordrehzahl bei Nennleistung		600 U/min	
Rotorblattspitzengeschwindigkeit		75 m/s	
Material	GFK / FRP, Stahl		
Nabenhöhe		Turmtyp	Mast
Gesamtgewicht	45 kg	Getriebe	getriebelos
Generator	Permanentmagnet, 16-polig		
Spannung	230 V		
Geschwindigkeitssteuerung	Eklipsenregelung		
Windrichtungsnachführung	Windfahne		
Hauptbremse	Eklipsenregelung		
PREISE / SONSTIGES			
Preis	2.700 Euro	Garantie	2 Jahre
Installierte Anlagen	viele hundert weltweit installierte Anlagen		
Anmerkung	Haupteinsatzgebiet: Netzeinspeisung und Heizungsunterstützung		

Black 1500

preVent GmbH
Limeshain-Himbach,
Deutschland

LEISTUNG / JAHRESERTRAG			
Nennleistung	1,5 kW	Einschaltwindgeschwindigkeit	1,8 m/s
Nennwindgeschwindigkeit	10,5 m/s	Ausschaltwindgeschwindigkeit	
		Überlebenswindgeschwindigkeit	
Leistung bei 5 m/s	230 W	Leistung bei 11 m/s	1.500 W
Spezifische Leistung	212 W/m²		
Jahresertrag	v_m= 4 m/s; k = 1,8 2.040 kWh/a	v_m= 5 m/s; k = 2,0 3.232 kWh/a	v_m= 6 m/s; k = 2,2 4.493 kWh/a
TECHNISCHE DATEN			
Anlagentyp	Horizontalachser		
Anzahl der Rotorblätter	3	Blattlänge	
Durchmesser	3,00 m	Überstrichene Rotorfläche	7,06 m²
Rotordrehzahl bei Nennleistung		400 U/min	
Rotorblattspitzengeschwindigkeit		63 m/s	
Material	GFK, Stahl		
Nabenhöhe	12–20 m	Turmtyp	Rohrmast
Gesamtgewicht	40 kg	Getriebe	getriebelos
Generator	Permanentmagnet, 3-phasig		
Spannung	72 V		
Geschwindigkeitssteuerung	elektronisch		
Windrichtungsnachführung	Windfahne		
Hauptbremse	elektronisch, Eklipsenregelung		
PREISE / SONSTIGES			
Preis	4.100 Euro	Garantie	2 Jahre
Installierte Anlagen			
Anmerkung	Netzeinspeiseanlage für Schwachwindstandorte		

Bornay 1500

Bornay Aerogeneradores, slu
Alicante, Spanien

LEISTUNG / JAHRESERTRAG			
Nennleistung	1,5 kW	Einschaltwindgeschwindigkeit	3,5 m/s
Nennwindgeschwindigkeit	12,0 m/s	Ausschaltwindgeschwindigkeit	
		Überlebenswindgeschwindigkeit	60,0 m/s
Leistung bei 5 m/s	400 W	Leistung bei 11 m/s	1.220 W
Spezifische Leistung	233 W/m²		
Jahresertrag	v_m= 4 m/s; k = 1,8 2.652 kWh/a	v_m= 5 m/s; k = 2,0 3.730 kWh/a	v_m= 6 m/s; k = 2,2 4.884 kWh/a
TECHNISCHE DATEN			
Anlagentyp	Horizontalachser		
Anzahl der Rotorblätter	2	Blattlänge	
Durchmesser	2,86 m	Überstrichene Rotorfläche	6,42 m²
Rotordrehzahl bei Nennleistung		700 U/min	
Rotorblattspitzengeschwindigkeit		105 m/s	
Material	GFK, CFK, Stahl		
Nabenhöhe	7 m	Turmtyp	
Gesamtgewicht	41 kg	Getriebe	getriebelos
Generator	Permanentmagnet, 3-phasig		
Spannung	24 / 48 / 120 V		
Geschwindigkeitssteuerung	elektronisch, Helikopterregelung		
Windrichtungsnachführung	Windfahne		
Hauptbremse	Helikopterregelung		
PREISE / SONSTIGES			
Preis	4.000 Euro	Garantie	3 Jahre
Installierte Anlagen	über 4.000 Bornay Windräder sind weltweit installiert		
Anmerkung	mit Wechselrichter Power One/Aurora bewährter Netzeinspeiser		
	Angabe der Leistung bei 5 m/s nicht plausibel.		

ANTARIS 2,5 kW

BRAUN-Windturbinen GmbH
Nauroth, Deutschland

LEISTUNG / JAHRESERTRAG			
Nennleistung	2,5 kW	Einschaltwindgeschwindigkeit	2,2 m/s
Nennwindgeschwindigkeit	11,0 m/s	Ausschaltwindgeschwindigkeit	
		Überlebenswindgeschwindigkeit	
Leistung bei 5 m/s	270 W	Leistung bei 11 m/s	2.500 W
Spezifische Leistung	354 W/m²		
Jahresertrag	v_m= 4 m/s; k = 1,8 2.337 kWh/a	v_m= 5 m/s; k = 2,0 3.840 kWh/a	v_m= 6 m/s; k = 2,2 5.726 kWh/a
TECHNISCHE DATEN			
Anlagentyp	Horizontalachser		
Anzahl der Rotorblätter	3	Blattlänge	
Durchmesser	3,00 m	Überstrichene Rotorfläche	7,07 m²
Rotordrehzahl bei Nennleistung		450 U/min	
Rotorblattspitzengeschwindigkeit		71 m/s	
Material	GFK, CFK, Stahl		
Nabenhöhe	7–24 m	Turmtyp	Rohrmast / Gittermast
Gesamtgewicht	95 kg	Getriebe	getriebelos
Generator	Permanentmagnet, 3-phasig		
Spannung	24 / 48DC / 350 V AC		
Geschwindigkeitssteuerung	Stall, Helikopterregelung		
Windrichtungsnachführung	Windfahne		
Hauptbremse	Helikopterregelung, Bremswiderstand, Generatorkurzschluss		
PREISE / SONSTIGES			
Preis		Garantie	2 Jahre
Installierte Anlagen	viele hundert weltweit installierte Anlagen		
Anmerkung	für Binnenlandstandorte hervorragend geeignet, Batterieladung, Netzparallelbetrieb, Heizungsunterstützung		

Bornay 3000

Bornay Aerogeneradores, slu
Alicante, Spanien

LEISTUNG / JAHRESERTRAG			
Nennleistung	3,0 kW	Einschaltwindgeschwindigkeit	3,5 m/s
Nennwindgeschwindigkeit	12,0 m/s	Ausschaltwindgeschwindigkeit	
		Überlebenswindgeschwindigkeit	60,0 m/s
Leistung bei 5 m/s	781 W	Leistung bei 11 m/s	2.853 W
Spezifische Leistung	239 W/m²		
Jahresertrag	v_m= 4 m/s; k = 1,8 5.150 kWh/a	v_m= 5 m/s; k = 2,0 7.670 kWh/a	v_m= 6 m/s; k = 2,2 10.401 kWh/a
TECHNISCHE DATEN			
Anlagentyp	Horizontalachser		
Anzahl der Rotorblätter	2	Blattlänge	
Durchmesser	4,00 m	Überstrichene Rotorfläche	12,57 m²
Rotordrehzahl bei Nennleistung		500 U/min	
Rotorblattspitzengeschwindigkeit		105 m/s	
Material	GFK, CFK, Stahl		
Nabenhöhe	9 m	Turmtyp	
Gesamtgewicht	93 kg	Getriebe	getriebelos
Generator	Permanentmagnet, 3-phasig		
Spannung	24 / 48 / 120 V		
Geschwindigkeitssteuerung	elektronisch, Helikopterregelung		
Windrichtungsnachführung	Windfahne		
Hauptbremse	Helikopterregelung		
PREISE / SONSTIGES			
Preis	6.100 Euro	Garantie	3 Jahre
Installierte Anlagen	über 4.000 Bornay Windräder sind weltweit installiert		
Anmerkung	mit Wechselrichter Power One / Aurora bewährter Netzeinspeiser		
	Angabe der Leistung bei 5 m/s nicht plausibel.		

HeyWind 3,5

Heyde Windtechnik
Dippoldiswalde, Deutschland

LEISTUNG / JAHRESERTRAG			
Nennleistung	3,5 kW	**Einschaltwindgeschwindigkeit**	2,5 m/s
Nennwindgeschwindigkeit	11,0 m/s	**Ausschaltwindgeschwindigkeit**	
		Überlebenswindgeschwindigkeit	
Leistung bei 5 m/s	350 W	**Leistung bei 11 m/s**	3.500 W
Spezifische Leistung	365 W/m²		
Jahresertrag	v_m = 4 m/s; k = 1,8 2.960 kWh/a	v_m = 5 m/s; k = 2,0 5.030 kWh/a	v_m = 6 m/s; k = 2,2 7.600 kWh/a
TECHNISCHE DATEN			
Anlagentyp	Horizontalachser		
Anzahl der Rotorblätter	3	**Blattlänge**	
Durchmesser	3,50 m	**Überstrichene Rotorfläche**	9,62 m²
Rotordrehzahl bei Nennleistung		400 U/min	
Rotorblattspitzengeschwindigkeit		73 m/s	
Material	GFK, Stahl		
Nabenhöhe	10 m	**Turmtyp**	Mast
Gesamtgewicht	70 kg	**Getriebe**	getriebelos
Generator	Permanentmagnet, 3-phasig		
Spannung	48 / 500 V		
Geschwindigkeitssteuerung	Stall		
Windrichtungsnachführung	Windfahne		
Hauptbremse	Helikopterregelung, Heizwiderstand / Heizpatrone		
PREISE / SONSTIGES			
Preis	6.500 Euro	**Garantie**	
Installierte Anlagen			
Anmerkung	gutes Anlaufverhalten, leiser Betrieb		

WINDSPOT 3,5 kW

Sonkyo Energy
Santander, Spanien

Zertifiziert nach MCS

LEISTUNG / JAHRESERTRAG			
Nennleistung	3,5 kW	Einschaltwindgeschwindigkeit	3,0 m/s
Nennwindgeschwindigkeit	11,0 m/s	Ausschaltwindgeschwindigkeit	
		Überlebenswindgeschwindigkeit	
Leistung bei 5 m/s	285 W	Leistung bei 11 m/s	3.207 W
Spezifische Leistung	265 W/m²		
Jahresertrag	v_m= 4 m/s; k = 1,8 3.619 kWh/a	v_m= 5 m/s; k = 2,0 5.844 kWh/a	v_m= 6 m/s; k = 2,2 8.609 kWh/a
TECHNISCHE DATEN			
Anlagentyp	Horizontalachser		
Anzahl der Rotorblätter	3	Blattlänge	
Durchmesser	4,10 m	Überstrichene Rotorfläche	12,88 m²
Rotordrehzahl bei Nennleistung		250 U/min	
Rotorblattspitzengeschwindigkeit		54 m/s	
Material	GFK, Stahl		
Nabenhöhe	12 / 15 / 18 m	Turmtyp	Klappturm
Gesamtgewicht	185 kg	Getriebe	getriebelos
Generator	Permanentmagnet, 3-phasig		
Spannung	24 / 48 / 110 / 220 V		
Geschwindigkeitssteuerung	Fliehkraft-Pitchsystem		
Windrichtungsnachführung	Windfahne		
Hauptbremse	elektronisch		
PREISE / SONSTIGES			
Preis	7.800 Euro	Garantie	
Installierte Anlagen	über 1.000 Installationen		
Anmerkung	inkl. MPPT-Regler, Schalldruckpegel: 37 dBA bei 8 m/s		

EasyWind 6

EasyWind GmbH
Langenhorn, Deutschland

Zertifiziert nach IEC 61400-2

LEISTUNG / JAHRESERTRAG			
Nennleistung	6,0 kW	Einschaltwindgeschwindigkeit	3,0 m/s
Nennwindgeschwindigkeit	10,6 m/s	Ausschaltwindgeschwindigkeit	keine
		Überlebenswindgeschwindigkeit	70,0 m/s
Leistung bei 5 m/s	652 W	Leistung bei 11 m/s	5.435 W
Spezifische Leistung	212 W/m²		
Jahresertrag	v_m= 4 m/s; k = 1,8 5.875 kWh/a	v_m= 5 m/s; k = 2,0 9.952 kWh/a	v_m= 6 m/s; k = 2,2 14.954 kWh/a
TECHNISCHE DATEN			
Anlagentyp	Horizontalachser		
Anzahl der Rotorblätter	4	Blattlänge	
Durchmesser	6,00 m	Überstrichene Rotorfläche	28,27 m²
Rotordrehzahl bei Nennleistung		124 U/min	
Rotorblattspitzengeschwindigkeit		39 m/s	
Material	GFK, Stahl		
Nabenhöhe	7 / 13 / 19 m	Turmtyp	Stahlrohrmast
Gesamtgewicht	363 kg	Getriebe	Stirnradgetriebe, zweistufig
Generator	asynchron, polumschaltbar		
Spannung	120 / 400 V		
Geschwindigkeitssteuerung	passiver Pitch		
Windrichtungsnachführung	Windfahne		
Hauptbremse	Scheibenbremse, federbelastet, elektromechanisch gelüftet (fail safe)		
PREISE / SONSTIGES			
Preis	24.000 Euro	Garantie	2 Jahre
Installierte Anlagen	mehr als 120 WEA weltweit seit ersten Prototypen 1985		
Anmerkung	sturmsicher		

ANTARIS 6,5 kW

BRAUN-Windturbinen GmbH
Nauroth, Deutschland

LEISTUNG / JAHRESERTRAG			
Nennleistung	7,5 kW	Einschaltwindgeschwindigkeit	2,5 m/s
Nennwindgeschwindigkeit	11,0 m/s	Ausschaltwindgeschwindigkeit	13,0 m/s
		Überlebenswindgeschwindigkeit	58,0 m/s
Leistung bei 5 m/s	900 W	Leistung bei 11 m/s	7.500 W
Spezifische Leistung	341 W/m²		
Jahresertrag	v_m= 4 m/s; k = 1,8 5.324 kWh/a	v_m= 5 m/s; k = 2,0 9.220 kWh/a	v_m= 6 m/s; k = 2,2 14.269 kWh/a
TECHNISCHE DATEN			
Anlagentyp	Horizontalachser		
Anzahl der Rotorblätter	3	Blattlänge	
Durchmesser	5,10 m	Überstrichene Rotorfläche	20,43 m²
Rotordrehzahl bei Nennleistung		340 U/min	
Rotorblattspitzengeschwindigkeit		91 m/s	
Material	GFK, CFK, Stahl		
Nabenhöhe	7–24 m	Turmtyp	Rohrmast / Gittermast
Gesamtgewicht	225 kg	Getriebe	getriebelos
Generator	Permanentmagnet, 3-phasig, bürstenlos		
Spannung	24 / 48 DC / 350 V AC		
Geschwindigkeitssteuerung	Stall, Helikopterregelung		
Windrichtungsnachführung	Windfahne		
Hauptbremse	Helikopterregelung, Bremswiderstand, Generatorkurzschluss		
PREISE / SONSTIGES			
Preis		Garantie	2 Jahre
Installierte Anlagen	viele hundert weltweit installierte Anlagen		
Anmerkung	für Binnenlandstandorte hervorragend geeignet, Batterieladung, Netzparallelbetrieb, Heizungsunterstützung		

WINDSPOT 7,5 kW

Sonkyo Energy
Santander, Spanien

LEISTUNG / JAHRESERTRAG			
Nennleistung	7,5 kW	Einschaltwindgeschwindigkeit	3,0 m/s
Nennwindgeschwindigkeit	11,0 m/s	Ausschaltwindgeschwindigkeit	
		Überlebenswindgeschwindigkeit	
Leistung bei 5 m/s	852 W	Leistung bei 11 m/s	7.500 W
Spezifische Leistung	241 W/m²		
Jahresertrag	v_m= 4 m/s; k = 1,8 7.369 kWh/a	v_m= 5 m/s; k = 2,0 11.882 kWh/a	v_m= 6 m/s; k = 2,2 17.516 kWh/a
TECHNISCHE DATEN			
Anlagentyp	Horizontalachser		
Anzahl der Rotorblätter	3	Blattlänge	
Durchmesser	5,90 m	Überstrichene Rotorfläche	31,17 m²
Rotordrehzahl bei Nennleistung		200 U/min	
Rotorblattspitzengeschwindigkeit		66 m/s	
Material	GFK, Stahl		
Nabenhöhe	12 / 15 / 18 m	Turmtyp	Klappturm
Gesamtgewicht	350 kg	Getriebe	getriebelos
Generator	Permanentmagnet, 3-phasig		
Spannung	24 / 48 / 110 / 220 V		
Geschwindigkeitssteuerung	Fliehkraft-Pitchsystem		
Windrichtungsnachführung	Windfahne		
Hauptbremse	elektronisch		
PREISE / SONSTIGES			
Preis	16.000 Euro	Garantie	
Installierte Anlagen			
Anmerkung	inkl. MPPT-Regler, Schalldruckpegel: 37 dBA bei 8 m/s		

Bergey Excel 10

Bergey Windpower Co.
Norman, USA

LEISTUNG / JAHRESERTRAG			
Nennleistung	8,9 kW	Einschaltwindgeschwindigkeit	2,2 m/s
Nennwindgeschwindigkeit	11,0 m/s	Ausschaltwindgeschwindigkeit	keine
		Überlebenswindgeschwindigkeit	60,0 m/s
Leistung bei 5 m/s	850 W	Leistung bei 11 m/s	8.900 W
Spezifische Leistung	231 W/m²		
Jahresertrag	v_m= 4 m/s; k = 1,8	v_m= 5 m/s; k = 2,0	v_m= 6 m/s; k = 2,2
	7.928 kWh/a	13.781 kWh/a	21.320 kWh/a
TECHNISCHE DATEN			
Anlagentyp	Horizontalachser		
Anzahl der Rotorblätter	3	Blattlänge	
Durchmesser	7,00 m	Überstrichene Rotorfläche	38,50 m²
Rotordrehzahl bei Nennleistung			
Rotorblattspitzengeschwindigkeit			
Material	GFK, Stahl		
Nabenhöhe	18 / 37 / 49 m	Turmtyp	Rohrmast / Turm
Gesamtgewicht	480 kg	Getriebe	getriebelos
Generator	Permanentmagnet, 3-phasig		
Spannung	400 V		
Geschwindigkeitssteuerung	Furling		
Windrichtungsnachführung	Windfahne		
Hauptbremse	Furling		
PREISE / SONSTIGES			
Preis	24.500 Euro	Garantie	2 Jahre
Installierte Anlagen			
Anmerkung	im Netzeinspeisepaket mit abgestimmten Komponenten		

AIRCON 10 S

AIRCON GmbH & CO. KG
Leer, Deutschland

LEISTUNG / JAHRESERTRAG			
Nennleistung	9,8 kW	Einschaltwindgeschwindigkeit	3,5 m/s
Nennwindgeschwindigkeit	11,0 m/s	Ausschaltwindgeschwindigkeit	25,0 m/s
		Überlebenswindgeschwindigkeit	59,5 m/s
Leistung bei 5 m/s	1.300 W	Leistung bei 11 m/s	9.800 W
Spezifische Leistung	248 W/m²		
Jahresertrag	v_m= 4 m/s; k = 1,8 10.033 kWh/a	v_m= 5 m/s; k = 2,0 17.356 kWh/a	v_m= 6 m/s; k = 2,2 26.105 kWh/a
TECHNISCHE DATEN			
Anlagentyp	Horizontalachser		
Anzahl der Rotorblätter	3	Blattlänge	
Durchmesser	7,10 m	Überstrichene Rotorfläche	39,60 m²
Rotordrehzahl bei Nennleistung		130 U/min	
Rotorblattspitzengeschwindigkeit		48 m/s	
Material	GFK, Stahl		
Nabenhöhe	18 / 24 / 30 m	Turmtyp	Gitterturm
Gesamtgewicht	1950 kg	Getriebe	getriebelos
Generator	Permanentmagnet, 3-phasig		
Spannung	400 V		
Geschwindigkeitssteuerung	elektronisch		
Windrichtungsnachführung	aktiv		
Hauptbremse	Scheibenbremse		
PREISE / SONSTIGES			
Preis	47.000 Euro	Garantie	2 Jahre
Installierte Anlagen			
Anmerkung	extrem leise, robust, zuverlässig		

WES 50

Wind Energy Solution BV
KJ Opmeer, Niederlande

LEISTUNG / JAHRESERTRAG			
Nennleistung	50,0 kW	Einschaltwindgeschwindigkeit	3,0 m/s
Nennwindgeschwindigkeit	9,5 m/s	Ausschaltwindgeschwindigkeit	25,0 m/s
		Überlebenswindgeschwindigkeit	52,5 m/s
Leistung bei 5 m/s	8.200 W	Leistung bei 11 m/s	64.100 W
Spezifische Leistung	153 W/m²		
Jahresertrag	v_m= 4 m/s; k = 1,8 74.297 kWh/a	v_m= 5 m/s; k = 2,0 123.774 kWh/a	v_m= 6 m/s; k = 2,2 182.616 kWh/a
TECHNISCHE DATEN			
Anlagentyp	Horizontalachser		
Anzahl der Rotorblätter	2	Blattlänge	
Durchmesser	20,00 m	Überstrichene Rotorfläche	327,00 m²
Rotordrehzahl bei Nennleistung		120 U/min	
Rotorblattspitzengeschwindigkeit		126 m/s	
Material	GFK, CFK, Stahl		
Nabenhöhe	24 / 30 m	Turmtyp	Stahlrohrturm
Gesamtgewicht	3.300 kg	Getriebe	Getriebe, zweistufig, 1:20
Generator	asynchron		
Spannung	230 / 400 V		
Geschwindigkeitssteuerung	passiver Pitch		
Windrichtungsnachführung	aktiv		
Hauptbremse	passiver Pitch, aus dem Wind drehen		
PREISE / SONSTIGES			
Preis		Garantie	2 Jahre
Installierte Anlagen			
Anmerkung	seit vielen Jahren bewährt		

25 | FÖRDERPROGRAMME

Gute Investitionen stärken

Von der EU bis zur Kommune gibt es eine ganze Reihe von Zuschüssen, Krediten oder auch kostenlosen Beratungsleistungen für Energiewende-Projekte. Egal ob privater Bauherr oder Forschungsinstitut: Diese Fördermittel machen viele Projekte erst wirtschaftlich.

Förderung des Bundes

Die Bundesregierung unterstützt Hausbesitzer, die Erneuerbare Energien installieren und nutzen möchten oder energieeffizient bauen und sanieren mit einem sogenannten Marktanreizprogramm. Mit 321 Millionen Euro im Marktanreizprogramm des Bundesamtes für Wirtschaft und Ausfuhrkontrolle (BAFA), rund 4 Milliarden Euro zinsverbilligten Krediten für den Aufbau von Windrädern und Solaranlagen und über 6 Milliarden Euro Krediten der KfW-Bankengruppe für energieeffizientes Bauen und Sanieren (Zahlen von 2013) sind KfW und BAFA die ersten Anlaufstellen.

Das BAFA fördert schwerpunktmäßig die Errichtung und Erweiterung von Biomasseanlagen, Solarheizungen und Wärmepumpen. Viele Investitionen in Effizienzmaßnahmen und für größere Anlagen laufen dagegen über die KfW-Bankengruppe. Es gibt zum Teil hohe Zuschüsse und Kredite mit Zinsen, die sich meist zwischen 1 Prozent und 1,5 Prozent bewegen. Alle hier genannten Fördersätze und Bedingungen gelten zum Januar 2015. Die Förderprogramme werden je nach Finanzlage des Bundes und den Zielen der Förderpolitik laufend fortgeschrieben.

Bundesamt für Wirtschaft und Ausfuhrkontrolle – BAFA

Das Bundesamt für Wirtschaft und Ausfuhrkontrolle (BAFA) ist eine Bundesoberbehörde im Geschäftsbereich des Bundesministeriums für Wirtschaft und Energie (BMWi).

Folgende Energiewende-Förderungen bietet das BAFA:

Contracting-Beratungen von Kommunen und kleinen und mittleren Unternehmen (KMU).

a) **Orientierungsberatung**
  - Gefördert werden 80 Prozent der zuwendungsfähigen Beratungsausgaben (Netto-Beraterhonorar), maximal 2.000 Euro.

b) **Umsetzungsberatung**
  - Für Kommunen (Städte, Gemeinden, Landkreise), Unternehmen und Einrichtungen, die sich mehrheitlich in kommunalem Eigentum befinden, sowie für gemeinnützige Organisationen und Religionsgemeinschaften wird ein Zuschuss von 50 Prozent der zuwendungsfähigen Beratungsausgaben (Netto-Beraterhonorar) gewährt, maximal 12.500 Euro.
  - Für kleine und mittlere Unternehmen werden 30 Prozent der zuwendungsfähigen Beratungsausgaben (Netto-Beraterhonorar) gewährt, maximal 7.500 Euro.

c) **Ausschreibungsberatung**
  - Hier umfasst die Förderung 30 Prozent der zuwendungsfähigen Beratungsausgaben (Netto-Beraterhonorar), maximal 2.000 Euro.

Energieberatung im Mittelstand

Mit dieser Art der Förderung sollen Informationsdefizite überwunden werden, um Energiesparpotenziale in den Unternehmen zu erschließen. Für Unternehmen mit jährlichen Energiekosten über 10.000 Euro beträgt die Zuwendung 80 Prozent der förderfähigen Beratungskosten einschließlich einer eventuell in Anspruch genommenen Umsetzungsberatung, jedoch maximal 8.000 Euro.

Netzwerke der Energieeffizienz zwischen Kommunen

Gefördert werden Aufbau und Betreuung eines Energieeffizienz-Netzwerkes. Die Förderung erfolgt als Projektförderung auf Ausgabenbasis und wird als nicht rückzahlbarer Zuschuss an den Antragsteller gewährt.

In der Werbungsphase sind alle Sachausgaben, die für die Gewinnung von Netzwerkteilnehmern notwendig und angemessen sind, förderfähig. Die Zuwendung erfolgt in Form eines nicht rückzahlbaren Zuschusses bis zu 100 Prozent der förderfähigen Ausgaben, höchstens jedoch bis zu 3.000 Euro pro Netzwerk-Projekt. Die Zuwendung erhält der Netzwerkmanager.

In der Netzwerkphase sind alle begründeten Personal- und Sachausgaben für den Ausbau, die Einrichtung und den Betrieb eines Energieeffizienz-Netzwerkes förderfähig. Die Höhe des nicht rückzahlbaren Zuschusses beträgt bis zu 50 Prozent der förderfähigen Ausgaben. Der jährliche Zuschuss ist auf höchstens 10.000 Euro pro Netzwerkteilnehmer beschränkt. Davon abweichend sind im ersten Jahr der Netzwerkphase Ausgaben für den energietechnischen Berater bis zu 70 Prozent förderfähig. Der Zuschuss im ersten Jahr beträgt hier höchstens 20.000 Euro pro Netzwerkteilnehmer.

Energiemanagementsysteme in Unternehmen

Energiemanagementsysteme erlauben eine planvolle Erfassung und Auswertung der Energieverbräuche und machen effektive Energiesparmaßnahmen oft erst möglich.

Das BAFA bewilligt einen Zuschuss zu den förderfähigen Ausgaben. Die Höhe der Zuwendungen beträgt:

1. für die Erstzertifizierung eines Energiemanagementsystems nach DIN EN ISO 50001 maximal 80 Prozent der zuwendungsfähigen Ausgaben bzw. maximal 8.000 Euro,
2. für die Erstzertifizierung eines Energiecontrolling maximal 80 Prozent der zuwendungsfähigen Ausgaben bzw. maximal 1.500 Euro,
3. für den Erwerb von Messtechnik für Energiemanagementsysteme maximal 20 Prozent der zuwendungsfähigen Ausgaben bzw. maximal 8.000 Euro,
4. für den Erwerb von Software für Energiemanagementsysteme maximal 20 Prozent der zuwendungsfähigen Ausgaben bzw. maximal 4.000 Euro.

Die Gesamtsumme der Zuwendungen ist auf maximal 20.000 Euro pro Unternehmen innerhalb eines Zeitraums von 36 Monaten begrenzt.

Vor-Ort-Energieberatung

Das BAFA bezuschusst die Beratung von Haus- und Wohnungseigentümern durch fachkundige und unabhängige Energieberater. Ab dem 1. März 2015 werden die Zuschüsse für Vor-Ort-Beratungen nochmals erhöht, das BAFA hat zudem für Wohnungseigentümergemeinschaften (WEG) einen zusätzlichen Zuschuss eingeführt.

Gefördert werden Vor-Ort-Beratungen seitdem mit 60 Prozent der förderfähigen Beratungskosten, jedoch maximal mit 800 Euro bei Ein- und Zweifamilienhäusern und 1.100 Euro bei Wohnhäusern mit mindestens drei Wohneinheiten. Werden

Heizen mit Erneuerbaren Energien

Die Förderung Erneuerbarer Energien stellt einen Schwerpunkt des BAFA dar. Seit dem 15. August 2012 sind die Zuschüsse für Solarthermieanlagen, Biomasseanlagen und Wärmepumpen in Ein- und Zweifamilienhäusern, in Mehrfamilienhäusern sowie in gewerblichen und öffentlichen Gebäuden deutlich erhöht worden. Die Tabelle zeigt eine Auswahl der Fördermaßnahmen:

I. Solarkollektoranlagen (thermisch)	Förderbetrag
bis 40 m² Bruttokollektorfläche	1.500 Euro bis 3.600 Euro
20 – 100 m² Bruttokollektorfläche in Mehrfamilienhäusern und großen Nichtwohngebäuden (auch im Neubau)	3.600 Euro bis 18.000 Euro
bis 1.000 m² zur Erzeugung von Prozesswärme	bis zu 50 Prozent der Nettoinvestitionskosten
II. Biomasseanlagen	**Förderbetrag**
Pelletöfen mit Wassertasche	1.400 Euro bis 3.600 Euro
Pelletkessel	2.400 Euro bis 3.600 Euro
Pelletkessel mit Pufferspeicher (mind. 30 l/kW)	2.900 Euro bis 3.600 Euro
Hackschnitzelkessel mit Pufferspeicher	1.400 Euro
Scheitholzvergaserkessel mit Pufferspeicher	1.400 Euro
III. Wärmepumpen	**Förderbetrag**
Sole/Wasser- und Wasser/Wasser-Wärmepumpen	2.800 Euro bis 11.800 Euro
Sole/Wasser- und Wasser/Wasser-Wärmepumpen mit Pufferspeicher	3.300 Euro bis 12.300 Euro
Luft/Wasser-Wärmepumpen	1.300 Euro bzw. 1.600 Euro
Luft/Wasser-Wärmepumpen mit Pufferspeicher	1.800 Euro bzw. 2.100 Euro

Zudem gibt es eine sogenannte **Bonusförderung**, zum Beispiel für den Tausch eines Kessels, für besonders effiziente Wohnhäuser (50 Prozent der Basisförderung), für die Einbindung von Solaranlagen (Regenerativer Kombinationsbonus von 500 Euro) oder für den Anschluss an ein Wärmenetz.

WEGs energetisch beraten, ist der Aufwand höher. Deshalb gibt es hier einen weiteren Zuschuss bis zu 500 Euro für eine zusätzliche Erläuterung des Energieberatungsberichts in einer WEG-Versammlung.

Eine in den Energieberatungsbericht integrierte thermografische Untersuchung und/oder Stromeinsparberatung wird dagegen nicht mehr gefördert. Bezüglich des Inhalts des zu erstellenden Energieberatungsberichts besteht folgende Wahlmöglichkeit: Entweder wird im Rahmen eines energetischen Sanierungskonzeptes aufgezeigt, wie durch zeitlich zusammenhängende Maßnahmen ein energetisches Niveau erreicht werden kann, das einem KfW-Effizienzhaus entspricht (Komplettsanierung). Oder es wird ein Sanierungsfahrplan für eine umfassende energetische Sanierung aufgestellt. Der Sanierungsfahrplan muss dann einen Vorschlag enthalten, in welcher Reihenfolge die unter Beachtung der Energieeinsparverordnung (EnEV) und des Standes der Technik aufeinander abgestimmten Maßnahmen durchgeführt werden sollen. Auch die Kombination beider Varianten ist weiterhin möglich.

Den Antrag auf Bezuschussung muss ein vom BAFA anerkannter „Vor-Ort-Berater" stellen. Auf der Internetseite www.energie-effizienz-experten.de sind die bundesweit zugelassenen Vor-Ort-Berater des BAFA aufgeführt.

Kontakt:

Die Internetseite der BAFA (www.bafa.de) stellt umfassende Checklisten und Formulare für alle Förderfragen bereit.

Telefonisch sind die Energiereferate des BAFA unter der zentralen Rufnummer 06196 908-0 oder alternativ über 06196 908-625 zu erreichen (Telefax: 06196 908-800).

Postadresse:

Bundesamt für Wirtschaft und Ausfuhrkontrolle (BAFA)
Referate 511–514
Frankfurter Straße 29–35
65760 Eschborn

KfW-Bankengruppe

Die KfW ist insbesondere für den Bau und die Sanierung von Häusern der wichtigste Ansprechpartner. Im Internet eingestellt unter www.kfw.de sind alle notwendigen Unterlagen und Formulare, zudem bietet die KfW Onlineberatung und telefonische Beratung an. Die Kredite werden dann meist über die Hausbanken der Antragsteller abgewickelt.

Förderprogramme der KfW rund um die Energiewende

a) Neubau

Programmnummer 153 Kredit – Energieeffizient Bauen
Bau oder Ersterwerb eines neuen KfW-Effizienzhauses
- 50.000 Euro Kredit für jede Wohneinheit
- Geld sparen – weniger zurückzahlen: bis zu 5.000 Euro Tilgungszuschuss
- 1 Prozent effektiver Jahreszins
- flexibel kombinierbar mit anderen Fördermitteln

Die KfW fördert den Neubau oder Ersterwerb eines KfW-Effizienzhauses der Klassen 70, 55 oder 40 oder eines vergleichbaren Passivhauses:
- beim Neubau: Bau- und Baunebenkosten (ohne Grundstückskosten) sowie Kosten von Beratung, Planung und Baubegleitung
- beim Kauf: Kaufpreis inklusive Nebenkosten

Dieser KfW-Kredit unterstützt Sie auch bei der Umwidmung unbeheizter Nicht-Wohngebäude (z. B. Scheunen) zu Wohngebäuden. Ist der Umbau einer bestehenden beheizten Nicht-Wohnfläche (z. B. Gewerbefläche) in Wohnraum geplant, können Interessenten den KfW-Förderkredit Energieeffizient Sanieren (151/152) nutzen.

b) Sanierung im Bestand

Programmnummer 151 (Kredit) – Energieeffizient Sanieren
Sanierung zum KfW-Effizienzhaus oder energetische Einzelmaßnahmen
- für alle, die Wohnraum energetisch sanieren oder sanierten Wohnraum kaufen
- bis 75.000 Euro für jede Wohneinheit beim KfW-Effizienzhaus oder 50.000 Euro für Einzelmaßnahmen
- 1 Prozent effektiver Jahreszins

- Geld sparen – weniger zurückzahlen: bis 16.875 Euro Tilgungszuschuss
- Alternativ können Privatpersonen das Zuschussprogramm 430 wählen.

Gefördert wird die energetische Sanierung von Wohngebäuden, für die der Bauantrag oder die Bauanzeige vor dem 01.01.1995 gestellt wurde. Förderfähig sind alle energetischen Maßnahmen, die zum KfW-Effizienzhaus-Standard führen. Wird kein solcher Standard angestrebt, sind folgende Einzelmaßnahmen förderfähig:

- Wärmedämmung von Wänden, Dachflächen, Keller- und Geschossdecken
- Erneuerung der Fenster und Außentüren
- Erneuerung oder Optimierung der Heizungsanlage
- Erneuerung oder Einbau einer Lüftungsanlage

Programmnummer 167 (Kredit)
Energieeffizient Sanieren – Ergänzungskredit
Für die Umstellung von Heizungsanlagen auf Erneuerbare Energien:

- für alle, die ihre Heizungsanlage in Wohngebäuden auf Erneuerbare Energien umstellen
- bis 50.000 Euro für jede Wohneinheit
- 1,41 Prozent effektiver Jahreszins
- bis zu 10 Jahre Kreditlaufzeit bei festem Zinssatz

Programmnummer 430 (Zuschuss)
Energieeffizient Sanieren – Investitionszuschuss

- für die Sanierung zum KfW-Effizienzhaus oder für energetische Einzelmaßnahmen
- bis 18.750 Euro Zuschuss für jede Wohneinheit
- für private Eigentümer, die Wohnraum energetisch sanieren oder sanierten Wohnraum kaufen
- flexibel kombinierbar mit anderen Fördermitteln

Programmnummer 431 (Zuschuss)
Energieeffizient Sanieren – Baubegleitung

- für Planung und Baubegleitung durch Sachverständige
- Kostenübernahme von 50 Prozent, bis 4.000 Euro pro Vorhaben
- für alle, die Wohnraum energetisch sanieren
- nur möglich in Kombination mit den Förderprodukten 151/152 oder 430

c) Erneuerbare Energien

Programmnummern 270 und 274 (Kredite) – Erneuerbare Energien (Standard)

Aufbau von Erneuerbaren Energien – Standard

- günstiger Kredit für alle, die umweltfreundlichen Strom erzeugen
- geeignet für Unternehmen jeder Größe
- langfristig günstige Zinsen bis zu 20 Jahre
- bis zu 25 Mio. Euro pro Vorhaben
- ab 1,46 Prozent effektiver Jahreszins

Das Programm „Erneuerbare Energien – Standard" fördert Anlagen zur Stromerzeugung aus regenerativen Energien, zum Beispiel aus Sonne, Wind, Biomasse und Wasser. Voraussetzung für die Förderung ist, dass ein Teil des Stroms in das öffentliche Stromnetz eingespeist wird. Deutsche Unternehmen erhalten die Förderung auch für Investitionen im Ausland. Ausländische Unternehmen erhalten die Förderung für Investitionen in Deutschland sowie im grenznahen Bereich von 50 Kilometern.

Programmnummer 275 Kredit – Erneuerbare Energien (Speicher)

Strom aus Sonnenenergie erzeugen und speichern

- für kombinierte Anlagen aus Photovoltaik und Batteriespeicher
- auch zur Speichernachrüstung von Photovoltaikanlagen, die nach dem 31.12.2012 in Betrieb gegangen sind
- günstiger Kredit mit Tilgungszuschuss
- ab 1,46 Prozent effektiver Jahreszins
- Laufzeit und Zinsbindung bis zu 20 Jahre möglich

Förderfähig ist die Neuinstallation von stationären Batteriespeichersystemen in Kombination mit Photovoltaikanlagen. Der Strom muss teilweise selbst genutzt, teilweise ins öffentliche Stromnetz eingespeist werden. Die Förderung unterstützt die Markt- und Technologieentwicklung von Batteriespeichersystemen. Die geförderten Systeme tragen dazu bei, kleine bis mittelgroße Photovoltaikanlagen besser in das Stromnetz zu integrieren.

Ihre Förderung besteht aus:

- einem zinsgünstigen Kredit der KfW sowie
- einem Tilgungszuschuss aus Mitteln des Bundesministeriums für Wirtschaft und Energie (BMWi).

Zudem können mithilfe des Förderprodukts stationäre Batteriespeicher nachgerüstet werden, wenn die Photovoltaikanlage nach dem 31.12.2012 in Betrieb genommen wurde. Um für eine Nachrüstung den erhöhten Fördersatz in Anspruch nehmen zu können, muss zwischen der Inbetriebnahme der Photovoltaikanlage und der des Batteriespeichersystems ein Zeitraum von mindestens sechs Monaten liegen.

Die Anforderungen an Batteriespeicher und Photovoltaikanlage:
- Die Leistung der installierten Photovoltaikanlage, die mit dem Batteriespeichersystem verbunden wird, darf 30 kWp nicht überschreiten.
- Für eine Photovoltaikanlage kann jeweils nur ein Batteriespeichersystem gefördert werden.
- Das Batteriespeichersystem befindet sich in Deutschland und wird mindestens fünf Jahre betrieben.

Programmnummer 271 und 281 (Kredit) – Erneuerbaren Energien (Premium)

Wärme aus Erneuerbaren Energien

Gefördert werden Investitionen zur Nutzung von Wärme aus regenerativen Energien. Zu den förderfähigen Vorhaben gehören:
- große Solarkollektoranlagen
- große Anlagen zur Verbrennung fester Biomasse
- Wärmenetze, die aus Erneuerbaren Energien gespeist werden
- Biogasleitungen für nicht aufbereitetes Biogas
- große Wärmespeicher
- große effiziente Wärmepumpen
- Anlagen zur kombinierten Strom- und Wärmeerzeugung (KWK)

Die KfW kreditiert bis zu 100 Prozent der Investitionskosten und zahlt 100 Prozent des Kreditbetrages aus (in der Regel bis zu 10 Mio. Euro pro Vorhaben). Die Gutschrift eines Tilgungszuschusses erfolgt, nachdem der Verwendungsnachweis eingereicht wurde. Der Tilgungszuschuss reduziert die Kreditschuld und führt zu einer Verkürzung der Kreditlaufzeit. Die Höhe des Tilgungszuschusses variiert je nach Maßnahme.

Programmnummer 272 und 282 (Kredit) – Erneuerbare Energien (Premium – Tiefengeothermie)

Die Energie der Erde nutzen – Tiefengeothermie
- für Anlagen, die Tiefengeothermie erschließen und nutzen
- Förderung insbesondere für Unternehmen und Kommunen
- ab 1 Prozent effektiver Jahreszins

- Tilgungszuschüsse
- mit Zinsvorteil für kleine Unternehmen

Gefördert wird Tiefengeothermie, also tiefe Erdwärme in mehr als 400 Metern Bohrtiefe. Das Thermalfluid muss mindestens 20 Grad Celsius warm sein. Die Förderung wird gezahlt für die Errichtung von Anlagen zur thermischen Nutzung, für Förder- und Injektionsbohrungen für Anlagen zur thermischen Nutzung und/oder zur Stromerzeugung sowie für tatsächliche Mehraufwendungen gegenüber der Planung für Bohrungen mit besonderen technischen Bohrrisiken.

Programmnummer 273 (Kredit) – Offshore-Windenergie

Geld für zehn große Offshore-Windparks

Gefördert wird die Errichtung von bis zu zehn Offshore-Windparks vor den Küsten Deutschlands durch Direktkredit im Rahmen von Bankenkonsortien, durch Finanzierungspakete aus bankdurchgeleitetem Kredit und Direktkredit sowie durch Direktkredit als Kostenüberschreitungsrahmen (cost overrun facility).

Dabei benötigen die Antragsteller in der Regel ein Drittel Eigenkapital und stellen projektfinanzierungsübliche Sicherheiten. Der maximale Kreditbetrag der KfW beträgt bis zu 700 Mio. Euro je Projekt.

Kontakt:

KfW
Palmengartenstraße 5–9
60325 Frankfurt am Main
Telefon 069 74 31-0
Fax: 069 74 31-29 44
info@kfw.de

Berater im Infocenter der KfW:

für Privatpersonen – Telefon: 0800 539 9002
für Unternehmen – Telefon: 0800 539 9001
Die kostenfreien Servicenummern sind Montag bis Freitag von 8.00 – 18.00 Uhr erreichbar.

Ein Kontaktformular findet sich unter:

www.kfw.de/formulare/Formulare/KfW-Kontakt/

Förderprogramme der Länder

Viele der 16 Bundesländer bieten weitere Förderungen von Energieeffizenz-Vorhaben, innovativen Technologien oder von Investitionen in Erneuerbare Energien an.

Hierzu zählen unter anderem der Investiv-Kredit der LfA Förderbank Bayern, vielfältige Förderkredite und Zuschüsse der L-Bank Baden-Württemberg oder das bis Ende 2016 verlängerte Programm progres.nrw in NRW.

Die Förderlandschaft ist allerdings unübersichtlich und laufend Änderungen unterworfen. Daher ist es dringend geboten, sich bei einem lokalen Energieberater (z. B. über www.energie-effizienz-experten.de) sowie bei den Energie-Agenturen der Länder aktuellen Rat einzuholen.

Im Bundesverband der Energie- und Klimaschutzagenturen Deutschlands (eaD) sind die meisten Energie-Agenturen Deutschlands vertreten. Kontakte und Informationen zu den einzelnen Einrichtungen finden sich auf der Internetseite www.energieagenturen.de unter dem Karteireiter „Wir". Verzeichnet sind dort:

- ARGE SOLAR e.V. (Saarland)
- ASEW – Arbeitsgemeinschaft für sparsame Energie- und Wasserverwendung im Verband Kommunaler Unternehmen
- Berliner Energieagentur GmbH
- Bremer Energie-Konsens GmbH
- ENERGIE 2000 e.V. – Energieagentur im Landkreis Kassel
- energie- und umweltzentrum allgäu gGmbH
- Energieagentur Nordbayern GmbH
- EnergieAgentur.NRW
- Energieagentur Regensburg e.V.
- Energieagentur Regio Freiburg GmbH
- Energieagentur Region Göttingen e.V.
- Energieagentur Rheinland-Pfalz GmbH
- Energieagentur Schleswig-Holstein
- Energie-Beratungs-Zentrum Stuttgart e.V.
- EnergieEffizienzAgentur Rhein-Neckar gGmbH
- Goslar mit Energie e.V.
- hessenENERGIE
- izes gGmbH – Institut für ZukunftsEnergieSysteme (An-Institut der Hochschule für Technik und Wirtschaft des Saarlandes)

- KEA – Klimaschutz- und Energieagentur Baden-Württemberg GmbH
- KEK – Karlsruher Energie- und Klimaschutzagentur
- KliBA – Klimaschutz- und Energieberatungsagentur Heidelberg – Rhein-Neckar-Kreis gGmbH
- KlimaschutzAgentur Landkreis Reutlingen gGmbH
- Klimaschutz- und Energieagentur Niedersachsen GmbH
- Klimaschutzagentur Mannheim gGmbH
- Klimaschutzagentur Region Hannover gGmbH
- Klimaschutzagentur Weserbergland gGmbH
- KLIMAWERK Energieagentur (Lüneburg)
- Kommunale Umwelt-AktioN U.A.N. (Hannover)
- Landesenergieagentur Sachsen-Anhalt GmbH (LENA)
- Öko-Zentrum NRW GmbH
- Ortenauer Energieagentur GmbH
- proKlima – Der enercity-Fonds (Hannover)
- Regionale Energieagentur Augsburg
- Sächsische Energieagentur – SAENA GmbH
- Stadt Frankfurt am Main – Energiereferat
- Thüringer Energie- und GreenTech-Agentur (ThEGA)
- ZEBAU – Zentrum für Energie, Bauen, Architektur und Umwelt GmbH
- ZukunftsAgentur Brandenburg GmbH (Hamburg)

Kontakt:

Bundesverband der Energie- und Klimaschutzagenturen Deutschlands (eaD) e.V.

Michael Geißler / Dr. Oliver Bätz

Französische Str. 23

10117 Berlin

Telefon: 030 293330-66

Fax: 030 293330-99

www.energieagenturen.de (Kontaktformular)

Regionale Förderung der Solarenergie

Eine Übersicht über die wichtigsten regionalen Anlaufstellen für Solarenergie hält der Solarserver bereit unter:

↗ www.solarserver.de/solar-foerderung/foerderung-der-laender.html

Förderprogramme der EU

In Deutschland gibt die Nationale Kontaktstelle Energie (NKS-E) im Auftrag des Bundes den deutschen Unternehmen und anderen Einrichtungen Hilfestellung bezüglich einer „angemessenen" Beteiligung an den Förderprogrammen der Europäischen Union im Bereich der Nichtnuklearen Energien. Die NKS berät Forschungseinrichtungen und Unternehmen kostenlos und interessenneutral über Möglichkeiten der EU-Forschungsförderung. Auf der Internetseite www.nks-energie.de/ kann man sich auch für den Newsletter anmelden.

Anfang 2015 bietet die Europäische Union laut NKS folgende Förderprogramme zum Thema Energie an:

Horizont 2020

Das EU-Rahmenprogramm für Forschung und Innovation „Horizont 2020" (Laufzeit 2013 – 2020) folgt auf das 7. EU-Forschungsrahmenprogramm sowie das Programm „Intelligente Energie Europa". Beide Programme sind seit Ende des Jahres 2013 abgelaufen. Unter „Horizont 2020" ist der Themenbereich (nicht-nukleare) Energie mit dem Titel „Sichere, saubere und effiziente Energieversorgung" im Aktivitätsfeld „Gesellschaftliche Herausforderungen" eingeordnet.

↗ www.nks-energie.de/horizont2020

Gemeinsame Technologie-Initiative Brennstoffzellen und Wasserstoff

Die Gemeinsame Technologieinitiative (JTI) für Brennstoffzellen und Wasserstoff (FCH) wird umgesetzt durch das gemeinsame Unternehmen (Joint Undertaking) FCH, welches auf der Arbeit der Europäischen Technologieplattform für Wasserstoff und Brennstoffzellen (HFP) fußt. Ziel der gemeinsamen Technologieinitiative für Brennstoffzellen und Wasserstoff (FCH JTI) ist es, die Entwicklung von Brennstoffzellen und Wasserstofftechnologien in Europa zu beschleunigen und ihrer Markteinführung im Zeitraum zwischen 2010 und 2020 den Weg zu ebnen.

Zur Förderung der FCH 2 JU ist für die Laufzeit 2014 – 2020 ein Budget von 1,33 Milliarden Euro vorgesehen, wovon maximal 700 Millionen Euro von der Europäischen Kommission aus den Mitteln des Aktivitätsfeldes „Gesellschaftliche Herausforderungen" des EU-Rahmenprogramms für Forschung und Innovation – „Horizont 2020" zur Verfügung gestellt werden. Der verbleibende Teil des Budgets wird als Sachleistung durch die weiteren Teilnehmer der Initiative (Industrie und Forschungseinrichtungen) aufgebracht.

↗ www.nks-energie.de/foerderprogramme-fch-jti

Public-Private-Partnership-Initiatives

Artikel 187 der AEUV erlaubt der Gemeinschaft, öffentlich-private Partnerschaften zu gründen, um die Europäische Forschungszusammenarbeit in ausgewählten Themen zu fördern. Zwischen 2014 und 2020 werden es 15 Initiativen sein, die entweder im Rahmen von „Horizont 2020" (c PPPs) oder über eigenständige Agenturen verwaltet werden (Joint Technology Initiatives, JTIs).

Die Finanzierung des öffentlichen Anteils der PPP-Initiativen erfolgt weitgehend aus dem Haushalt von „Horizont 2020". Der EU-Beitrag von 9 Mrd. Euro sichert Investitionen in Höhe von 10 Mrd. Euro des privaten Sektors (in-kind) und 4 Mrd. Euro an Zuschüssen durch die EU-Mitgliedsstaaten.

↗ www.nks-energie.de/foerderprogramme-ppp

ELENA – Fazilitäten aus dem IEE-Programm

Die „European Local Energy Assistance"-Fazilitäten, kurz ELENA, wurden 2009 im Programm „Intelligente Energie Europa II" etabliert. In „Horizont 2020" ist die Weiterführung dieser Fazilitäten unter dem Fokus „Energy Efficiency, Bereich Other Actions, B.1.4." aufgenommen worden. Dieses Instrument unterstützt die Direktive zur besseren Umsetzung der Energieeffizienz. Eine Bewerbung ist bis zum 31.12.2015 möglich.

↗ www.nks-energie.de/IEE_ELENA

ERA-NET in Horizont 2020: ERA-NET COFUND

Das „ERA-NET Cofund" ist ein Förderinstrument, das öffentlich-öffentliche Partnerschaften (P2P) unter „Horizont 2020" unterstützt. Dadurch werden Initiativen der Mitgliedsstaaten zum Aufbau von Netzwerkstrukturen und ihrem Design, zur

Implementierung und zur Koordination von gemeinsamen Aktivitäten gefördert. Das „ERA-NET Cofund" vereint die beiden Vorgängerinstrumente „ERA-NET" und „ERA-NET Plus".

↗ www.nks-energie.de/index.php?index=91

COSME

„COSME" ist ein EU-Programm für die Stärkung der Wettbewerbsfähigkeit kleiner und mittlerer Unternehmen (KMU) mit einer Laufzeit 2014 – 2020 und einem geplanten Budget von ca. 2,3 Mrd. Euro. Im „COSME"-Programm sind wichtige Bereiche des Vorläuferprogramms „Competitiveness and Innovation Framework Programme (CIP)" von 2007 – 2013 übernommen worden. Mit der Organisation dieses Programms ist die Executive Agency for Small and Medium-sized Enterprises (EASME) beauftragt worden.

↗ http://ec.europa.eu/enterprise/initiatives/cosme/access-to-finance-smes/index_en.htm

Kontakt:

Projektträger Jülich
Geschäftsbereich Energietechnologien
Nationale Kontaktstelle Energie (NKS Energie)
Forschungszentrum Jülich GmbH
Wilhelm-Johnen-Straße, 52425 Jülich
E-Mail: eu-energie@fz-juelich.de
www.nks-energie.de

Erstkontakt:

Priska Sonntag
Telefon: 02461 61-8955
E-Mail: p.sonntag@fz-juelich.de

Sonstige Förderprogramme

Rentenbank

Für landwirtschaftliche Betriebe hat die Rentenbank unterschiedliche Angebote:

Das Förderprogramm „Energie vom Land" finanziert Investitionen in die Gewinnung und Nutzung Erneuerbarer Energien. Hierzu zählen:

A. die Erzeugung, Speicherung und Verteilung von Bioenergie (z. B. Biogasanlagen, Biomasseheizkraftwerke, Anlagen zur Erzeugung biogener Kraftstoffe oder Nahwärmenetze).
B. Investitionen von Unternehmern der Agrar- und Ernährungswirtschaft einschließlich Landwirten in die Erzeugung, Speicherung und Verteilung Erneuerbarer Energien.
C. Investitionen in Photovoltaikanlagen auf agrarwirtschaftlich oder ehemals agrarwirtschaftlich genutzten Gebäuden.
D. Windkraftanlagen von Windenergieunternehmen, deren Gesellschaftsanteile mehrheitlich von Bürgern, Unternehmern und Grundstückseigentümern vor Ort gehalten werden („Bürger- und Bauernwindparks") und deren Strom in ein öffentliches Netz eingespeist wird.

Angeboten werden Kredite zu „Top-Konditionen" bis zu 10 Millionen Euro je Betrieb bei Laufzeiten zwischen 4 und 30 Jahren sowie Zinsbindungsfristen von maximal 10 Jahren mit bis zu drei tilgungsfreien Anlaufjahren.

Andere Förderprogramme sind Anfang 2015 in der Überarbeitung, so dass sich ein Blick auf die Internetseite der Rentenbank für Landwirte stets lohnt.

Kontakt:

Landwirtschaftliche Rentenbank
Hochstraße 2
60313 Frankfurt am Main
Telefon: 069 2107-0
Fax: 069 2107-6444
E-Mail: office@rentenbank.de
www.rentenbank

Deutsche Bundesstiftung Umwelt

Pioniere, die neue Technologien und Verfahren erproben wollen, können bei der Deutschen Bundesstiftung Umwelt (DBU) Gelder beantragen. Die Stiftung fördert im Bereich „Klimaschutz" sowie „Architektur und Bauwesen" innovative Projekte mit Erprobungscharakter. Eine detaillierte Liste der förderfähigen Projekte findet sich in den Förderleitlinien (www.dbu.de/phpTemplates/publikationen/pdf/061211101001pcoi.pdf). Weitere Angaben zu den Förderbedingungen erhält man auf der Internetseite www.dbu.de unter der Rubrik „Förderung und Antrag" oder direkt unter www.dbu.de/1824.html.

Kontakt:

DBU – Deutsche Bundesstiftung Umwelt
An der Bornau 2
49090 Osnabrück
Telefon: 0541 9633-0
Telefax: 0541 9633-190
www.dbu.de

BAFA und KfW – geht beides?

Für dieselbe Maßnahme ist die Kombination einer BAFA-Förderung mit einer KfW-Förderung **zulässig**, sofern Sie eine **umfassende Sanierung** zum KfW-Effizienzhaus planen und dafür eines der folgenden KfW-Programme in Anspruch nehmen:

- „Energieeffizient Sanieren – Effizienzhaus" (Kredit, Programmnummer 151)
- „Energieeffizient Sanieren – Effizienzhaus" (Investitionszuschuss, Programmnummer 430)
- „Energieeffizient Sanieren – Kommunen" (Programmnummer 218, sofern Effizienzhaus)
- „Sozial Investieren – Energetische Gebäudesanierung" (Programmnummer 157, sofern Effizienzhaus)

Hinweis: Zusätzlich zu den Zuschüssen des BAFA können Sie seit dem 01.03.2013 bei der KfW einen speziellen Ergänzungskredit beantragen (KfW-Programm 167: „Energieeffizient Sanieren – Ergänzungskredit", Heizungsanlagen auf Basis erneuerbarer Energien). Auf diese Weise können Sie Ihre Heizungsmodernisierung komplett durch Kredit und Zuschuss finanzieren. Die Summe aus BAFA-Zuschuss und KfW-

Kredit darf dabei die Kosten der Maßnahme nicht übersteigen. Bitte beachten Sie hierzu die Bedingungen der KfW (z. B. Antragstellung vor Beginn der Maßnahme).

Für alle anderen Heizungserneuerungen als **Einzelmaßnahmen** müssen Sie sich vorab zwischen KfW oder BAFA entscheiden. Die BAFA-Förderung und die Förderung im Rahmen eines der folgenden KfW-Förderprogramme können Sie **nicht gleichzeitig** in Anspruch nehmen (Kumulierungsverbot):

- „Energieeffizient Sanieren – Einzelmaßnahmen" (Kredit, Programmnummer 152)
- „Energieeffizient Sanieren – Einzelmaßnahmen" (Investitionszuschuss, Programmnummer 430)
- „Energieeffizient Sanieren – Kommunen" (Programmnummer 218, sofern Einzelmaßnahme)
- „Sozial Investieren – Energetische Gebäudesanierung" (Programmnummer 157, sofern Einzelmaßnahme)

Förderrechner Erneuerbare Wärme

Mithilfe des Förderrechners der Deutschen Energieagentur (dena) können Interessenten schnell und komfortabel überblicken, welche Förderbeträge eine geplante Anlage erwarten kann. Nach Eingabe der gebäudespezifischen Daten sowie von Art und Umfang der geplanten Anlagentechnik ermittelt der Förderrechner der dena die Höhe des möglichen Förderbetrages, den Sie für Ihre Anlage im Rahmen des Marktanreizprogrammes erhalten können.

↗ www.zukunft-haus.info/tools/foerderrechner-erneuerbare-waerme.html

Bücher & Internet

Private Energiewende

Gut getestet

Einen knackig knappen Rundumschlag schafft das Sonderheft „Energie sparen" der Stiftung Warentest. Hier wurden auf Basis verschiedener Tests sehr praktische Handlungsempfehlungen zusammengestellt, die vom richtigen Ökostromanbieter bis zur sparsamen Waschmaschine reichen. Damit deckt das Heft vieles von dem ab, was man von einem Tag auf den anderen umsetzen kann, ohne dabei finanzielle Lasten zu schultern oder auf Komfort zu verzichten. Im Gegenteil, die Ökostromtarife von naturstrom, Lichtblick, Greenpeace Energy und ews sind sogar noch besser als die der fossilen Konkurrenz – sagt die Stiftung. Das Heft ist zwar schon von 2012, aber viele Hinweise gelten immer noch. Man würde sich ein solches Warentest-Heft in jedem Jahr wünschen.

Stiftung Warentest: Spezial Energie sparen. Mai 2012. 130 Seiten. 7,80 Euro oder 5,80 Euro als pdf-download im Shop auf test.de.

Häuser, bauen und modernisieren

Neue Heizung wählen

Von Technikern sehr gelobt wird das Buch „Die neue Heizung" aus dem Ökobuch Fachverlag. Nach einer eher allgemeinen Einführung über (Dämm-) Maßnahmen „zur Senkung des Energieverbrauchs" und die verschiedenen Energieträger von Öl bis Holz geht es detailliert an die Auswahl der Heizung: Brennwertkessel, Holzfeuerung oder gar Solaranlage? Wer sich selber mit allen Aspekten der Auswahl und Auslegung von Heizung und Heizsystem für Neubau oder Bestand vertraut machen will, um die Planung einer Anlage zu begleiten, der ist bei diesem Buch gut aufgehoben. Ansonsten richten sich die Autoren – selber Energieberater – eher an Techniker und Planer.

Marion Schulz, Hubert Westkämpfer: **Die neue Heizung. Umweltfreundlich und wirtschaftlich heizen mit Gas, Holz, Strom und Sonnenenergie.** Ökobuch, 2. Auflage 2013. 229 Seiten. ISBN 987 3936896 63 3. 29,90 Euro.

Nachschlagewerk

Die Themenauswahl erinnert ein wenig an den Stundenplan einer Einführungsvorlesung in das Thema, wie sie an der Uni gehalten werden könnte: Thomas Königstein arbeitet sich vom Raumklima über Heizanlagen bis zu den Stand-by-Verlusten von Elektrogeräten im Haushalt sachlich akribisch durch sein Thema. Danach ist man tatsächlich mit profundem Grundwissen versorgt und kann planen – theoretisch. Denn der Praxisbezug fehlt hier ein wenig, das Buch kommt daher beinahe als Nachschlagewerk daher, das sehr viele Baustoffe und Herausforderungen beschreibt, aber weniger zur praktischen Arbeit anleitet.

Thomas Königstein: **Ratgeber energiesparendes Bauen und Sanieren. Neutrale Fachinformationen für mehr Energieeffizienz.** Verlage Blottner und Fraunhofer IRB, 6. Auflage 2014. 238 Seiten. 24,90 Euro

Sanierungen im Überblick

Lassen Sie sich Zeit, wenn Sie ihren Altbau energetisch sanieren wollen! Das raten die Ingenieure und Techniker, die in dem Buch alle Aspekte von den Erstüberlegungen bis hin zur Mitarbeit bei der Modernisierung eines alten Hauses abarbeiten. Was besonders gefällt: Die sorgsame Art, wie die Autoren einen noch unbeschlagenen Leser mitnehmen und die elf Praxisbeispiele, in denen konkrete Sanierungen vom Fünfzigerjahre-Einfamilienhaus bis zur Umrüstung eines Mehrfamilienhauses fast auf Passiv-Haus-Standard beschrieben werden. Damit kann ein Laie zwar die Planung nicht ganz und gar selber machen, sich aber immerhin kompetent mit den Handwerkern beraten.

Ingo Gabriel, Heinz Ladener (Hrsg.): **Vom Altbau zum Effizienzhaus. Mordernisieren und energetisch sanieren, Planung, Baupraxis, KfW-Standards, EnEV 2014.** Ökobuch, 11. Auflage 2014. 198 Seiten, ISBN 987 3 936896 75 6. 36 Euro

WINDENERGIE

Lehrbuch

Seit der Erstauflage 1991 immer wieder überarbeitet, ist „Windkraftanlagen“ das Standardwerk für Maschinenbau- und Elektrotechnikstudenten, die sich mit Windenergie befassen. Auch geeignet für Planer und Entwickler. Also für Leute mit viel Sinn für Physik.

Robert Gasch, Jochen Twele (Hrsg.): **„Windkraftanlagen. Grundlagen, Entwurf, Planung und Betrieb“**, Vieweg+Teubner, Wiesbaden, 8. Aufl. 2013, 584 Seiten. ISBN 978-3-8348-0693-2, 44,95 Euro

Projektanleitung

Das Buch soll zeigen, „welche Aspekte bei der Realisierung von Windenergieprojekten zu beachten sind“. Es begleitet den Leser durch alle Phasen eines Windparkprojekts. 30 renommierte Experten aus der Windbranche geben darin ihr Wissen hinsichtlich der Planung von Windenergie im Binnenland an Sie weiter. Besonders der große Bezug zur Praxis begeistert die Leser.

Windenergie im Binnenland. Wirtschaftlichkeit und Projektplanung an Binnenlandstandorten. BWE 2013. 392 Seiten. ISBN: 9-783942-579186. 59,00 Euro (39,00 Euro BWE-Mitglieder) Bezug über den Shop (BWE-Fachpublikationen) auf www.wind-energie.de.

↗ WINDENERGIE IM NETZ

Zur Windenergie bieten viele Verbände und Unternehmen Informationen an. Allen voran der Bundesverband Windenergie (BWE). Auf wind-energie.de findet sich das aktuelle politische Geschehen der deutschen Windenergiepolitik, Fachpublikationen, Studien sowie viele Hinweise auf Seminare und Fortbildungsveranstaltungen. Der BWE ist auch die erste Quelle für alle Statistiken und Hintergrundinfos zur Windenergie in Deutschland.

↗ www.wind-energie.de

Windenergie in Europa:

↗ www.ewea.org

Windenergie weltweit:

↗ www.wwindea.com

Das Umweltbundesamt hat eine Themenseite zur Windenergie an Land eingerichtet, sie ist über die Themen-Navigation zu erreichen oder direkt über:

↗ www.umweltbundesamt.de/themen/klima-energie/erneuerbare-energien/windenergie

KLEINWIND

Standardwerk mit Anlagenübersicht

Von Dutzenden Erfahrungsberichten bis hin zu Wirtschaftlichkeitsstudien: Das Buch „Kleinwindanlagen" des BWE hat es in der zweiten Auflage von 2013 zum Standardwerk gebracht. Einmalig in diesem Band: Aufgrund der schlechten Erfahungen vieler Kleinwindmüller mit den Ertragsangaben der Hersteller wurden die Datenblätter von 133 Kleinwindrädern einer Plausibilitätsprüfung durch Experten unterzogen. So erfahren die Leser, welchen Angaben Sie vertrauen können – eine Auswahl finden Sie auch im Anhang zu diesem Buch. Da auch der Ertrag der eigenen Anlage eine zentrale Rolle bei der Projektplanung spielt, liegt der Publikation eine CD mit einem Programm zur Berechnung der Wirtschaftlichkeit bei.

Kleinwindanlagen. Handbuch der Technik, Genehmigung und Wirtschaftlichkeit kleiner Windräder. BWE 2013. 332 Seiten. ISBN: 9 783942 579179. Zum Sonderpreis von 16 Euro bei Bezug über den Shop (BWE-Fachpublikationen) auf www.wind-energie.de.

Anlagen im Test

Günther Hacker ist nach eigenem Bekunden ein Kleinwind-Verrückter. Als passionierter Kleinwind-Experte hat er in seinem Buch „Wind ins Netz" 25 Anlagen getestet und einen Leitfaden für Auswahl, Kauf, Aufbau und Betrieb für angehende Windmüller verfasst. Das Buch in der dritten Auflage von 2013 ist informativ und wird vor allem elektronisch vertrieben. Es liegen auch eine englische und eine niederländische Ausgabe vor. Infos und Bezug über www.windinsnetz.de.

Günther Hacker: **„Wind ins Netz. Netzeinspeisung und Akkuladung mit neuen Kleinwindrädern"**, Solar – Wind – Team G. Hacker, 78112 St. Georgen, 3. Auflage 2013, 185 Seiten, Als eBook für 7,99 Euro im epub und mobi/KF8 Format (läuft auf eReader, iPad, iPhone, Smartphones, Tablets, PC und Mac).
ISBN: 978-3-84-425443-3

Wirtschaftlichkeit und Vergütung von Kleinwindenergieanlagen

Die Studie beleuchtet das Thema KWEA hinsichtlich Wirtschaftlichkeit, Vergütung und Marktpotenzial. Ergebnis: Kleinwindanlagen sind bezogen auf ihre Leistung gut doppelt so teuer wie ihre großen Geschwister. Ihre Wirtschaftlichkeit steht und fällt mit Standort, Nabenhöhe und Anlagentechnik. Darum wird hier eine nach Leistung gestaffelte Einspeisevergütung vorgeschlagen.

Erstellt im Auftrag des Bundesverband WindEnergie e.V., Bearbeitung: Dipl.-Ing. Jan Liersch, Key Wind Energy, Berlin 12/2010

↗ KLEINWIND IM NETZ

Foren sind gerade bei Kleinwind eine wichtige Quelle, um Erfahrungen abzugleichen und Tipps einzuholen. Wir haben hier die wichtigsten deutschen und internationalen Links zusammengestellt.

Kleinwind auf der Seite des Bundesverband WindEnergie (BWE):
↗ **www.wind-energie.de/de/themen/kleinwindanlagen**

Forum des Kleinwind-Pioniers Uwe Hallenga:

↗ www.kleinwindanlagen.de

Das Portal von Patrick Jüttemann

↗ www.klein-windkraftanlagen.com

Internetseite des Kleinwind-Tüftlers Professor Horst Crome

↗ www.windenergie-technik-crome.de

Blog des britischen KWEA-Fans Hugh Piggott

↗ http://scoraigwind.co.uk

Die sehr informativen Kleinwindseiten des Kanadischen Windenergie-Verbandes

↗ www.canwea.ca/swe/index.php?id=1

Bundesverband Kleinwindanlagen (BVKW):

↗ www.bundesverband-kleinwindanlagen.de

Der Verband „Alliance for Rural Electrification“ informiert über Kleinwind in aller Welt

↗ www.ruralelec.org

SOLARANLAGEN

Rundum gut beschienen

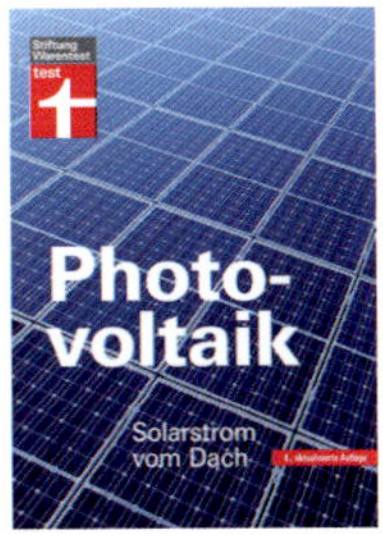

Bei 224 Seiten, die sich fast ausschließlich mit Solarstrom befassen, darf man eine fundierte Anleitung zur Planung, Finanzierung und zum Betrieb einer Solaranlage erwarten – schließlich ist die Photovoltaik unter den erneuerbaren Stromerzeugern wie Wind und Biomasse sicher die in jeder Hinsicht einfachste Sache. Kurz und knapp: Das leistet das Buch auch beinahe. Ein Tool für die Wirtschaftlichkeitsberechnung hat der Verlag zusätzlich auf www.test.de/solarrechner zur Verfügung gestellt.

Thomas Seltmann: **Photovoltaik. Solarstrom vom Dach.** Stiftung Warentest. 4. Auflage 2013. ISBN 978 3 86851 082 9. 24,90 Euro.

↗ SOLAR IM NETZ

Größter Solarenergieverband in Deutschland ist der Bundesverband Solarwirtschaft – BSW. Auf der Internetseite www.solarwirtschaft.de des Verbandes finden sich neben Polit-Statements auch ausführlich Hilfen zur Planung einer eigenen Solaranlage oder zur Identifizierung eines geeigneten Solarinstallateurs.

↗ www.solarwirtschaft.de/fuer-verbraucher.html
↗ www.solartechnikberater.de

Die traditionsreiche Zeitschrift für Solarexperten mit News und einem Labor, das die Leistung vieler verfügbarer Solaranlagen vermisst.
↗ www.photon.info

Nachrichtenportal für die Solarbranche
↗ www.pv-magazine.de

INSELSYSTEME

Auslegungssache

Welche Komponenten passen zusammen, wenn man eine Kleinwindanlage im Inselbetrieb plant? Der Ingenieur Philipp Brückmann erklärt das für Kleinspannungsanlagen (12V oder 24V) mit Batteriespeicher mit großer Liebe zum Detail. Strom für die Steckdose? Dieses Buch bleibt bei den Inselsystemen. Und wendet sich in erster Linie an ambitionierte Selberbauer.

Philipp Brückmann: **„Autonome Stromversorgung. Auslegung und Praxis von Stromversorgungsanlagen mit Batteriespeicher“**, Ökobuch, Staufen bei Freiburg, 2. Aufl. 2010, 107 Seiten, ISBN 978 3 936896 28 2. 15,90 Euro.

SOLARTHERMIE

Einführung für Laien

Welche Solarkollektoren gibt es, wie werden sie geplant und ausgelegt, wer finanziert das warme Wasser vom Dach und wie aufwändig sind Betrieb und Wartung: Diese Fragen beantwortet dieses Buch mit dem Qualitätsstempel der Stiftung Warentest. Es erläutert die Techniken und Zusammenhänge im Prinzip und zielt als Leser damit auf Laien. Wenn man das Buch gelesen hat, versteht man die Technik in ihren groben Zügen. Es fehlt leider an praktischen Beispielen, mit denen man das eigene Solarthermie-Projekt gerne vergleichen möchte. Und auch Vergleichstests von Solaranlagen, die man in einem Buch der Arbeit der Stiftung Warentest erwartet hätte, fehlen hier.

Klaus Oberzig: **Solarwärme. Heizen mit der Sonne**. Stiftung Warentest 2012. 176 Seiten. ISBN 978 3 86851 047 8. 24,90 Euro

Solarthermie ist dringend nötig

Die Autoren kennen die Gründe gut, aus denen sich der Umstieg auf Solarwärme lohnt: Putins Griff nach der Ukraine macht den Abschied von der fossilen Wärmequelle Gas besonders erstrebenswert – selbst wenn sie in der effizienten Form einer Gas-Brennwertzelle daherkommt. Das Buch kann auch die Vorteile der Solarthermie gegenüber Solarstrom deutlich machen: Die solaren Warmwasser-Anlagen haben mit 80 Prozent einen Wirkungsgrad, der viermal so hoch ist wie bei Solarstrom-Modulen, warmes Wasser lässt sich leichter speichern als Strom. Dazu beschreiben die Autoren etliche Anwendungsbeispiele vom sanierungsfälligen Einfamilienhaus bis zu Mehrfamilienhäusern mit großen Warmwasserspeichern. Für den ratsuchenden Immobilienbesitzer gibt das Buch erste Anregungen, eine Planungshilfe ist es jedoch kaum.

Leukefeld, Hüttmann, Baer: **Modern heizen mit Solarthermie. Sicherheit im Wandel der Energiewende.** Deutsche Gesellschaft für Sonnenenergie – DGS 2014. 175 Seiten. ISBN 978 3 933634 34 4. 21,85 Euro.

↗ **FÖRDERTIPPS**

Rund ums Haus für Laien ...

Neben den Adressen für die Förderung von Energiewende-Projekten in Kapitel 25 „Förderprogramme“ gibt es mehrere Übersichten im Internet. Ein laufend aktualisiertes Angebot bietet die Internetseite Energiefoerderung.de.
Der kostenlose Service des Bine Informationsdienst wird von der Deutschen Energie-Agentur (dena) unterstützt. Interessenten können eingeben, ob es sich um einen Neubau oder eine Sanierung handelt und in welchem Postleitzahlenbereich sich das Objekt befindet. So sollen auch kommunale Fördermittel angezeigt werden. Ein schöner Service, auf einen Energieberater, der mit den lokalen Verhältnissen vertraut ist, sollte man trotzdem nicht verzichten.

↗ www.energiefoerderung.info